建筑工程施工项目管理系列手册

第三分册

施工项目质量控制

丛书主编　卜振华　吴之昕
主　　审　吴涛
本册主编　顾勇新
本册副主编　吴荻　刘宾

中国建筑工业出版社

图书在版编目(CIP)数据

施工项目质量控制/顾勇新主编.—北京:中国建筑工业出版社,2003
(建筑工程施工项目管理系列手册;第三分册)
ISBN 7-112-05886-4

Ⅰ.施… Ⅱ.顾… Ⅲ.建筑工程—工程质量—质量管理 Ⅳ.TU72

中国版本图书馆 CIP 数据核字(2003)第 047306 号

建筑工程施工项目管理系列手册
第三分册
施工项目质量控制

丛书主编 卜振华 吴之昕
主　　审 吴 涛
本册主编 顾勇新
本册副主编 吴 荻 刘 宾

*
中国建筑工业出版社出版、发行(北京西郊百万庄)
新 华 书 店 经 销
北京建筑工业印刷厂印刷
*
开本:850×1168 毫米 1/32 印张:13¼ 字数:366 千字
2003 年 8 月第一版 2003 年 8 月第一次印刷
印数:1—5,000 册 定价:**25.00** 元
ISBN 7-112-05886-4
F·474(11525)

本社网址:http://www.china-abp.com.cn
网上书店:http://www.china-building.com.cn

本书是建筑工程施工项目管理系列手册中的施工项目质量控制部分,全面系统地介绍了施工项目的质量控制与管理。书中包括:施工项目质量管理概述、质量体系的建立与运行、施工项目质量控制、工程项目质量验收、工程项目质量统计与分析、工程质量通病调查与处理、施工项目质量创优等内容。本书是由施工质量管理专家和高级工程师编写的,理论与实践结合,内容丰富,实用性强。

本书可供建筑施工单位质量管理和项目管理人员使用,也可供大专院校建筑工程类专业师生参考。

*　*　*

责任编辑　胡永旭　张礼庆

建筑工程施工项目管理系列手册

编　委　会

序

项目既是建筑产品的基本单位,也是建筑产品生产组织的基本单位。以项目为单位组织工程施工是建筑业生产组织的基本模式。正因为如此,自1987年国务院指示推广鲁布格工程管理经验以来,建设部和各有关部委一直将推行工程项目管理作为推进我国建筑施工生产模式变革和建筑企业体制改革的一个突破口。通过全行业十几年的共同努力。我国逐步发展并初步形成了一套基本与国际工程承包惯例接轨同时具有中国特色的工程项目管理的理论和方法。特别是2002年5月1日起施行的由国家建设部和质量监督检验检疫总局以建标[2002]12号文颁发的《建设工程项目管理规范》,系统总结了我国推行工程项目管理的理论探索和实践经验,并借鉴国外先进的工程项目管理模式,全面规范了建设工程的项目管理,具有较强的实用性和操作性。

《建设工程项目管理规范》施行一年来,在规范建筑企业项目管理行为、提高我国建设工程项目管理水平方面已经显示出其积极作用,但从全国看,《建设工程项目管理规范》的学习、宣传、贯彻、实施呈现很大程度的不平衡。不少建筑企业的经营者和工程项目的管理者对《建设工程项目管理规范》的理解存在着一些误区,在项目管理的实施中出现一些偏差,必须引起我们的高度重视。一是在项目与企业的关系上,有相当一部分人错误地认为工程项目管理完全是项目经理部的事务,片面地扩大项目经理的职能和职权,忽视企业总部对项目经理部的服务、控制和监督的职能;也有一些建筑企业的经营者习惯于用行政的手段管理项目,越俎代庖,不适当地干预项目经理的职权和工程项目的日常管理。二是在施工资源的运用与拥有的关系上,一部分项目管理者仍被传统的资源观所束缚，不理解“不求为我所有，只求为我所用”的道理，本应是一次性的项目经理部演变为人员及其他资源固化的分公司，造成施工资源低效运用与严重浪费。三是由于我国基层项目管理人员的文化基础和管理经验很不平衡，相当一部分基层管理人员不知道如何将现代项目管理理论和手段运用到具体工程项目上，比较普遍地存在脱节现象。这些问题的解决都要求我们进一步加大《建设工程项目管理规范》培训、推广的力度。

在《建设工程项目管理规范》实施一周年之际，中国建筑工业出版社根据建筑业的实际需要，推出这一套《建筑工程施工项目管理系列手册》非常及时。这套系列手册由项目管理水平较高的建筑企业中长期从事工程项目管理的专业人员编写，由中国建筑业协会工程项目管理委员会吴涛秘书长主审，体系完整、编排合理、诠释规范、突出实务、澄清误区、针对性强，是广大基层项目管理人员学习、贯彻《建设工程项目管理规范》的一套较好的参考书、工具书，也是推进工程项目管理人员职业化建设一套较好的培训教材。

21 世纪头一二十年是我国重要的发展战略机遇期。建筑业作为国民经济的一个支柱产业，必须抓住这一机遇期，积极应对加入 WTO 的挑战，加快我国工程项目管理与国际惯例接轨，全面提高我国工程项目管理水平。我希望随着工程项目管理实践的不断发展和项目管理理论的深入研究，我们的《建设工程项目管理规范》得以进一步修订与完善；同时也希望《建筑工程施工项目管理系列手册》的编者也能用新的实践经验和理论成果丰富与充实这套手册，使之继续成为广大基层项目管理人员的良师益友。

（建设部总工程师）

2003 年 5 月

前　言

自1987年国务院推广鲁布革工程管理经验、推行施工项目管理体制改革，直至2002年建设部和质量监督检验检疫总局颁发《建设工程项目管理规范》，经过了15年实践我国施工项目管理的总体水平有了很大提高，取得了丰富的经验和丰硕的成果。《建设工程项目管理规范》的颁发，标志着我国初步形成了一套具有中国特色并与国际惯例接轨、适应市场经济要求的工程项目管理模式。但是，不同的地区、不同的企业，甚至在同一个企业的不同项目之间，施工项目管理的水平极不平衡，相当一部分基层管理人员对施工项目管理的理解和认识还存在严重的偏差，相当一部分建筑企业在项目管理的实施中陷入误区。为了更好地贯彻实施《建设工程项目管理规范》，我们结合自身项目管理的实践并学习借鉴优秀工程项目管理的成功经验，编写了本套《建筑工程施工项目管理系列手册》，以供业内广大施工项目的基层管理人员参考。

本套手册共为七册，依次为《项目管理模式与组织》、《项目施工管理与进度控制》、《施工项目质量控制》、《施工项目安全控制》、《施工项目技术管理》、《施工项目资源管理》和《施工项目成本控制与合同管理》。其中第一分册《项目管理模式与组织》介绍了规范的施工项目管理体系，包括基本概念和理论、主要内容和方法、常见的偏差和倾向，同时简要介绍了施工项目管理信息化；第二分册《项目施工管理与进度控制》给出了从施工准备到竣工验收及售后服务的全过程中，对施工现场各要素在时间与空间上的调度和控制及其相关的管理工作；第三分册《施工项目质量控制》依据ISO 9000:2000版介绍了项目质量管理体系的建立与运行，着重阐述了质量控制的方法、质量通病的防治以及项目质量创优工作的程序；第四分册《施工项目安全控制》介绍了施工各阶段安全策划的内容、安全监控的重点、安全检查的内容以及安全评估的方法；第五分册《施工项目技术管理》介绍了施工项目技术管理的内容和制度，重点阐述了施工组织设计和施工技术资料的编制和汇总，同时对工法、标准的贯彻和科技示范工程的实施做了概括的介绍；第六分册《施工项目资源管理》综合介绍了施工项目的物资、机械设备、劳动力和资金等资源的管理，建设部和质量监督检验检疫总局颁发《建设工程项目管理规范》把上述各种施工资源和上一分册所述的技术归纳为施工项目的生产要素，本系列手册考虑到实际工作的习惯，仍然将技术管理和资源管理分在两册里介绍；第七分册《施工项目成本控制与合同管理》以施工合同为主线，描述了与合同前期、合同实施过程直至合同终止各阶段相对应的成本预测、控制和核算，同时平行介绍了合同签订、实施、变更、争议与索赔、合同的中止与终止等合同管理工作。在编写本套《建筑工程施工项目管理系列手册》时，我们力图贯彻以下编撰思路，以期满足广大施工项目基层管理工作者的实际需要：

1. 系列化、模块化编排。在最初的编排设计时，曾考虑按施工项目基层业务员的岗位为对象，采用"一岗一册"的方式编写。后来考虑到各施工企业、工程项目的具体情况不同、项目管理班子的岗位位置也不尽相同，因此改为以施工项目管理业务的基本模块为单位，一个基本管理模块编写为一册。这样既能避免采用大部头的手册合订本不便于基层管理人员携带阅读，又照顾到不同企业、项目管理岗位设置上的差异，便于项目基层管理者根据自身业务的需要选购其中一册学习、参考。

2. 体现"规范"的思想，采用"规范"的用语。《建设工程项目管理规范》是我国15年推行施工项目管理体制改革和工程项目管理实践的科学总结，是当前我国建筑企业在施工项目管理科学化、规范化、法制化道路上的指针。本套手册各分册的编写严格遵循《建设工程项目管理规范》的规定，按照"四控、三管、一协调"的项目管理基本内容将基层项目管理人员的管理业务加以展开，使之成为基层项目管理人员学习、贯彻《建设工程项目管理规范》的参考书、工具书。

3. 澄清对施工项目管理认识上的"误区"。尽管建设部推行项目法施工和施工项目管理已有10个年头,但是由于较长一段时间里没有推出一套完整的规范,因此对于大批基层项目管理人员来说,规范的项目管理还是一个新概念、新体系。至今为止,对于施工项目管理认识上的误区仍是一个相当普遍的问题。本套手册针对目前最为普遍、危害最大的一些认识误区,对照"规范"加以剖析,在说明应该怎么做的同时说明不应怎么做。

4. 实用性、操作性与前瞻性相结合。本套手册以阐述我国当前通行项目管理实务为主,同时以少量篇幅介绍国外项目管理的新思想、新理论,以便使阅读本套手册的基层项目管理人员既能立足本职、立足当前,又能开阔视野、开阔思路。这对于他们在自己的本职岗位上创造性地贯彻《建设工程项目管理规范》将会大有裨益。

5. 引入施工项目管理信息化。信息化是提高我国施工项目管理水平的重要途径,是当今世界工程项目管理发展的一个大趋势、大方向。我国施工项目管理信息化仍处于起步阶段,相当一部分中、小型建筑企业尚未在施工项目上使用计算机。我国施工项目管理尚缺乏集成度高、实用性强的软件,有待于进一步配套与完善。本套手册简要介绍施工项目管理信息化的基本概念、基本框架,而不展开介绍某一具体管理软件。

本套手册的编写中得到中国建筑业协会工程项目管理委员会有关专家的指导、中国建筑一局集团各有关公司和部门的支持和帮助,在此特表示衷心的感谢。同时对手册编写过程中采用的参考文献的作者表示谢意。

本册书由顾勇新主编,吴荻、刘宾副主编,全书由顾勇新统稿,顾勇新、吴荻、刘宾、王海山、王丽、何强、王利中、王建华、安红印、陈书玉、田华、高凌凌编写。

由于我们本身的知识、阅历的局限,加上编写人员仍都承担着较为繁重的日常管理工作，编写时间仓促，对《建设工程项目管理规范》的理解和阐述难免有肤浅或不够准确之处，恳请读者和有关专家批评指正。

编 者

2003年5月

目　录

1　施工项目质量管理概述

2　质量体系的建立与运行

3　施工项目质量控制

4 工程项目质量验收

5 工程项目质量统计与分析

6 工程质量通病调查与处理

7 施工项目质量创优

1 施工项目质量管理概述

1.1 施工项目质量管理概述

1.1.1 施工项目质量管理概念

工程项目质量管理是工程项目各项管理工作的重要组成部分。它是工程项目从施工准备到交付使用的全过程中,为保证和提高工程质量所进行的各项组织管理工作。

保证和提高工程质量,是工程项目经理、有关职能部门和全体职工的共同责任。

1.1.2 施工项目质量管理内容

1. 认真贯彻国家和上级质量管理工作的方针、政策、法规和建筑施工的技术标准、规范、规程及各项质量管理制度,结合工程项目的具体情况,制定质量计划和工艺标准,认真组织实施。

2. 编制并组织实施工程项目质量计划。工程项目质量计划是针对工程项目实施质量管理的文件,包括以下主要内容:

(1) 确定工程项目的质量目标。依据工程项目的重要程度和工程项目可能达到的管理水平,确定工程项目预期达到的质量等级(如合格、优良或省、市、部优质工程等);

(2) 明确工程项目领导成员和职能部门(或人员)的职责、权限;

(3) 确定工程项目从施工准备到竣工交付使用各阶段质量管理的要求,对于质量手册、程序文件或管理制度中没有明确的内容,如材料检验、文件和资料控制、工序控制等做出具体规定;

(4) 施工全过程应形成的施工技术资料等。

工程项目质量计划经批准发布后,工程项目的所有人员都必须贯彻实施,以规范各项质量活动,达到预期的质量目标。

3. 运用全面质量管理的思想和方法,实行工程质量控制。在分部、分项工程施工中,确定质量管理点,组成质量管理小组,进行PDCA循环,不断地克服质量的薄弱环节,以推动工程质量的提高。

4. 认真进行工程质量检查。

贯彻群众自检和专职检查相结合的方法,组织班组进行自检活动,做好自检数据的积累和分析工作;专职质量检查员要加强施工过程中的质量检查工作,做好预检和隐蔽工程验收工作。要通过群众自检和专职检查,发现质量问题,及时进行处理,保证不留质量隐患。

5. 组织工程质量的检验评定工作。

按照国家施工及验收规范、建筑安装工程质量检验标准和设计图纸,对分项、分部和单位工程进行质量的检验评定。

6. 做好工程质量的回访工作。

工程交付使用后,要进行回访,听取用户意见,并检查工程质量的变化情况。及时收集质量信息,对于施工不善而造成的质量问题,要认真处理,系统的总结工程质量的薄弱环节,采取相应的纠正措施和预防措施,克服质量通病,不断提高工程质量水平。

1.2　施工项目质量管理运作程序

1.2.1　施工项目质量管理的机构与职责

建立由项目经理领导,项目总工程师策划、组织实施,现场专业施工经理和安装经理中间控制,区域和专业责任工程师检查监督的管理系统,形成项目经理部、各专业承包商、专业公司和施工作业班组的质量管理网络。

1. 项目经理

(1) 贯彻公司质量方针,根据与业主签订的合同,确立本项目的管理要点,组织制定、审批项目质量计划并贯彻实施。

(2) 组织项目各部门共同确立质量目标、经营目标、管理目标,并形成文件。在此基础上,编制施工组织设计、质量阶段预控计划、质量管理文件等。

(3) 领导项目经理部全面质量管理工作,建立项目质保体系和有效的运行机制,完善基础管理工作。

2. 项目总工程师(主任工程师)

(1) 贯彻执行公司质量方针、科技发展规划、项目质量计划,领导与组织质量体系的运行,开展新技术引进和推广应用工作,对工程质量负有第一技术责任。

(2) 负责组织相关人员编制项目质量计划、施工组织设计、质量预控计划、质量管理文件;组织编制并审核专项施工方案、技术措施,负责专业技术方案的审批,参与工程创优策划并指导具体实施。

(3) 负责主持工程各阶段的质量验收工作及竣工资料的指导和审定工作,负责组织工程质量事故的调查与处理工作。

(4) 贯彻执行技术法规、规程、规范和工程质量方面的有关规定。

3. 现场专业施工经理

(1) 负责项目施工生产的管理、协调,对分项、分部工程的施工质量负直接领导责任,负责落实项目质量目标和质量计划的执行。

(2) 组织现场施工责任工程师执行项目施工组织设计及施工方案、各类生产计划,控制各专业施工单位的施工进度安排,并及时反馈管理信息。

(3) 对施工工期负直接领导责任,监督落实项目工程进度计划的执行情况。

(4) 负责协调各工程专业、各专业施工单位在施工生产中工序交叉及相互配合工作。

(5) 参与工程各阶段的验收工作,具体负责对工程质量事故的调查,并提出处理意见。

4. 安装专业经理

(1) 参与制定和执行项目管理大纲,主持和执行项目水电方面的施工组织设计。

(2) 配合现场专业施工经理主管安装施工工作,负责安装工程管理部的管理工作。

(3) 负责对机电施工单位的管理工作。

5. 部门职责

(1) 工程管理部:

1) 负责项目施工生产的管理、协调与质量管理工作,执行项目施工组织设计及施工方案。

2) 控制各专业施工单位的施工进度。

3) 负责对各专业队进行技术及安全交底,审核班组的交底,各项交底必须以书面形式进行,手续齐全。

4) 参与技术方案的编制,加强预控和过程中的质量控制把关,严格按照项目质量计划和质量评定标准、国家规范进行监督、检查,使各项质量记录做到准确、及时、完整、交圈。

5) 严格三工序的检查,组织各专业施工单位做好工序、分项工程的检查验收工作。

6) 协助物资部对进场材料的构配件的检查、验收及保护。

(2) 机电部:

1) 负责项目机电安装施工生产的全面指挥和协调工作。

2) 负责编制有关安装配合施工进度计划、施工方案,参与材料设备的订货,审定并检查考核实施情况,负责解决安装方面的工程技术及质量问题,以及有关施工深化图的设计、现场施工方案编制,统一协调,对安装工程质量负责。

3) 按照国家规范对机电工程进行报验及验收。

4) 负责对项目安装工程质量事故进行调查、分析、监督、处理。

(3) 技术部:

1) 配合项目总工程师(主任工程师)编写施工技术方案及技术措施,监督技术方案的执行情况。

2) 负责对施工方案的初审工作,组织施工方案和重要部位施工的技术交底。

3）负责施工技术保证资料的汇总及管理，确保施工资料与工程进度的同步。

4）编制过程控制计划、纠正和预防措施。

5）负责计量器具的台账管理，进行标识、审核。

6）负责图纸及施工技术资料的管理，与设计院进行图纸问题的联络、确认，设计变更、洽商的管理。

（4）质量部：

1）严格执行国家规范及质量检验评定标准，行使质量否决权。确保项目总目标和阶段目标的实现。

2）制定项目质量检验计划，增加施工预控能力和过程中的检查。

3）负责将质量目标分解，制定质量创优实施计划，并将分解的质量目标下达给各部门，作为考评部门工作的指标。

4）负责项目质量检查与监督工作，监督和指导专业施工队伍质量体系的有效运行，定期组织各专业施工单位管理人员进行规范和评定标准的学习。

5）参与质量事故的调查、分析、处理。

6）负责质量评定的审核，分项工程报监理的工作和质量评定资料的收集工作。

7）监督施工过程、材料的使用及检验结果，负责进货检验监督、过程试验监督。

（5）商务部：

1）负责组织对合同签订前的评审工作，参与公司组织的合同评审工作。

2）负责项目经营合同管理，包括对专业施工队、专业分公司以及其他聘用合同的管理工作。

（6）物资管理部：

1）负责项目物资的统一管理工作。

2）编制物资采购计划，依据程序及采购计划购买，确保施工生产顺利进行。

3）监督进场材料的验证、复试，并记录存档。

4）及时组织自供材料的选择、送审，及时将审定结果报技术协调部及商务部。

5）负责材料供应商提供材料的进场验证（材料质量、数量验证），办理书面手续。

6）负责制定进场物资库存管理办法，做好各类物资的标识。

7）负责进场物资的报验工作，负责工程物资在使用过程中的监督工作。

1.2.2　施工项目质量管理的责任保证体系

施工项目质量管理由公司宏观控制，项目经理直接领导，总工程师（主任工程师）组织实施，现场专业施工经理和安装经理中间控制，专业责任工程师检查和监控的管理系统。形成横向从结构、装修、防水到机电安装等各个分包项目；纵向从项目经理到施工班组的质量管理网络，从而形成项目经理部管理层、分包管理层到作业班组的三个层次的现场质量管理职能体系。质量保证体系框架图，见图1-1。

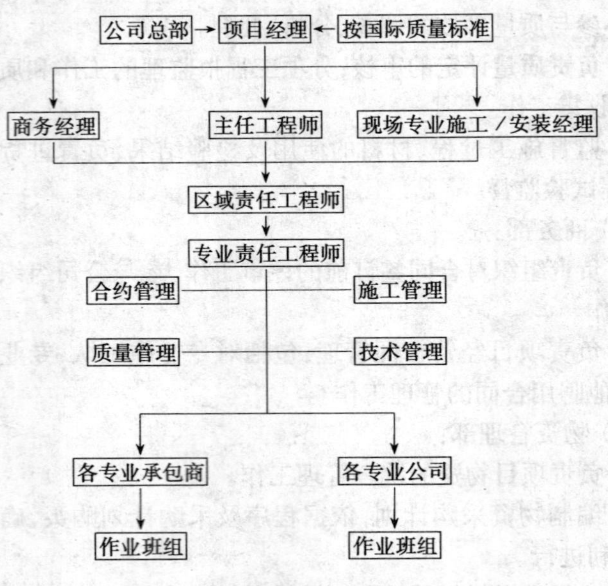

图1-1　质量保证体系框架图

1.2.3 施工项目质量管理的运作程序

施工项目质量管理的运作程序如下：

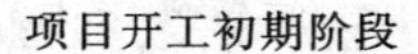

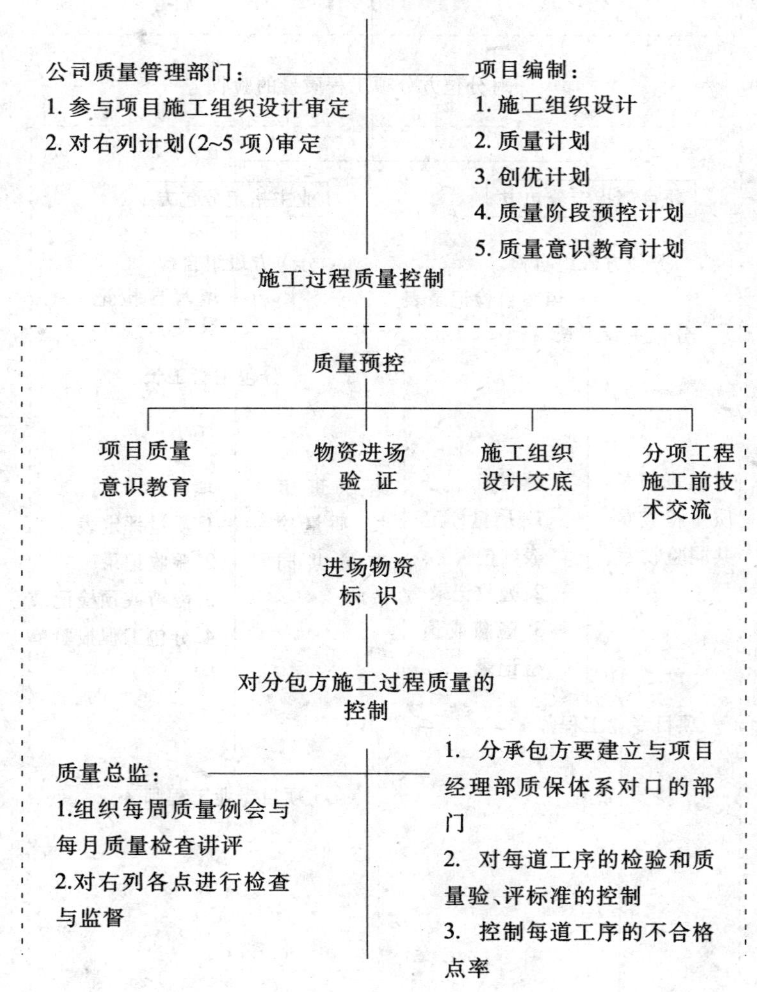

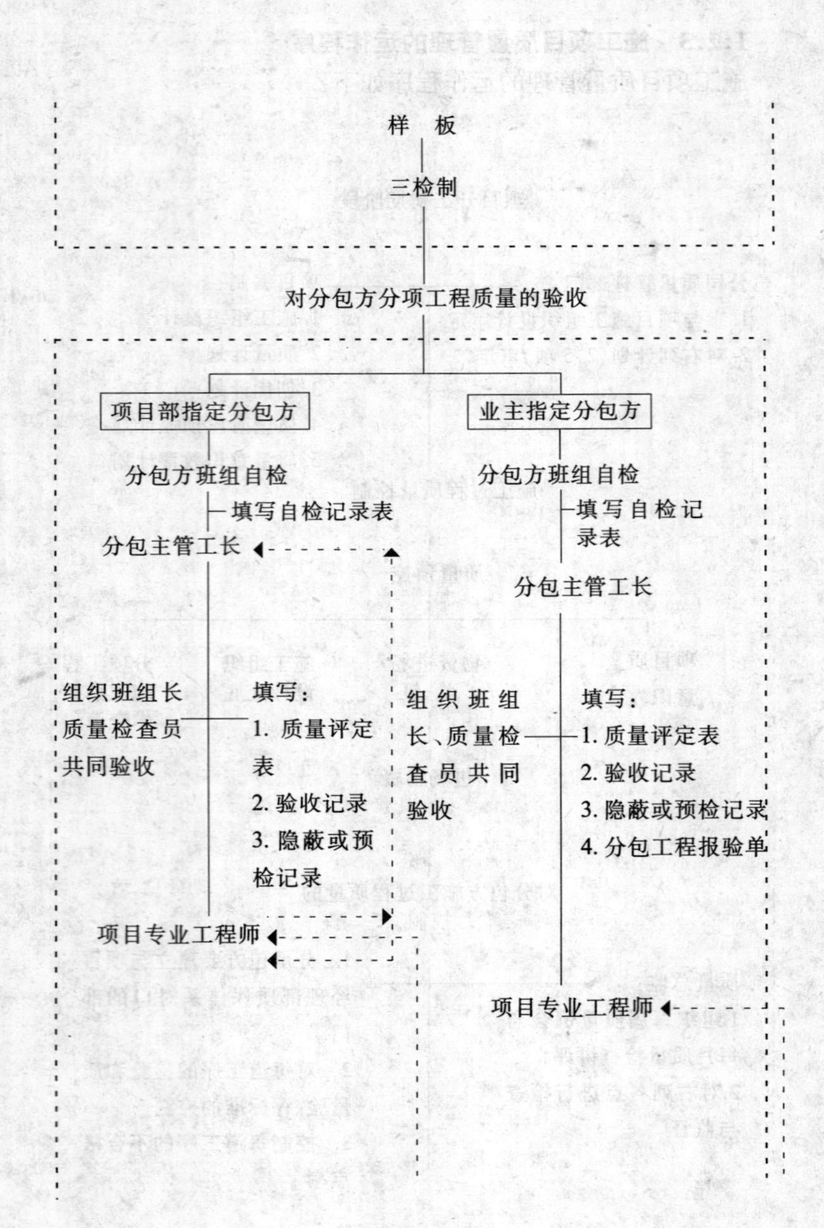
样 板
三检制
对分包方分项工程质量的验收
项目部指定分包方
业主指定分包方
分包方班组自检
填写自检记录表
分包主管工长
组织班组长质量检查员共同验收
填写：
1. 质量评定表
2. 验收记录
3. 隐蔽或预检记录
项目专业工程师
分包方班组自检
填写自检记录表
分包主管工长
组织班组长、质量检查员共同验收
填写：
1. 质量评定表
2. 验收记录
3. 隐蔽或预检记录
4. 分包工程报验单
项目专业工程师

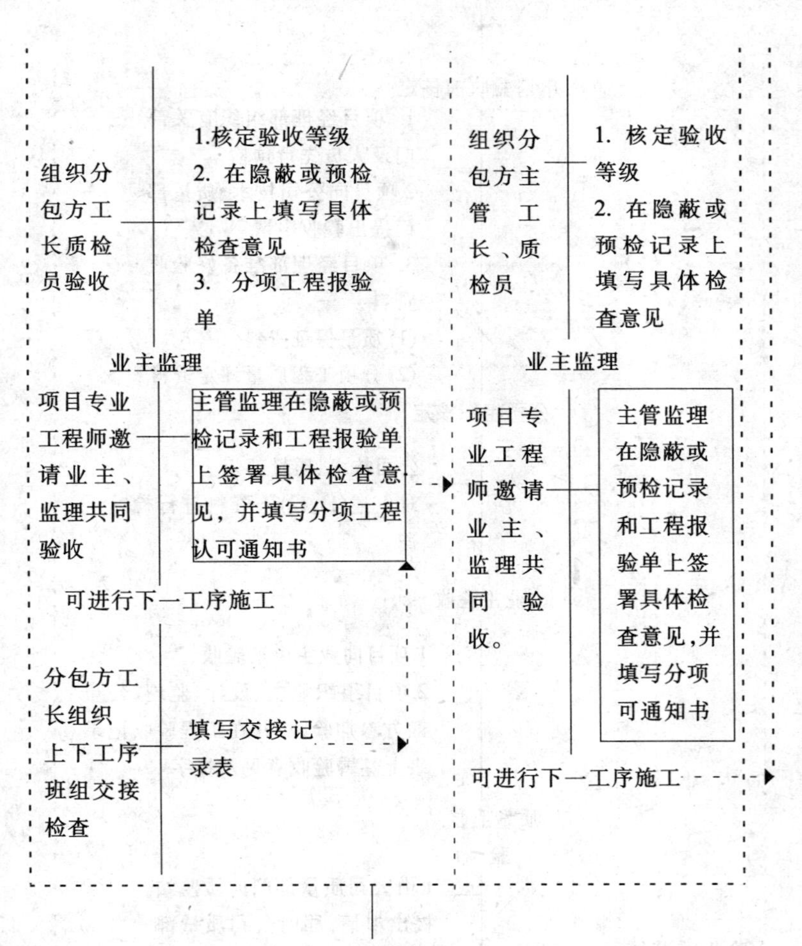
组织分包方工长质检员验收
1.核定验收等级
2. 在隐蔽或预检记录上填写具体检查意见
3. 分项工程报验单
业主监理
项目专业工程师邀请业主、监理共同验收
主管监理在隐蔽或预检记录和工程报验单上签署具体检查意见，并填写分项工程认可通知书
可进行下一工序施工
分包方工长组织上下工序班组交接检查
填写交接记录表
组织分包方主管工长、质检员
1. 核定验收等级
2. 在隐蔽或预检记录上填写具体检查意见
业主监理
项目专业工程师邀请业主、监理共同验收。
主管监理在隐蔽或预检记录和工程报验单上签署具体检查意见,并填写分项可通知书
可进行下一工序施工

基础工程结构验收

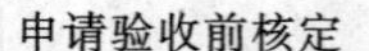

申请验收前核定

1. 项目经理部组织有关部门及人员先行预检
2. 项目向公司技术、质量部门提出验收申请
3. 项目经理部准备好验收资料
(1) 质量保证资料
(2) 分项工程质量评定资料

公司组织核定

公司技术、质量部门对上述(1)、(2)条资料进行检查

业主验收

1. 项目向业主申请验收
2. 项目组织业主、设计、监理、公司四方参加验收，并在工程验收记录表上签署验收意见及签字

质量监督站验收

1. 由公司质量部门向质监站提出申请，届时公司质量部门、项目、业主、监理参加
2. 质监站验收认可后出具验收证明

验收前基坑不允许回填，填面不能粗装修

混凝土设计强度等级 >C40，应由认证试验单位出示检测证明

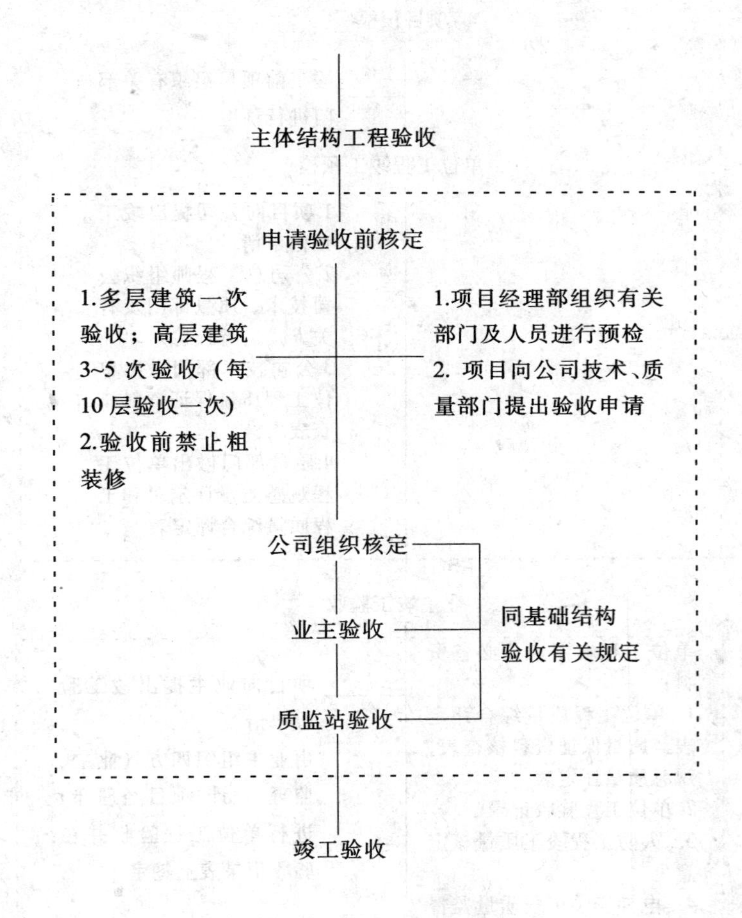

主体结构工程验收
申请验收前核定
1.多层建筑一次验收；高层建筑3~5次验收（每10层验收一次）
2.验收前禁止粗装修
1.项目经理部组织有关部门及人员进行预检
2.项目向公司技术、质量部门提出验收申请
公司组织核定
业主验收
质监站验收
同基础结构验收有关规定
竣工验收

项目预检

竣工前项目组织有关部门进行预检

单位工程竣工预检

1.项目向公司提出竣工预检申请
2.公司总工程师组织公司技术、质量部门及有关人员进行预检
3.公司技术部门做出单位工程质量保证资料核查表
4.质量部门做出单位工程观感质量评定表和工程质量综合评定表

业主竣工验收

单位工程竣工申请必备资料:
1. 单位工程质量综合评定表，质量保证资料核查表，观感质量评定表
2. 单位工程验收记录
3. 人防工程竣工质量核定意见
4. 电梯安装工程质量监督核定证书
5. 电梯安全使用许可证
6. 消防使用许可证
7. 工程竣工质量核定申请表
8. 甲、乙双方竣工后的保修合同

项目向业主提出竣工验收申请

由业主组织四方（业主、监理、设计、项目经理部）进行单位工程验收并在验收记录表上签字

单位工程竣工验收必备条件

1.验收时所有房间打开

2.卫生间已做闭水试验

3.水、暖、电已通

4.电梯已投入使用

5.厕、浴间二次蓄水、屋面蓄水、淋水试验记录

6. 暖卫工程室内排水管通球试验核查记录表

7. 电气安装工程照明系统全负荷试验核查记录表

有关系统按专业验收

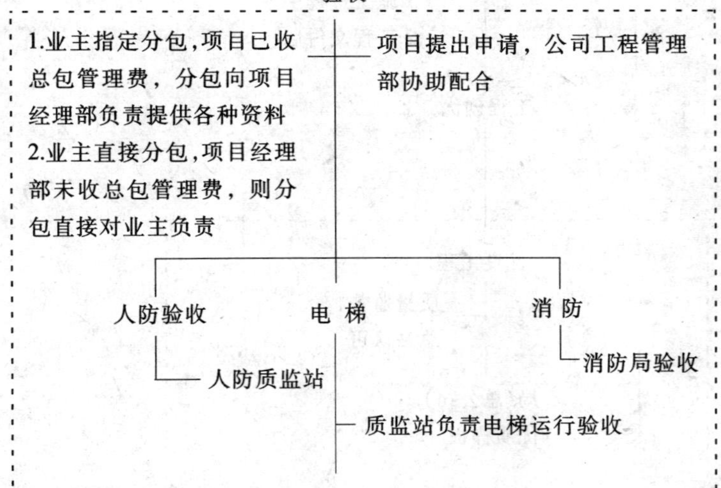

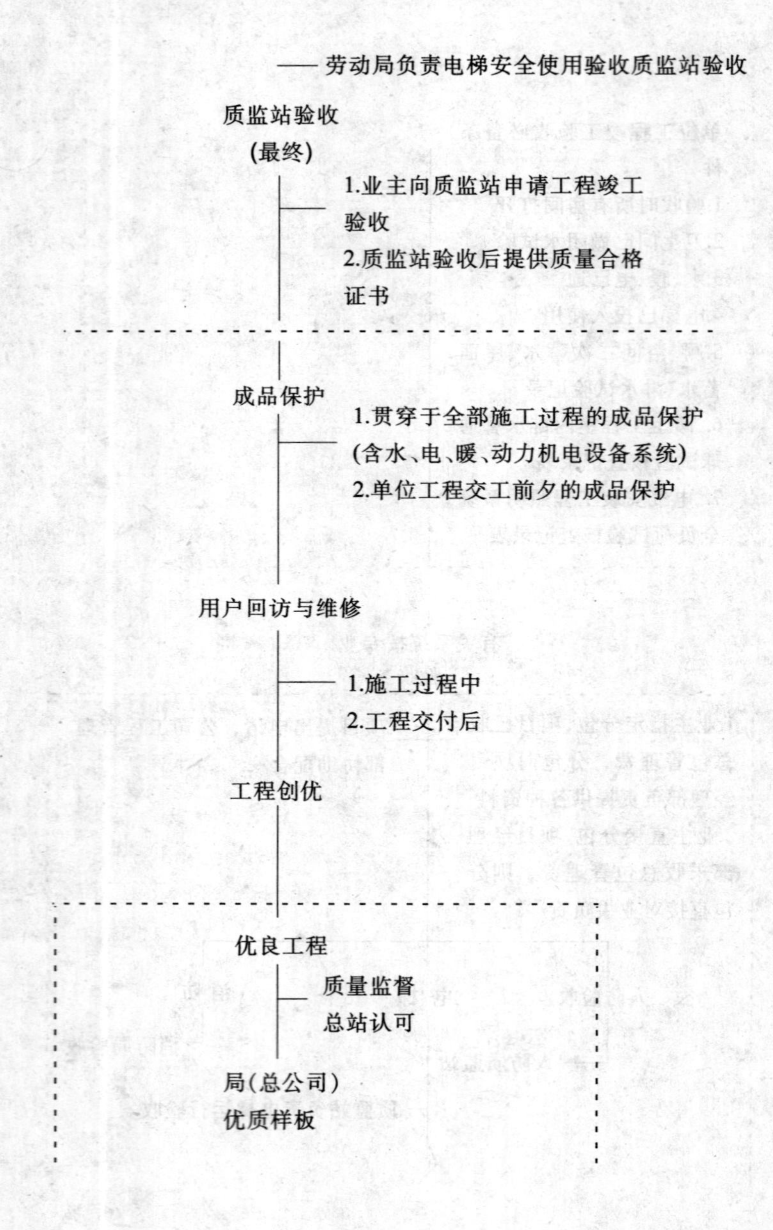
劳动局负责电梯安全使用验收质监站验收
质监站验收
(最终)
1.业主向质监站申请工程竣工
验收
2.质监站验收后提供质量合格
证书
成品保护
1.贯穿于全部施工过程的成品保护
(含水、电、暖、动力机电设备系统)
2.单位工程交工前夕的成品保护
用户回访与维修
1.施工过程中
2.工程交付后
工程创优
优良工程
质量监督
总站认可
局(总公司)
优质样板

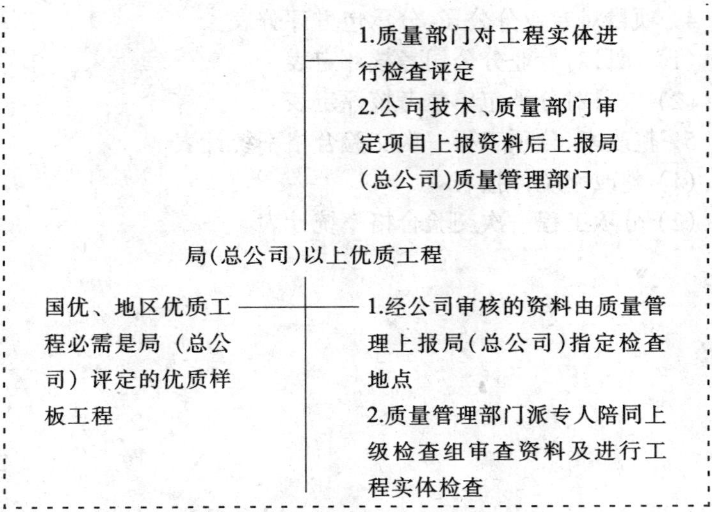

1.质量部门对工程实体进行检查评定

2.公司技术、质量部门审定项目上报资料后上报局(总公司)质量管理部门

局(总公司)以上优质工程

国优、地区优质工程必需是局（总公司）评定的优质样板工程

1.经公司审核的资料由质量管理上报局(总公司)指定检查地点

2.质量管理部门派专人陪同上级检查组审查资料及进行工程实体检查

1.2.4 施工项目质量管理的基础资料

1．项目质量管理基础台账

(1) 钢筋工程质量检验评定统计一览表

(2) 混凝土工程质量检验评定统计一览表

(3) 模板工程质量检验评定统计一览表

(4) 材料进场质量检验验收单

2．质量信息反馈及月度报表

(1) 实体质量月度报表

(2) 分项工程质量评定超差点登记表

(3) 月份分项工程质量验评信息表

(4) 月份工程(产品)质量情况报表

(5) 在施工程月报表

3．体系运行报表

(1) 项目经理部质量职能分配表

(2) 质量职能分配交底书

(3) 项目质量体系自查报告

(4) 项目质量体系自查不符合项汇总表

4. 项目对专业分公司、分承包方评分表

(1) 项目对专业分公司考核评定表

(2) 项目对分承包单位考核评定表

5. 整改率、分项工程一次交验合格率统计表

(1) 整改率统计报表

(2) 分项工程一次交验合格率统计表

2 质量体系的建立与运行

2.1 标准修订的背景及修订过程

2.1.1 ISO 9000 质量管理和质量保证标准产生的历史背景

质量管理和质量保证标准的产生不是偶然的,是现代科学技术和生产力发展的必然结果,是国际贸易发展到一定时期的必然要求,也是质量管理发展到一定阶段的产物。

2.1.1.1 ISO 9000 族标准的制定

ISO 9000 族标准是由国际标准化组织(ISO)组织制定并颁布的国际标准。国际标准化组织是目前世界上最大的、最具权威性的国际标准化专门机构,是由 131 个国家标准化机构参加的世界性组织。ISO 工作是通过约 2800 个技术机构来进行的,到 1999 年 10 月,ISO 标准总数已达到 12235 个,每年制定约 1000 份标准化文件。

ISO 为适应质量认证制度的实施,1971 年正式成立了认证委员会,1985 年改称合格评定委员会(CASCO),并决定单独建立质量保证技术委员会 TC176,专门研究质量保证领域内的标准化问题,并负责制定质量体系的国际标准。ISO 9000 族标准的修订工作,就是由 TC176 下属的分委员会负责相应标准的修订。

2.1.1.2 ISO 9000 标准的演变

TC176 在总结各国质量管理经验的基础上,于 1986 年 6 月和 1987 年 3 月正式发布了 1987 版的 ISO 9000 标准。包括 ISO 8402 质量——术语,ISO 9000 质量管理和质量保证标准——选择和使用指南;ISO 9001 质量体系——设计/开发、生产、安装和服务质量保证模式；ISO 9002 质量体系——生产和安装质量保证模式；ISO 9003 质量体系——最终检验和试验的质量保证模式，ISO 9004 质量管理和质量体系要素指南等六项国际标准。

1994 年 7 月，ISO 颁布了 ISO 9000 标准系列的第一次修订版本，称为“有限的修订”，在此期间共制订和修订了 16 个标准，形成了 ISO 9000 族标准的概念。其中 ISO 9002:1994 质量体系——生产、安装和服务的质量保证模式成为大多数建筑施工企业通过质量体系认证所采用的标准。

TC176 在 1996 年召开的第 15 届年会上，就 ISO 9000 族标准提出远景规划，也就是在 1994 版标准的基础上进行总体结构与局部技术的全面修改，形成 2000 版的 ISO 9000 族标准。

2.1.2　ISO 9000 族标准在世界上的应用

ISO 9000 族标准自发布后，即被各国相继采用，被各工业和经济部门所接受。截止到 2000 年，共有 140 余个国家和地区采用了这套标准。在标准发布的早期，主要是工业发达国家采用了这套标准，除日本外，大多数工业发达国家都是在 1987 年采用的。

由于市场的推动，质量体系认证逐渐成为贸易中的重要因素，在这样的环境下，质量体系认证发展的很快。至 1998 年全球累计发出证书 271966 张，获证组织分布在 143 个国家和地区，具体情况见表 2-1 所列。而且，获证组织也遍布了各行各业，其中服务业约占 1/4 左右。

各国获认证书情况　　表 2-1

国家/地区	英国	美国	德国	意大利	法国	澳大利亚	荷兰	日本	中国	韩国	其他	总计
证书数量	58963	24987	24055	18095	14194	14170	10570	8613	8245	7729	82345	271966
比　例（%）	21.7	9.2	8.8	6.7	5.2	5.2	3.9	3.2	3.0	2.8	30.3	100

2.1.3　2000 版 ISO 9000 族标准的结构和特点

1. 2000 版 ISO 9000 族标准的结构

1999年9月中旬,ISO/TC176第17届年会在美国旧金山召开,会议讨论了有关ISO 9000族标准的修改问题,决定对ISO 9000族标准的总体结构进行较大的调整,将1994版ISO 9000族标准的27项标准全盘做出重新安排,2000版的ISO 9000族标准仅有5项标准。对原有的标准有以下四种处理方式:

(1) 并入新的标准;

(2) 以技术报告(TR)或技术规范(TS)的形式发布;

(3) 以小册子的形式出版发行;

(4) 转入其他技术委员会(TC)。

新标准的编号和名称如下:

ISO 9000 质量管理体系——基本原理和术语

ISO 9001 质量管理体系——要求

ISO 9004 质量管理体系——业绩改进指南

ISO 19011 质量和环境审核指南

ISO 10012 测量控制系统

2000版ISO 9000族标准文件结构如表2-2所示:

标准文件结构 表2-2

核心标准	其他标准	技术报告(TR)	小册子	转至其他技术委员会	技术规范(TS)
ISO 9000 ISO 9001 ISO 9004 ISO 19011	ISO 10012	ISO/TR 10006 ISO/TR 10007 ISO/TR 10013 ISO/TR 10014 ISO/TR 10015 ISO/TR 10017	· 质量管理原则 · 选择和使用指南 · 小型企业的应用	ISO 9000-3 ISO 9000-4	ISO/TS 16949

2. 2000版ISO 9000族标准的主要特点

2000版ISO 9000族标准对比现行的1994版而言,具有以下的特点,

(1) 面向所有组织,通用性强;

(2) 文字通俗易懂,结构简化;

(3) 确立八项原则,统一理念;

(4) 鼓励过程方法,操作性强;

(5) 强化关键,领导作用;

(6) 自我评价测量,突出改进;

(7) 关心各相关方,利益共享;

(8) 质量管理体系与环境管理体系相互兼容。

2.2 ISO 9000:2000 标准的基本原理和术语

2.2.1 质量管理的八项基本原则

一个组织的基本任务是向市场和顾客提供满足顾客要求和其他相关方需要和期望的产品,并使顾客满意,这是组织存在和发展的前提。2000 版 ISO 9000 族标准在引言中提出的八项质量管理原则是对组织成功的实施质量管理,达到预期效果的指南。通过贯彻八项质量管理原则的要求,对组织、顾客、所有者、员工、供方和社会等所有的相关方都会产生积极的影响,并且对组织内部在制定方针和策略、建立质量目标、运行管理和人力资源管理等方面将会带来良好的效果。

2000 版 ISO 9000 族标准描述供应链时,所使用的术语由以前使用的"分承包方——供方——顾客"改变为"供方——组织——顾客"。主要是从实施的角度出发加以命名,也符合国际上各行业、领域在习惯上使用的术语。也与 ISO 14000 系列标准的术语保持一致。

1. 以顾客为中心

组织依存于顾客,因此,组织应理解顾客当前和未来的需求,满足顾客要求并争取超越顾客期望。

组织贯彻"以顾客为中心"的原则应采取的措施包括:

(1) 通过市场调查研究或访问顾客等途径,切实全面的了解掌握顾客当前或未来的需要和期望。并将这些要求融合在一起,作为设计和开发、质量改进的依据。

(2) 将顾客和其他相关方的需要和期望的信息按照规定的渠道和方法,在组织内部完整而准确的传递和沟通。

(3) 组织在设计和开发、生产和经营过程中,按规定的方法测量顾客的满意程度,以便针对顾客的不满意因素采取相应的措施。

2. 领导作用

领导者将本组织的宗旨、方向和内部环境统一起来,并创造使员工能够充分参与实现组织目标的环境。

组织贯彻“领导作用”的原则应采取的措施包括:

(1) 充分了解外部环境的变化,通过评审组织的质量方针和质量目标,对外部环境变化迅速做出正确决策。

(2) 考虑所有相关方的需要和期望。

(3) 明确提出组织发展的前景和蓝图,并在组织的各层次中建立和保持共同的价值观。

(4) 对组织内各层次人员建立具有挑战性的目标,激发他们为实现目标做出不懈的努力。

(5) 造就一个能充分发挥所有员工才能的环境。

3. 全员参与

各级人员是组织之本,只有他们充分参与才能使他们的才干为组织带来最大的收益。

组织贯彻“全员参与”的原则应采取的措施包括:

(1) 在完善组织结构,落实质量职能的基础上,具体规定各层次的职责范围和各个岗位的质量责任和权限。

(2) 为增强员工的工作能力,掌握和运用必要的知识和工作经验创造机会,识别培训需求,制定和实施培训计划、评价培训结果。

(3) 组织的全体人员应牢固树立为顾客创造价值的观念,努力提高工作质量,确保组织提供的产品、体系和过程质量符合顾客的要求。

(4) 识别和解决对员工业绩的约束,为员工创造一个团结合作的工作环境。

4．过程方法

将相关的资源和活动作为过程进行管理，可以更高效的达到期望的结果。

任何一项活动都可以作为一个过程来实施管理，所谓过程是指将输入转化为输出所使用资源的各项活动的系统。过程的目的是提高其价值。因此在开展质量管理各项活动中应采用过程的方法实施控制，确保每个过程的质量，并高效率地达到预期的效果。

组织贯彻"过程方法"的原则应采取的措施包括：

(1) 根据组织的产品、体系的特点具体研究和确定有那些过程，主要有与顾客有关的过程、识别顾客需求的过程、产品实施的过程、使顾客满意的过程等。

(2) 制定明确的职责和权限，对关键活动实施重点管理，并具备理解和测量关键活动效果的能力。

(3) 识别每个过程与相关职能部门的关系，将实施过程的职能分配和落实到相关部门和岗位，清晰地规定实施过程的职责和权限，并对接口进行必要的控制。

(4) 识别每个过程的内部和外部顾客、供方和其他相关方。

(5) 组织内部在开展过程设计中应对下述因素予以充分考虑：按确定的工作步骤和活动顺序建立工作流程，人员培训需要，所需的设备、材料，测量和控制实施过程的方法，以及所需的信息和其他资源。

5．管理的系统方法

针对设定的目标，识别、理解并管理一个由相互关联的过程所组成的体系，有助于提高组织的有效性和效率。

产品的质量是掌握顾客的需要、确定技术规范，以及产品实现等众多过程结果的综合反映，并且这些过程又是相互关联和相互作用的，每个过程又都会在不同程度上影响着产品质量。如何对各个过程系统地实施控制，确保组织的预定目标的实现，就需要建立质量管理体系，运用体系管理的方法，系统地实施各个过程的控制，才能有效地和高效率地使产品质量满足顾客的需要。

组织贯彻“管理的系统方法”的原则应采取的措施包括:

(1) 按照本组织的产品和生产特点,识别和开发产品质量形成产品质量的各个过程,研究各个过程的关联特性来确定体系。

(2) 建立组织的质量管理体系,运用对各个过程形成的网络实施系统的控制,加强质量管理体系管理。

(3) 定期对质量管理体系进行测量,针对质量管理体系是否有效的运行和达到组织预定的目标做出客观的评价,寻找改进的机会,不断的改进组织的体系。

(4) 配置体系的各个过程实施和改进所必需的资源。

6. 持续改进

持续改进是组织的一个永恒的目标。

持续改进是一个组织积极寻找改进的机会,努力提高有效性和效率的重要手段,确保不断增强组织的竞争力,使顾客满意。

组织贯彻“持续改进”的原则应采取的措施包括:

(1) 组织的最高管理者应负责和领导持续开展质量改进工作,在组织内部创造一个持续改进的工作环境。

(2) 组织的最高管理者应将持续改进作为企业文化,加强宣传教育,建立激励机制,鼓励全员参与质量改进。

(3) 定期评价和分析质量管理体系各个过程所存在的问题和薄弱环节,识别潜在的改进领域,有计划的实施质量改进。

(4) 组织应将持续改进与预防纠正措施结合起来,坚持PDCA循环,不断改进过程质量,提高组织的效率和有效性。

(5) 组织应建立质量改进测量与评价系统,以便对改进机会识别、诊断和对质量改进效果的评定。通过测量和评价,控制和改善质量改进过程。

7. 基于事实的决策方法

对数据和信息进行逻辑分析或直觉判断是有效决策的基础。

决策是通过调查和分析,确定质量目标并提出实现目标的方案,对可供选择的若干方案进行优选后做出抉择的过程。一个组织在生产经营的各项管理活动过程都需要做出决策。能否对各个过程做出正确的决策,将会影响到组织的有效性和效率,甚至关系到组织的兴衰。所以,有效的决策必须以充分的数据和真实的信息为基础。

组织贯彻“基于事实的决策方法”的原则应采取的措施包括:

(1) 组织在决策的过程中应根据设定的质量目标收集与实现目标有关的数据和信息等资料,作为决策的基础。

(2) 对收集到的信息和数据等资料综合进行评价,通过去伪存真的筛选,确保数据和信息的准确、充分和可靠。

(3) 掌握和应用适用的统计技术,以逻辑分析为基础,兼顾直觉的基础上进行决策并采取相应的措施。

8. 互利的供方关系

通过互利的供方关系,增强组织及其供方创造价值的能力。

组织在产品实现过程中向供方采购的产品具有相当的数量,而且采购的产品质量必然会直接或间接影响组织的最终产品的质量。所以,为了使供方能够持续稳定的提供符合组织要求的产品,组织需要采用合适的方法选择、评定合格的供方,并且与供方之间建立互利互惠的合作伙伴关系,共同为提供使顾客满意的产品做出努力。

组织贯彻“互利的供方关系”的原则应采取的措施包括:

(1) 识别和选择关键的供方。

(2) 对组织长期需要采购的关键产品,应在选择和评价的基础上,建立从短期发展为长期的供方关系。

(3) 组织在与供方沟通中应做到信息共享,使供方确立改进质量的长远规划。

2.2.2 主要术语

2000 版 ISO 9000 标准列出了 87 个有关质量管理体系的术语,相对于 ISO 8402:1994 规定的 67 个术语来看,从术语的数量和组成情况发生了很大的变化 。其中,新增术语 47 个,删掉术语 27 个,内容发生变化术语 40 个。

几个值得特别注意的术语:

1. 质量:产品、体系或过程的一组固有特性满足顾客和其他相关方要求的能力。

注:术语"质量"可使用形容词如好、差或优秀来修饰。

2. 不合格(不符合):未满足要求。

新定义删去了旧定义中的"某个规定的"词语,不再以"规定的要求"作为判断的依据,而直接以"要求"——明示的、习惯上隐含的或必须履行的需求或期望作为判定的依据。

3. 缺陷:未满足与预期或规定用途有关的要求

注:(1)区分术语缺陷和不合格是重要的,这是因为其中有法律内涵,特别是与产品责任问题有关,因此术语"缺陷"应慎用。

(2) 预期的用途可能会受供方所提供的信息(如手册)的性质的影响。

4. 质量管理体系:建立质量方针和质量目标并实现这些目标的体系。

该术语把原标准中的"质量体系"术语,现在改称为"质量管理体系"。新定义更强调质量管理体系的各项活动是为了实现质量方针和质量目标。

5. 质量策划:质量管理的一部分,致力于设定质量目标并规定必要的作业过程和相关资源以实现其质量目标。

注:编制质量计划可以是质量策划的一部分。

6. 设计与开发:将要求转换为规定的特性和产品实现过程规范的一组过程。

注:(1) 术语"设计"和"开发"有时是同义的,有时用于规定整个设计和开发过程的不同阶段。

(2) 设计和开发的性质可使用修饰词表示(如产品设计开发或过程设计开发)。

"设计与开发"的概念与国内习惯的理解不完全一致,它不但包括产品设计(将顾客、法规等要求转换为产品图纸等所规定的特性),还包括过程设计。对服务业而言,其产品是服务,是一个过程。如果服务业组织针对不同的顾客要求,设计新的服务过程,以便提供特定的服务,则可以使用术语过程“开发”,直接将顾客要求转换为服务提供过程规范。

7. 审核:为获得证据并对其进行客观的评价,以确定满足审核准则的程度所进行的系统的、独立的并行成文件的过程。

新的术语替代了原“质量审核”术语,使其具有更广的通用性,以便既能用于“质量审核”,又能用于“环境管理体系审核”。

2.3 ISO 9001:2000 标准的结构和特点

2.3.1 ISO 9001:2000 标准目的和适用范围的变化

2000 版 ISO 9001 标准名称为《质量管理体系——要求》,总则描述如下:“本标准规定了质量管理体系要求,组织可依此通过满足顾客要求和适用的法规要求而达到顾客满意。本标准也能用于内部和外部(包括认证机构)评价组织满足顾客和法规要求的能力。”从描述中可以看出,2000 版适用于组织的质量管理和对外提供质量保证。其应用范围已经得到扩展,组织需要通过体系有效应用,包括持续改进和预防不合格而达到顾客满意时可选用此标准。1994 版 ISO 9001 主要通过预防不合格而获得顾客满意。

1994 版的 ISO 9002 和 ISO 9003 在 2000 版 ISO 9000 族标准中不再作为单独的标准存在,因此在 ISO 9001:2000 标准中增加了“允许的剪裁”条款。允许的剪裁仅限于“产品实现”的部分条款,而决不允许剪裁“资源管理”、“管理职责”、“质量管理体系”和“测量、分析和改进”中的内容。剪裁的原因主要来自三个方面:组织所提供产品的性质;顾客要求;适用的法律法规要求。

标准指出,剪裁仅限于既不影响组织提供满足顾客和适用法规要求的产品的能力,也不免除组织的相应责任的那些质量管理体系要求。如:组织存在设计开发部门并具有相应的职能,则组织不能剪裁设计开发过程。具有施工总承包资质的建筑施工单位,通常要进行施工过程的开发,一般情况下也不要剪裁设计和开发条款。

2.3.2 ISO 9001:2000 标准的结构

2000 版 ISO/D159001 标准以四个板块取代 1994 版标准的 20 个要素，其重点内容体现在“管理职责”、“资源管理”、“产品实现”和“测量、分析和改进”中。

1.“管理职责”规定了管理的基本职能，主要内容包括：管理承诺、以顾客为中心、制定质量方针和质量目标、进行质量策划（包括体系所需的过程、资源和体系的持续改进）、进行管理评审、对组织的职责和权限以及相互关系必须予以规定和沟通、任命管理者代表等。

2.“资源管理”主要内容包括：能力需求的识别、提供相应的培训、评价培训的有效性、人员安排（基于教育、培训、技能和经验方面的考虑）、设施和工作环境的提供等。

3.“产品实现”表述的过程是质量策划结果的一部分，其主要内容包括：实现过程的策划、与顾客有关的过程、设计和（或）开发、采购、生产和服务的运作、测量和监控装置的控制。

4.“测量、分析和改进”主要内容包括：测量和监控、不合格控制、数据分析、纠正措施、预防措施和持续改进。从以上所述的结构和内容的表述上来看，2000 版 ISO 9001 标准不是针对某种产品类别，对硬件、软件、流程性材料和服务四种类别都具有普遍适用性。

ISO 9000 来源于美国军用标准，而美国军用标准主要是针对军用装备的质量。最早的 ISO 9001 标准是 1987 年制定的，1994 版 ISO 9001 标准与 1987 版 ISO 9001 相比，在结构上并没有大的变化。1994 版 ISO 9001 标准主要内容体现在第 4 章的“管理职责”（4.1）到“统计技术”（4.20），虽然它能够适用于各行各业，但是，从它的结构和内容的表述上来看，带有明显的硬件制造业的痕迹。

2.3.3 过程方法模式

“过程”的概念在 1994 版的 ISO 9001 标准中提出，但主要是从理论上阐述，在质量保证标准中仅反映在要求对产品的形成或服务的提供阶段进行“过程控制”,并未在质量体系的所有方面展开。

而2000版ISO 9001标准采用过程方法模式。组织的质量管理体系是由构成立体空间的过程网络组成。组织为了实施质量管理体系,必须识别这些过程;确定这些过程的顺序和相互作用;确定为确保这些过程有效运作和控制所需要的准则和方法;确保可获得必要的信息,以支持这些过程的有效运作和监控;测量、监控和分析这些过程,并实施必要的措施,以实现策划的结果和持续改进。

2000版ISO 9001给出的过程方法模式如图2-1所示:

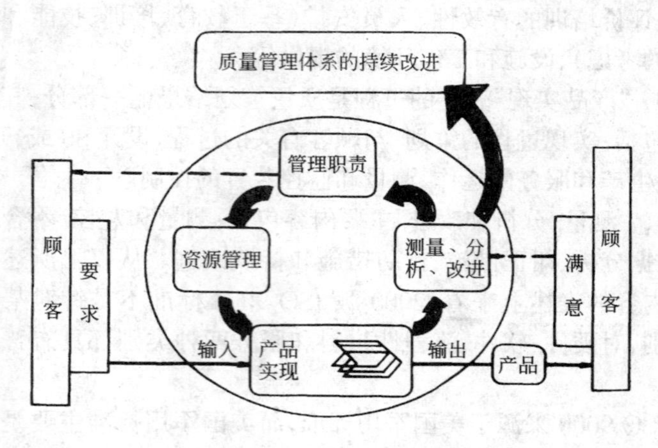

图2-1　过程模式

该模式承认顾客在规定输入要求中扮演了重要角色,顾客要求作为产品实现过程(也称为直接过程)的输入,通过产品实现过程,将输出(产品)提交给顾客,以取得顾客满意。圆圈中的四个大过程“管理职责”、“资源管理”、“产品实现”和“测量、分析和改进”分别代表了标准中的第5、6、7和8章,每个大过程中包括的小过程分别在各章中加以说明。而圆圈中的四个箭头分别代表了四个大过程(除“产品实现”之外,其他过程也称为间接过程或支持过程)的内在逻辑顺序。四个大过程通过四个箭头形成闭环,表明质量管理体系是不断循环上升的。图中的上面一个虚线箭头表明管理应以顾客为中心,下面一个虚线箭头表明对顾客满意的监控是通过"测量、分析和改进"这个大过程来完成的。图中的大箭头表明正是"测量、分析和改进"这个大过程才使质量管理体系得到持续改进。

2.3.4 ISO 9001:2000 标准的主要特点

1. 持续改进

2000 版 ISO 9001 标准的"持续改进"明确提出了持续改进以及持续改进的方法和途径。1994 版 ISO 9001 标准通过"管理评审"、"不合格控制"、"纠正和预防措施"以及"内部质量审核"等可以体现出持续改进的思想,但是始终未能明确提出来。

2. 强调了最高管理者的作用

2000 版 ISO 9001 标准在第 5 章的"管理承诺"、"以顾客为中心"、"质量方针"、"质量目标"、"质量管理体系策划"、"管理者代表"和"管理评审"共七个条款中提及最高管理者,充分表明了最高管理者在建立和保持质量管理体系过程中的领导作用。1994 版 ISO 9001 标准只是提及了"负有执行职责的供方管理者",没有明确提出最高管理者。

3. 考虑了法律、法规要求

2000 版 ISO 9001 标准在"总则"、"应用"、"管理承诺"、"以顾客为中心"、"与产品有关的要求的确定"、"设计和(或)开发输入"条款中多次提及法律法规要求。1994 版 ISO 9001 标准只是在"设计输入"中提及法律法规要求。

4. 在相关职能和层次上建立可度量的目标

2000 版 ISO 9001 标准在"质量目标"中明确提出必须在相关职能和层次上建立质量目标,并且要求质量目标是可度量的,与质量方针(包括对持续改进的承诺)保持一致。这就要求组织必须建立目标展开与评价体系。1994 版 ISO 9001 标准在"质量方针"中提到质量目标,并未明确提出质量目标是可度量的,也未提出质量目标的展开。

5. 监控顾客满意和(或)不满意的信息作为体系业绩的度量

2000 版 ISO 9001 标准在"顾客满意"中明确要求组织必须监控顾客满意和(或)不满意的信息,作为质量管理体系绩效的一种度量。顾客满意是任何组织的推动力,为了评价产品是否满足顾客的需求和期望,有必要监控顾客的满意和(或)不满意程度,由此可采取相应的措施加以改进。1994 版 ISO 9001 标准中无此要求。

6. 更加注意组织资源的可获得性

2000 版 ISO 9001 标准第 6 章"资源管理"整个章节表述了人力资源、设施和工作环境的要求和可获得性。1994 版 ISO 9001 标准只是在"资源"中提及了资源。

7. 确定培训的有效性

2000 版 ISO 9001 标准"培训、意识和能力"不仅需要确定培训需求,而且需评价培训的有效性,同时要确保员工意识到所从事活动的相关性和重要性以及如何为实现质量目标做出贡献。与 1994 版 ISO 9001 标准相比,在培训的有效性要求上加强了。

8. 对体系、过程和产品的测量

与 1994 版 ISO 9001 标准相比,2000 版 ISO 9001 标准对体系和过程的测量为新增加的要求;对产品的测量,在 1994 版标准中已经存在,只不过在表述方式上更加具有通用性。

9. 对收集的有关质量管理体系业绩的数据进行分析

在 1994 版 ISO 9001 标准的"预防措施"和"统计技术"中已经体现出数据的收集、统计分析和应用的要求。而 2000 版标准更明确地提出收集和分析数据是为了确定质量体系的适宜性和有效性,以及识别可以实施的改进。而且还提示数据分析可以提供顾客满意度,过程和产品的特性及其趋势,以及供方提供产品/服务的信息。说明 2000 版标准更充分地体现信息和数据是组织进行管理的基础的思想。

10. 沟通

"沟通"不但是信息的传递，而且是思想的交流。通过"沟通"有利于相互理解，充分的理解是做好工作的重要思想基础，也使工作的目的性更加明确，有利于消除认识的不一致而可能造成工作结果的偏差。并且，加强与顾客的沟通，能提高顾客对服务的满意程度。

2000 版 ISO 9001 标准提到了两类沟通，第一类沟通为"内部沟通"，它要求组织内部不同的层次和职能之间应就质量管理体系的各个过程的充分性和有效性进行沟通，这要求组织应在沟通方式、沟通内容和沟通渠道等方面做出规定。1994 版 ISO 9001 标准对此无明确规定。第二类沟通为"顾客沟通"，它要求组织应就产品信息、问询、合同或订单的处理包括修改以及顾客反馈包括顾客投诉方面，识别并实施与顾客沟通的安排。1994 版 ISO 9001 标准虽然对第二类沟通在标准正文中没有明确表述，但是隐含在"合同评审"、"纠正措施"、"预防措施"和"服务"中。

11. 体系文件

2000 版 ISO 9001 标准对体系文件的明示要求相对 1994 版而言有些弱化，只是在"文件要求"、"文件控制"、"质量记录的控制"、"内部审核"、"纠正措施"和"预防措施"共 6 个地方提出"形成文件的程序"要求。1994 版 ISO 9001 标准在"合同评审"、"设计控制"、"文件和资料控制"、"采购"、"顾客提供产品的控制"、"产品标识和可追溯性"、"过程控制"、"检验和试验"、"检验、测量和试验设备的控制"、"不合格品的控制"、"纠正和预防措施"、"搬运、贮存、包装、防护和交付"、"质量记录的控制"、"内部质量审核"、"培训"、"服务"和"统计技术"共 17 个要素中都提出了"形成文件的程序"要求。但是，2000 版 ISO 9001 中提出质量管理体系文件应包括"组织为确保其过程有效运行和得到控制所要求的文件"。这表明没有提到"形成文件的程序"的地方不一定就不需要文件，有些地方还是需要文件，只不过文件的形式不同罢了。并且，还应认识到，标准中未明示"文件化程序"的要求是给组织更多结合实际来决定文件化程序的自由度。这样有利于把注意力放在对过程的控制上,使程序更有实效。

2.4　ISO 9001:2000 标准的条款

2.4.1　前言

国际标准化组织(ISO)是由各国标准化团体(ISO成员团体)组成的世界性的联合会。制定国际标准工作通常由ISO的技术委员会完成。各成员团体若对某技术委员会确定的项目感兴趣,均有权参加该委员会的工作。与ISO保持联系的各国际组织(官方的或非官方的)也可参加有关工作。ISO与国际电工委员会(IEC)在电工技术标准化方面保持密切合作的关系。

国际标准是根据ISO/IEC导则第3部分的规则起草的。

由技术委员会通过的国际标准草案提交各成员团体投票表决,需取得了至少3/4参加表决的成员团体的同意,国际标准草案才能作为国际标准正式发布。

本标准中的某些内容有可能涉及一些专利权问题,这一点应引起注意,ISO不负责识别任何这样的专利权问题。

国际标准ISO 9001是由ISO/TC176/SC2质量管理和质量保证技术委员会质量体系分技术委员会制定的。

由于ISO 9001已作了技术性修订,ISO 9001第三版取代第二版(ISO 9001:1994)。ISO 9002:1994和ISO 9003:1994的内容已反映在本标准中,故本标准发布时,这两项标准将作废。原已使用ISO 9002:1994和ISO 9003:1994的组织只需按第1.2条的规定剪裁某些要求,仍可以使用本标准。

本标准的名称发生了变化,不再有“质量保证”一词。这反映了本标准规定的质量管理体系要求包括了产品质量保证和顾客满意。

2.4.2　引言

1. 总则

本标准规定了质量管理体系要求,组织可依此通过满足顾客要求和适用的法规要求而达到顾客满意。本标准也能用于内部和外部（包括认证机构）评价组织满足顾客和法规要求能力。

本标准的制定已经考虑了 GB/T19000 中所规定的质量管理原则。

采用质量管理体系需要组织做出战略性决策。组织的质量管理体系的设计和实施受各种需求，具体的目标，所提供的产品、所采用的过程以及组织的规模和结构的影响。本标准既不拟统一质量管理体系的结构也不拟统一文件。

本标准所规定的质量管理体系要求是对产品技术要求的补充。

“注”是理解和澄清有关要求的指南。

2. 过程方法

本标准鼓励在质量管理中采用过程方法。

为使组织有效运行，必须识别和管理许多内部相互联系的过程。通过资源和管理，将输入转化成输出的一项活动，可以看出一个过程。通常，一个过程的输出将直接形成下一个过程的输入。

组织内这些过程的系统应用，包括这些过程的识别和相互作用及其管理，称为“过程方法”。

过程方法的优点是对过程系统中单个过程之间的联系以及过程的结合和相互作用进行随时的控制。主要关注的是通过满足顾客要求，以实现顾客满意。过程方法在质量管理体系中应用是强调以下方面的重要性：

(1) 理解和满足要求；

(2) 需要在增值方面考虑过程；

(3) 获得过程业绩和有效性的结果；

(4) 基于客观的测量结果的对过程实施持续改进。

过程方法模式图是对第 5～8 章中所提出的过程方法模式的一个概念性图解。该模式承认顾客在规定输入要求中起到了重要作用。组织必须对顾客的满意程度进行监控，以便评价和确认顾客要求是否已满足。该模式虽未详细地反映各过程，但却覆盖了本标准的所有要求。

注:此外 PDCA 可适用于所有的过程。PDCA 模式可简述如下:

P——计划:根据顾客的要求和组织的方针,制定向顾客提供产品所需的目标和过程。

D——做:实施并运作过程和程序。

C——检查:根据方针和目标,对过程和业绩进行测量和评价,并向决策者报告结果。

A——行动:采取纠正和预防措施,以进一步改进过程业绩。

对质量管理体系进行评审,如有必要,对方针进行修改。

3．与 ISO 9004 的关系

本版标准已制定为一对协调一致的质量管理体系标准中的一项,另一项是 ISO 9004:2000。这两项标准可以一起使用,也可单独使用。虽然两项标准具有不同的适用范围,但具有相似的结构,以便于使用。

本版标准规定了质量管理体系要求,可供组织内部使用,也可用于认证或合同目的。ISO 9001 的焦点是通过提高质量管理体系的有效性,以满足顾客的要求。

ISO 9004:2000 对质量管理体系更宽范围内的目标提供了指南,旨在持续改进一个组织的总体绩效,既包括有效性,也包括效率。ISO 9004:2000 不是 ISO 9001:2000 的实施指南,也不拟用于认证或合同目的。

4．与其他管理体系的相容性

本标准期望与国际承认的其他管理体系标准相容。为了使用者利益,本标准与 ISO 14001:1996 相互趋近,以增强两类标准的相容性。

本标准不包括针对其他管理体系的要求,例如环境管理、职业健康与安全管理或财务管理。然而本标准容许组织将质量管理体系与相关的管理体系要求尽可能结合或一体化。在某些情况下,组织为了建立符合本标准要求的质量管理体系,可能会改变现行的管理体系。

2.4.3 ISO 9001:2000 质量管理体系标准

见附录八

2.5 质量管理体系的建立与实施

形成文件的质量方针;质量管理手册;质量目标及管理方案以及相应的控制计划;质量标准要求的形成文件的程序;确保质量管理体系运行的作业指导书及其他运作文件,包括图纸、合同、相关的法律法规、施工组织设计、专项方案、精品工程策划书、过程识别与控制书等等;质量管理体系运行的表格和记录。

2.5.1 建立质量管理体系的程序

按照国家标准 GB/T19000,建立一个新的质量管理体系或更新、完善现行的质量管理体系,一般有以下步骤。

1. 企业领导决策

企业主要领导要下决心走质量效益型的发展道路,有建立质量管理体系的迫切需要。建立质量管理体系涉及企业内部很多部门参加的一项全面性的工作,如果没有企业主要领导亲自领导、亲自实践和统筹安排,是很难搞好这项工作的。因此,领导真心实意地要求建立质量管理体系,是建立健全质量管理体系的首要条件。

2. 编制工作计划

工作计划包括培训教育、体系分析、职能分配、文件编制、配备仪器仪表设备等内容。

3. 分层次教育培训

组织学习 GB/T 19000 系列标准,结合本企业的特点,了解建立质量管理体系的目的和作用,详细研究与本职工作有直接联系的要素,提出控制要素的办法。

4. 分析企业特点

结合建筑业企业的特点和具体情况,确定采用哪些要素和采用程度。

要素要对控制工程实体质量起主要作用,能保证工程的适用性、符合性。

5．落实各项要素

企业在选好合适的质量体系要素后,要进行二级要素展开,制定实施二级要素所必需的质量活动计划,并把各项质量活动落实到具体部门或个人。

一般,企业在领导的亲自主持下,合理地分配各级要素与活动,使企业各职能部门都明确各自在质量管理体系中应担负的责任、应开展的活动和各项活动的衔接办法。分配各级要素与活动的一个重要原则就是责任部门只能是一个,但允许有若干个配合部门。

在各级要素和活动分配落实后,为了便于实施、检查和考核,还要把工作程序文件化,即把企业的各项管理标准、工作标准、质量责任制、岗位责任制形成与各级要素和活动相对应的有效运行的文件。

6．编制质量管理体系文件

质量管理体系文件按其作用可分为法规性文件和见证性文件两类。质量管理体系法规性文件是用以规定质量管理工作的原则,阐述质量管理体系的构成,明确有关部门和人员的质量职能,规定各项活动的目的要求、内容和程序的文件。在合同环境下这些文件是供方向需方证实质量管理体系适用性的证据。质量管理体系的见证性文件是用以表明质量管理体系的运行情况和证实其有效性的文件（如质量记录、报告等)。这些文件记载了各质量管理体系要素的实施情况和工程实体质量的状态,是质量管理体系运行的见证。

2.5.2　质量管理体系的运行

保持质量管理体系的正常运行和持续实用有效,是企业质量管理的一项重要任务,是质量管理体系发挥实际效能、实现质量目标的主要阶段。

质量管理体系运行是执行质量体系文件、实现质量目标、保持质量管理体系持续有效和不断优化的过程。

质量管理体系的有效运行是依靠体系的组织机构进行组织协调、实施质量监督、开展信息反馈、进行质量管理体系审核和复审实现的。

1. 组织协调

质量管理体系的运行是借助于质量管理体系组织结构的组织和协调来进行的。组织和协调工作是维护质量管理体系运行的动力。质量管理体系的运行涉及企业众多部门的活动。就建筑业企业而言,计划部门、施工部门、技术部门、试验部门、测量部门、检查部门等都必须在目标、分工、时间和联系方面协调一致,责任范围不能出现空档,保持体系的有序性。这些都需要通过组织和协调工作来实现。实现这种协调工作的人,应是企业的主要领导,只有主要领导主持,质量管理部门负责,通过组织协调才能保持体系的正常运行。

2. 质量监督

质量管理体系在运行过程中,各项活动及其结果不可避免地会有发生偏离标准的可能。为此,必须实施质量监督。

质量监督有企业内部监督和外部监督两种,需方或第三方对企业进行的监督是外部质量监督。需方的监督权是在合同环境下进行的,就建筑业企业来说,叫做甲方的质量监督按合同规定,从地基验槽开始,甲方对隐蔽工程进行检查签证。第三方的监督,对单位工程和重要分部工程进行质量等级核定,并在工程开工前检查企业的质量管理体系。施工过程中,监督企业质量管理体系的运行是否正常。

质量监督是符合性监督。质量监督的任务是对工程实体进行连续性的监视和验证。发现偏离管理标准和技术标准的情况时及时反馈,要求企业采取纠正措施,严重者责令停工整顿。从而促使企业的质量活动和工程实体质量均符合标准所规定的要求。

实施质量监督是保证质量管理体系正常运行的手段。外部质量监督应与企业本身的质量监督考核工作相结合,杜绝重大质量事故的发生，促进企业各部门认真贯彻各项规定。

3．质量信息管理

企业的组织机构是企业质量管理体系的骨架，而企业的质量信息系统则是质量管理体系的神经系统，是保证质量体系正常运行的重要系统。在质量管理体系的运行中，通过质量信息反馈系统对异常信息的反馈和处理，进行动态控制，从而使各项质量活动和工程实体质量保持受控状态。

质量信息管理和质量监督、组织协调工作是密切联系在一起的。异常信息一般来自质量监督，异常信息的处理要依靠组织协调工作，三者有机结合，是使质量管理体系有效运行的保证。

4．质量管理体系审核与评审

企业进行定期的质量管理体系审核与评审，一是对体系要素进行审核、评价，确定其有效性；二是对运行中出现的问题采取纠正措施，对体系的运行进行管理，保持体系的有效性；三是评价质量体系对环境的适应性，对体系结构中不适用的采取改进措施。开展质量管理体系审核和评审是保持质量管理体系持续有效运行的主要手段。

2.5.3　建筑业企业建立质量管理体系的步骤

建筑业企业，因其性质、规模和活动、产品和服务的复杂性不同，其质量管理体系也与其他管理体系有所差异，但不论情况如何，组成质量管理体系的管理要素是相同的。建立质量管理体系的步骤也基本相同，一般建筑业企业认证周期最快需半年。企业建立质量管理体系一般步骤，见表2-3。

企业建立质量管理体系的步骤　　**表2-3**

序号	阶　段	主 要 内 容	时间(月)
一	准备阶段	1．最高管理者决策 2．任命管理者代表、建立组织机构 3．提供资源保障(人、财、物、时间)	企业自定
二	人员培训	1．内审员培训 2．体系策划、文件编写培训	0.5~1

续表

序号	阶 段	主 要 内 容	时间(月)
三	体系分析与设计	1. 企业法律法规符合性 2. 确定要素及其执行程度和证实程度 3. 评价现有的管理制度与 ISO 9001 的差距	0.5～1
四	体系策划和文件编写	1. 编写质量管理守册/程序文件/作业书指导 2. 文件修改一至两次并定稿	1～2
五	体系试运行	1. 正式颁布文件 2. 进行全员培训 3. 按文件的要求实施	3～6
六	内审及管理评审	1. 企业组成审核组进行审核 2. 对不符合项进行整改 3. 最高管理者组织管理评审	0.5～1
七	模拟审核	1. 由咨询机构对质量管理体系进行审核 2. 对不符合项进行整改建议 3. 协助企业办理正式审核前期工作	0.25～1
八	认证审核准 备	1. 选择确定认证审核机构 2. 提供所需文件及资料 3. 必要时接受审核机构预审性	0.5～1
九	认证审核	1. 现场审核 2. 不符合项整改	0.5～1
十	颁发证书	1. 提交整改结果 2. 审核机构的评审 3. 审核机构打印并颁发证书	0.5～1

2.6 建筑工程项目质量管理体系要素

质量管理体系要素是构成质量管理体系的基本单元。它是产生和形成工程产品的主要因素。

质量管理体系是由若干个相互关联、相互作用的基本要素组成。在建筑业企业施工建筑安装工程的全部活动中，工序内容多，施工环节多，工序交叉作业多，有外部条件和环境的因素，也有内部管理和技术水平的因素，企业要根据自身的特点，参照质量管理体系国际标准和国家标准中所列的质量体系要素的内容，选用和增删要素，建立和完善建筑业企业的质量体系。

施工项目是建筑业企业的施工对象。企业要实施 GB/T19000 系列标准，就要把质量管理和质量保证落实到施工项目上。一方面要按企业质量体系要素的要求形成本施工项目的质量管理体系，并使之有效运行，达到提高优质工程质量和服务质量的目的；另一方面，施工项目要实现质量保证，特别是建设单位或第三方提出的外部质量保证要求，以赢得社会信誉，并且是企业进行质量体系认证的重要内容。

首先，我们应明确，项目施工应达到的质量目标是：

1. 施工项目部领导班子应坚持全员、全过程、各职能部门的质量管理，保持并实现施工项目的质量，以不断满足规定要求。

2. 应使企业领导和上级主管部门相信，工程施工正在实现并能保持所期望的质量。

3. 开展一系列有系统、有组织的内部质量审核和质量保证活动，提供证实文件，使建设单位、建设监理单位确信该施工项目能达到预期的目标。若有必要，应将这种证实的内容和证实的程度明确地写入合同之中。

4. 根据以上施工项目施工应达到的质量目标，从工程施工实际出发，对施工项目质量管理和质量管理体系要素进行的讨论，仅限于从承接施工任务、施工准备开始，直至竣工交验和工程回访与保修服务，整个管理过程可由 17 个要素构成。

2.6.1　施工项目部领导职责

项目部经理是施工质量的第一责任者，应对施工质量方针和目标的制定和实施负责。

1. 施工项目的质量管理是施工项目管理的中心环节，施工项目部领导班子的质量管理职能，是负责施工项目质量方针目标的确定，对质量做出承诺并写成文件。要保证项目施工的全体人员和各工作部门都理解并坚持贯彻执行。

2. 质量管理职能负责施工项目目标分解，对主要分项分部工程、功能性施工项目、关键与特殊工序、现场主要管理工作等明确其基本要求和质量目标、工作控制要点；并要求责任部门和单位制定保证目标实现的具体措施。

3. 负责定期组织对施工项目方针目标管理进行诊断和综合性考评。

4. 将项目方针目标考核结果与经济承包责任制挂钩。

5. 为确保实现用户和国家、行业强制性要求，施工项目领导班子应致力于实施质量体系所必须的组织机构、责任、程序、过程和资源的健全和完善，以促进质量管理体系的有效运转。

6. 施工项目领导班子应对施工全现场质量职能进行合理分配，尤其应注重加强质量成本、材料质量、质量检验、安全生产、施工进度等各职能的协调与管理。应始终重视核算、分析和评价各项质量要素和目标项目的有关费用，使质量损失费用降到最少。

2.6.2 施工项目质量管理体系原理和原则

1. 质量管理体系过程

根据施工项目质量形成的全过程，其质量体系过程有以下8个阶段：

(1) 任务承接；

(2) 施工准备；

(3) 材料采购；

(4) 施工生产；

(5) 试验与检验；

(6) 功能试验；

(7) 竣工交验；

(8) 回访与保修。

2. 施工项目质量体系结构

工程项目经理是工程项目质量管理的第一负责人,应对工程质量方针目标的制定与质量管理体系的建立和有效运转全面负责。

(1) 质量责任与权限。

1) 明确规定施工项目领导和各级管理人员质量责任。

2) 明确规定从事各项质量管理活动人员的责任和权限,使之能按要求效率达到预期的质量目标。

3) 规定各项工作之间的衔接、控制内容和控制措施。

(2) 组织机构。

1) 施工项目施工管理中应建立与工程质量管理体系相适应的组织机构并规定各机构的隶属关系和联系接口与方法。

2) 施工项目施工中应组建质量管理小组。成立施工项目全面质量管理领导小组,承担并协调全工程的方针目标管理,其实质是施工项目管理中综合性的质量管理权威机构。

(3) 资源和人员。

为了实施质量方针,施工项目领导应保证必须的各类资源:

1) 人才和专业技能:项目经理、主要领导及专业管理人员应具备必须的专业技能和管理资质。

2) 生产设备和施工生产工具:施工操作人员所用生产工具应符合施工生产需要。施工设备与机具的配备应满足工程施工需要,并有足够的工序能力,设备机具应符合有关规定要求。人员培训的规划应以保证工程进度为准,提前做好准备。

(4) 工作程序。

质量管理体系应通过工程施工的有关工作程序,对所有影响施工质量的因素进行恰当而连续的控制。为保证工程项目质量方针与目标的实现,工程项目班子应制定颁发质量体系各项活动的程序并贯彻实施,以协调和控制各项影响工程施工质量的因素,并对质量活动的各项目标和工作质量作出规定。

3. 质量体系文件

施工项目领导班子应将施工项目质量体系中采用的全部要

素、要求和规定,系统地编制成方针目标和领导施工与管理的各项文件,并在施工范围内宣传、讲解,保证全体施工人员理解一致。

同时应对质量文件与记录的标记、分发、收集和保存做出规定,并将执行情况做好记载。

施工项目质量管理体系文件包括:

(1) 政策纲领性文件。

1) 以质量求速度、以质量求效益,贯彻质量否决权的施工项目质量管理政策性措施;

2) 质量方针目标及其管理规定;

3) 注重内部协调与建设、监理等外部单位协调配合的有关规定;

4) 施工项目施工管理质量手册;

5) 质量保证文本。

(2) 管理性文件。

1) 施工项目质量方针目标展开分解图及说明;

2) 组织机构图及质量职责(包括责任和权限的分配);

3) 质量计划,包括:新工艺质量计划;原材料、构配件质量控制计划;施工质量控制计划;工序质量控制计划;质量检验计划;分部分项工程一次交验合格计划等;

4) 施工组织设计;

5) 施工项目施工质量管理点明细表、流程图及管理点管理制度;

6) 新材料、新工艺的施工方法,作业指导和管理规定;

7) 试验、检验规程和管理规定;

8) 质量审核大纲;

9) 工程项目质量文件管理规定及修改、补充管理办法。

(3) 执行性文件。

1) 工程变更洽商记录;

2) 检验、试验记录;

3) 质量事故调查、鉴别、处理记录;

4）质量审核、复审、评定记录；

5）各种统计、分析图表。

4．质量体系审核

（1）审核的活动范围。

1）确定要审核的体系要素；

2）确定审核的部门、范围，其中包括被审核的工序、工作现场、在施工程部位、装备器材、人员、文件和记录等。

（2）审核人员的资格。

参加审核的人员应由与被审核范围无直接责任关系、能胜任此项工作、具有确认的审核资质的人员组成，以确保审核工作的客观、公正和准确。

内部质量审核应由项目经理或领导班子成员具体负责组织进行。审核人员应由具备初级以上技术职称、高中以上文化水平、三年以上施工管理经验的有关专业人员组成。

（3）审核依据。

项目领导班子可根据管理需要组织定期的质量审核；亦可根据项目管理机构的改变、质量事故或缺陷的发生，组织不定期的体系审核、工序审核和分项分部工程审核，以及单位工程审核。

（4）审核报告。

审核后应向委托审核的施工项目领导班子提交审核报告，包括审核结果、结论和建议等方面意见。报告内容如下：

1）上次审核纠正措施的完成情况和效果的评价；

2）本次审核的结论性意见；

3）不符合要求的实例，并列出产生问题的原因；

4）纠正的措施（包括负责人、完成时间、要达到的质量标准等）。

5．质量管理体系的评审和评价

企业或项目管理领导班子应对施工项目质量体系的评审和评价做出规定。并由企业或项目负责人亲自主持或委托能胜任的、与施工项目管理无直接关系的人员来进行。

评审和评价应对下列问题做出综合性评价:

1. 质量管理体系各要素的审核结果;

2. 质量管理体系达到质量目标的有效性;

3. 质量管理体系适应新技术、新工艺、质量概念、市场社会环境条件变化而进行修改的建议。

质量管理体系评审和评价后,应向企业或项目领导提交有关结果、结论和建议的书面报告,以便采取有效的、必要的改进措施。

2.6.3 施工项目质量成本管理

施工质量对项目管理经济效益的影响至关重要,对企业长远利益的影响更是如此。因此应从经营的角度来衡量施工项目质量管理体系的有效性。工程质量成本管理是提高质量管理体系有效性的重要手段。质量成本报告的主要目的是为评定质量管理体系的有效性提供手段,并为制定内部改进计划提供依据。

1. 施工项目质量成本科目

(1) 运行质量成本。

1) 预防成本是预防发生故障支出的费用;

2) 鉴定成本是用于试验和检验,以评定产品是否符合所规定的质量水平所支付的费用;

3) 内部损失成本是竣工前质量不能满足要求所造成的损失,如返工、复验等。

4) 外部损失成本是竣工后质量不能满足要求所造成的损失。

(2) 外部质量保证成本。

外部质量保证成本是向用户提供所要求的客观证据所支付的费用,包括特殊的和附加的质量保证措施、证实试验、程序、数据、资料及评定的费用。

2. 质量成本分析报告

项目施工中要定期组织质量成本分析工作,提出基础工程、主体工程、装修工程等各分部工程质量成本分析报告。分析的重点应放在保证工程质量、降低工程造价的关键项目上,在施工阶段应放在内部故障损失的分析上。

针对职能部门提出的质量分析报告,项目领导应及时做出相应的纠正措施,以预防和控制质量成本的增加。工程项目班子应定期向企业递交工程项目质量成本分析报告。

2.6.4 工程招投标

工程招标投标是在国家法律的保护和监督下,法人之间的正常经济活动。工程招标是建设单位(用户)择优选择施工单位的发包方式;投标是建筑业企业以投报标价的形式获得工程项目的承接方式。投标是一门科学,建筑业企业领导应直接参与这项工作,在这方面企业应具有熟悉经济、管理、技术和法律的专家。工程投标的质量直接反映了企业的经济效益和生存。投标标价过低,企业就没有效益;投标标价过高,企业又不可能中标。因此,合理确定投标的标价是建筑业企业在投标过程中的一项重要工作。

1. 投标信息质量。建筑业企业应注重收集和分析各方面的工程招标投标信息,了解和掌握建筑市场动向(如国家政策、定额、建筑材料、设备等),熟悉企业本身人力、物力、财力的分布情况。

2. 确定企业投标的标底。建筑业企业在决定是否投标前,还应考虑到企业的质量方针、目标,包括企业(长、中、短期)的经营方向和规划,以便做出判断。

3. 投标工作的管理。建筑业企业参加工程招投标工作是企业经营管理的一项重要工作,必须由专门机构负责。一般情况是:在企业经理直接负责和参与下,总经济师、总会计师和总工程师分工协作,企业经营部门负责经常性工作,必要时组织一个专门班子,分析主、客观情况,进行投标报价。

工程招投标是建筑业企业的工程产品质量环中的一个重要环节,也是最重要的环节。合理的报价不仅使企业获得直接的经济利益,而且也会使社会、用户都满意。因此,工程招投标的质量会影响到下一环节的质量,如果标底偏低,效益不高,会减少企业和职工收入,同时也影响到施工工期,影响工程质量(如购买廉价的甚至是不合格的建筑材料、偷工减料等等)。

加强企业工程投标工作的管理,有助于企业建立一个连续的信息监控和反馈系统,便于及时掌握企业和工程的质量信息,包括建设单位在内的期望和要求,了解到企业在社会的形象。对这类质量信息的收集、分析、归类和传递,也有助于了解以往工程产品质量问题的性质和范围。同时,反馈回来的信息可为今后的质量管理工作的改进提供帮助。

2.6.5 施工准备质量

施工准备是根据建设单位需要,及工程设计、施工规范的规定,安排、规定施工生产方法程序,合理地将材料、设备、能源和专业技术组织起来,为工程获得符合性质量创造条件。施工准备质量关系到工程施工的经济合理性和工程质量的稳定性,它直接影响工程的最终整体质量。在施工准备质量方面应注意:

1. 了解工程项目质量保证协议;

2. 工程项目质量管理领导小组组织有关职能部门进行设计图纸会审;

3. 编制施工指导性文件;

4. 确定应采用的工艺技术和施工方法;

5. 进行必要的工艺试验,新材料、新工艺的试验验证;

6. 按工程质量特性要求,选择相应的设备,配备必要的测试仪器,并进行验证;

7. 制定工序质量控制文件,对关键工序进行能力验证;

8. 制定检验计划、检验指导;

9. 制定合理的原材料构配件计划、材料消耗定额、工时定额(可说明采用规定);

10. 对特殊工种的工人进行培训和上岗认证;

11. 制定能源、公用设施、环境因素控制措施与计划。

2.6.6 采购质量

对外购物资的采购必须做好计划,主要有以下几项工作应加以控制:

1. 采购质量大纲应包括的内容;

2. 对规范、图纸和订货单的要求;

3. 选择合格的供方；

4. 关于质量保证的协议；

5. 关于检验方法的协议；

6. 处理质量争端的规定；

7. 进货检验计划和进货控制；

8. 进货质量记录。

2.6.7　施工过程控制

1. 概述

施工过程是工程符合性质量形成的过程。工程使用功能能否满足需要和潜在需要，施工过程起着重要的作用。

施工过程的质量职能是根据设计和工艺技术文件规定、施工质量控制计划要求，对各项影响施工质量的因素具体实施控制的活动，保证生产出符合设计和规范要求的工程。

2. 落实现场质量责任制

(1) 对全现场进行明确的责任区域划分，建立与经济挂钩的奖罚制度并落实贯彻。

(2) 对原材料、构配件进行合理管理，以确保其可追溯性。实施材料消耗的定额管理。

(3) 实施设备能源的控制，按规定进行维修和保养。

(4) 加强施工中使用文件的管理。

(5) 制定内控质量标准，贯彻以样板指导施工的原则。

3. 贯彻并加强工艺纪律的管理

(1) 明确衡量贯彻工艺纪律的标准；

(2) 制定工艺纪律检查与评定办法；

(3) 对工艺更改的控制与管理办法：明确规定工艺更改的责任和权限，在更改文件中应注明由此引起的工具、设备、材料变更的实施程序以及引起的工序与工程特性之间的变化和有关职能的工作与责任。

4. 文明施工与均衡生产

高质量的工程产生于文明生产的环境之中，文明生产包括：文明操作、文明管理、环境卫生和安全管理。

(1) 在施工现场,应推行定置管理,优化人流物流,以提高工效、保证质量。

(2) 做好生产组织管理工作,进行均衡生产。

5. 正常地开展QC小组活动

(1) 工程项目领导小组应在施工过程中坚持开展活动,把施工项目全面质量管理工作与日常管理工作结合在一起。

(2) 各管理职能QC小组和施工现场QC小组,应在施工项目经理部统一管理下,有计划有目标地开展活动,运用科学管理方法,提高工作质量,以保证工序质量,实现施工项目质量总目标。

2.6.8 工序管理点控制

工程施工要力争一次成优、一次合格,必须以预防为主,加强因素控制,确定特定特殊工序、关键环节的管理点,实施工程施工的动态管理。

1. 管理点的设置

应根据不同管理层次和职能,按以下原则分级设置:

(1) 质量目标的重要项目、薄弱环节、关键部位,施工部位需要控制的重要质量特性;

(2) 对影响工期、质量、成本、安全、材料消耗等重要因素环节;

(3) 新材料、新技术、新工艺的施工环节;

(4) 质量信息反馈中,缺陷频数较多的项目。

随施工进度和影响因素的变化,管理点的设置要不断推移和调整。

2. 实施管理点的控制

(1) 制定管理点的管理办法(包括一次合格率和"三工序"活动的管理办法);

(2) 落实管理点的质量责任;

(3) 开展管理点QC小组活动;

(4) 在管理点上开展抽检一次合格管理和检查上道工序、保证本道工序、服务下道工序的“三工序”活动；

(5) 进行管理点的质量记录；

(6) 落实与经济责任制结合的检查考核制度。

3. 工序管理点的文件

(1) 管理点流程图；

(2) 管理点明细表；

(3) 管理点（岗位）质量因素分析表；

(4) 操作指导卡（作业指导书）；

(5) 自检、交接检、专业检查记录以及控制图表；

(6) 工序质量分析与计算；

(7) 质量保持与质量改进的措施与实施记录；

(8) 工序质量信息。

4. 工序管理点实际效果的考查

管理点的实际效果主要表现在施工质量管理水平和各项质量指标的实现情况上。要运用数理统计方法绘制施工项目总体质量情况分析图表，该图表要反映动态控制过程与施工项目实际质量情况，各阶段质量分析要纳入施工项目方针目标管理，并实行经济奖惩。

2.6.9 不合格的控制与纠正

一旦发现工程质量和半成品、成品的质量不能满足规定要求时，应立即采取措施。

1. 鉴别

对不合格质量或可能形成不合格质量，应立即组织有关人员进行检验与分析，以便鉴别确定问题的等级，是否返修、返工、降级或报废。

2. 纠正措施

为了将质量问题再发生的可能减少到最低限度，必须采取及时、正确的纠正措施。

(1) 落实纠正措施的责任部门，并规定其职责和职权。责任部门应负责纠正措施的协调、记录和监视。

(2) 由责任部门负责做出质量问题和不合格的评定,参与上级组织的质量事故的分析与评定。

(3) 将由纠正措施产生的永久性更改纳入作业指导书、施工工艺、操作规程、检验作业指导书和有关文件中;有涉及质量体系要素的,则应健全或修改体系要素。

3. 处理

(1) 对不合格质量所在部位,做出明显标志,并制定其处理与纠正的书面程序,明确纠正措施工作中的责任和权限,并指定专职人员负责纠正措施的协调、记录和监控。

(2) 若已形成结构、功能的不可更改的事故,应及时上报上级主管部门并与设计单位和建设单位洽商,做好洽商记录,并形成文件,以便备查、追溯。并根据安全性、可靠性、使用性能及用户满意等方面影响程度,做出特殊的用户服务、回访、保修等决定。

4. 预防再发生

(1) 在问题克服前后,应查明质量问题发生的原因(包括潜在的原因),仔细分析技术规范以及所有相关的过程、操作、质量记录(可使用统计方法),找出根本原因。确定对生产成本、质量成本的影响程度。

(2) 根据需要,相应修改有关工艺规程及操作,必要时可做适当的质量职能的分配调整,及时阻止问题继续发生。

2.6.10 半成品与成品保护

半成品与成品保护工作贯穿于施工全过程。搞好施工中半成品与成品的保护与管理,可以使施工质量故障损失减少到较低限度,保证工程质量,使生产顺利地进行。

1. 对于进入施工现场的材料、构配件、设备要合理存放,做好保护措施,避免质量损失。

2. 科学合理安排施工作业程序,要注意做好有利成品保护工作的交叉作业安排。

3. 进行全员的文明生产与成品保护的职业道德教育。

4. 统一全施工现场的成品保护标志。

5. 采取及时可靠的成品保护措施,严格有关成品保护的奖罚。

6. 工程竣工交验时,同时向建设单位和用户送发建筑物成品正确使用和保护说明,避免不必要的质量争端和返修。

2.6.11　工程质量的检验与验证

工程质量检验是保证工程质量满足规定要求的重要职能,加强检验应贯彻施工者自检与专业检相结合的原则,做到及时、准确、真实、可靠。主要包括以下工作:

1. 预检;

2. 隐检;

3. 施工班组应以QC小组为核心做好班组质量检验;

4. 工程使用功能的测试。

2.6.12　工程回访与保修

施工项目具有一次性特点,工程竣工交验后,该施工项目组织机构即行撤消,根据对下个施工项目情况进行重新组合。因此,工程回访与保修工作则由企业有关职能部门进行。

2.6.13　施工项目质量文件与记录

质量文件和记录是质量体系的七个重要组成部分。施工项目质量管理体系中应制订有关质量文件和记录的管理办法,该办法应包括:标记、收集、编目、归档、贮存、保管、使用、收回和处理、更改修订等内容,还应制定用户或供方查阅、索取所需记录的规定,以证明工程质量达到预定的要求,并验证质量体系的有效运行。

1. 施工项目质量文件

(1) 质量体系文件;

(2) 施工图纸与变更洽商

(3) 施工组织设计与施工进度计划;

(4) 工程质量设计与质量责任制;

(5) 技术规范与工艺操作规程;

(6) 工序质量控制与管理点规定;

(7) 试验、检验规定与作业程序;

(8) 技术交底与作业指导书；

(9) 有关质量保证的文件和资料。

2. 施工项目质量记录

(1) 工程隐检、预检资料与分部、分项工程验收资料；

(2) 试验数据、鉴定报告、材料试验单；

(3) 验证报告：工序质量审核报告（资料）、工程质量审核报告、质量体系审核报告；

(4) 施工质量信息记录：

① QC小组活动记录；

② 质量成本报告；

③ 各种质量管理活动记录。

2.6.14 人员

人是管理的主体。人员素质对质量体系的有效运行起着极其重要的作用。加强全员培训，提高全体职工质量意识和劳动技能，调动广大职工的积极性，这是搞好质量工作的最根本保证。本要素要求做好人员的培训、资格认证等方面的工作。

1. 培训

企业应明确培训工作的重要性，制定各类人员的培训计划，特别重视各岗位新人员的挑选和培训。

(1) 项目领导班子应着重以下几方面的培训：

1) 质量意识教育；

2) 质量体系及质量保证有关方面内容；

3) 质量保持和改进意识；

4) 掌握体系运行的有关组织技术、方法及评价体系有效性的准则。

(2) 技术人员和管理人员包括工长、技术员、质量检查员、劳资员、预算员、采购员、材料员等。对他们应着重进行专业知识和管理知识的培训。

专业知识和管理知识包括：全面质量管理、统计方法、工序能力、统计抽样、数据收集与分析等。

2. 资格认证

应对施工项目经理和从事特殊的作业、工序、检验和试验人员进行资格认证,坚持持证上岗。

3. 调动人员积极性

要调动人员的积极性,就要使他们知道他们完成的工作以及这些工作在整个活动中所起的作用。

2.6.15　测量和试验设备的控制

为了保证符合性质量,必须对施工全过程所涉及的测量系统进行控制,以保证根据试验测量所做出的决策或活动的正确性。对计量器具、仪器、探测设备、专门的试验设备以及有关计算机软件都要进行控制。并要制定和贯彻监督的程序,使测量过程（其中包括设备、程序和操作者的技能)处于统计控制状态。应将测量误差与要求进行比较,当达不到精密度和偏移要求时应采取必要的措施。

2.6.16　工程(产品)安全与责任

工程(产品)的安全,直接关系到用户的生命和健康,以及国家财产的损失。对建筑业企业来说,如果因工程（产品)存在质量缺陷而造成人身伤亡、财产损失或损害周围环境,企业不仅失去信誉,而且还要承担法律责任。

1. 安全和责任事故的缺陷类型

(1) 开发设计缺陷(设计考虑不周或结构设计上有误造成的);

(2) 制造缺陷或施工缺陷(因施工质量问题引起的);

(3) 使用缺陷(用户对注意事项、维修手册中的要求不清楚而造成使用中的问题)。

2. 确保工程(产品)安全应做的工作

为了避免上述缺陷,提高工程安全性,减少质量责任,项目经理应识别和重视工程施工质量安全性问题,特别要注意制订获得安全、可靠的有关工作程序,力求将质量责任风险限制到最低限度,减少责任事故的发生。

有关建筑施工安全和责任的法令、条例、规定是保护社会安全和人民利益的有效措施;是建筑施工企业必须遵守的。为此,企业应做好以下工作:

(1) 严格贯彻、遵守有关安全的法令、条例、规定等;

(2) 加强操作者的安全生产的意识教育,树立预防为主的思想;

(3) 制止和纠正违章指挥、违章操作;

(4) 监督和落实方案的实施;

(5) 安全设计与试验。

2.6.17 统计技术的应用

统计技术可以帮助项目经理部了解变化,有助于项目经理部更好地利用所获得数据进行基于事实的决策。有关数理统计的方法,详见本书第5章。

2.7 质量管理手册和程序

2.7.1 质量管理手册

质量管理手册规定质量管理体系的范围、程序文件及其索引。

1. 质量手册的定义和性质

(1) 质量手册定义

质量手册是质量体系建立和实施中所用主要文件的典型形式。

质量手册是阐明企业的质量政策、质量体系和质量实践的文件,它对质量体系作概括的表达,是质量体系文件中的主要文件。它是确定和达到工程产品质量要求所必须的全部职能和活动的管理文件,是企业的质量法规,也是实施和保持质量体系过程中应长期遵循的纲领性文件。

(2) 质量手册的性质

企业的质量手册应具备以下6个性质:

1) 指令性。

质量手册所列文件是经企业领导批准的规章，具有指令性，是企业质量工作必须遵循的准则。

2）系统性。

包括工程产品质量形成全过程应控制的所有质量职能活动的内容。同时将应控制内容，展开落实到与工程产品形成直接有关的职能部门和全体人员的质量责任制，构成完整的质量体系。

3）协调性。

质量手册中各种文件之间应协调一致。

4）先进性。

采用国内外先进标准和科学的控制方法，体现以预防为主的原则。

5）可操作性。

质量手册的条款不是原则性的理论，应当是条文明确、规定具体、可以贯彻执行的。

6）可检查性。

质量手册中的交件规定，要有定性、定量要求，便于检查和监督。

(3) 质量手册的作用

1）质量手册是企业质量工作的指南，使企业的质量工作有明确的方向。

2）质量手册是企业的质量法规，使企业的质量工作能从“人治”走向“法治”。

3）有了质量手册，企业质量体系审核和评价就有了依据。

4）有了质量手册，使投资者（需方）在招标和选择施工单位时，对企业的质量保证能力、质量控制水平有充分的了解，并提供了见证。

2. 质量手册的编制

编制质量手册必须对质量体系作充分的阐述，它是实施和保持质量体系的长期性资料。

质量手册可分为三种形式：总质量手册、各部门的质量手册、专业性质量手册。

在较大的建筑业企业中,结合企业的组织结构管理层次、专业分工的特点,为避免重复和繁琐,在质量手册的编写中,应分为总公司的质量手册、二级公司的质量手册、项目经理部的专业性的质量手册三种。

质量手册一般由封面、目录、概述、正文和补充说明五部分组成。

(1) 封面部分

封面有以下几项内容:

1) 手册标题

手册的标题由适用范围、体系属性、文件特征三部分组成,用于表明其使用领域。

例如:

适用范围:________________公司

体系属性:质量管理

文件特性:手册

2) 版本号

版本号一般用发布年度表示。例如,2002 年发布的手册,可按 2002 年版,在手册的名称下面居中标以“2002”。如果不是首次发布的手册,还要标明版次。

3) 企业名称

企业名称应用全称,排在封面的下部。

4) 文件编号

按企业关于文件标记、编目的规定,决定文件编号,排在封面的右上角。

5) 手册编号

按手册发放的数量编顺序号,排在封面的左上角。

(2) 目录部分

目录是手册的组成部分。一般由章号、章名和页次组成。

(3) 概述部分

1）批准页。批准页中写企业最高领导人批准实施的指令、签署及日期，以及手册发布和生效实施的日期。

2）前言。叙述手册的主题内容、性质、宗旨、编制依据和适用范围。

3）企业概况。

4）质量方针政策。

5）引用文件。

6）术语及缩写。

7）手册管理说明。就质量手册的发放范围、颁发手续、保管要求、修改控制和换版程序作简要的规定。

（4）正文部分

正文按要素及其层次分章节阐述，按质量体系所列要素的顺序编排。

1）组织结构。

2）质量职能。

3）其他要素。其他要素应阐述下列各项内容：

① 目标和原则；

② 活动程序：手册要原则规定要素的活动程序，承担的部门和人员，活动的记录项目；

③ 要素间关系：在阐明本要素和其他要素的联系与接口时，明确规定本要素所含各项活动内容的范围，以示与其他要素各活动间的区别。

（5）补充部分

补充部分可以有下列一些项目：

1）工作标准、管理标准、技术标准的目录。

2）质量记录目录。

3）质量实践的陈述：主要叙述企业历史上在质量方面的主要成就。

2.7.2 文件控制

公司制定、实施和保持“文件控制程序”，各相关部门严格按照其文件的编制、评审、审批、发放、更新、标识、获取、保持、作废等要求进行文件的控制。

2.7.3 记录的控制

公司制定、实施和保持“记录控制程序”，各相关部门要严格按照程序要求，做好记录的标识、贮存、保护、检索、保存和处置。

2.8 质量管理体系与 ISO 14001、OHSMS18001 之间的关系

2.8.1 OHSMS 与 ISO 9000、ISO 14000 关系比较

OHSMS18001 与 ISO 9000、ISO 14000 系列标准都遵循共同的管理原则和指导思想，但三个管理体系中各个要素的应用会因目的不同和相关方不同存在差异。ISO 9000 质量管理体系针对的是顾客的需要，ISO 14001 环境管理体系所关注的主要是企业运行过程中对环境的影响；就 OHSMS 而言，它所关注的主要是运行过程中对职工身心健康状态的影响，关注的是人。OHSMS 是在回顾与总结了市场经济条件下基层组织从事职业卫生与安全的经验而提出的规范性文件，其中规定了从事经济活动的各方应明确承诺对职业卫生与安全政策的贯彻实施承担义务，内容包括组织、系统、授权、要求、操作性及审核、记录(文档)等几乎所有职业卫生与安全的管理领域。

1. 三项标准之间具有以下相互联系的特点

(1) 承诺、方针、目标的相容性；

(2) 基本程序的多用性(如记录控制、内审与管理评审等)；

(3) 强调过程控制和生产现场；

(4) 都是通过 PDCA 管理模式实现可持续改进。

2. 相同点：

(1) 都是推荐采用的管理性质标准；

(2) 遵循相同的管理原理、依据标准建立文件、依靠文件实施管理；

(3) 框架结构和要素内容相似。

3. 不同点：

三项标准不同点见表 2-4。

OHSMS 与 ISO 9000、ISO 14001 差异对比　　**表 2-4**

内　容	ISO 9000:1994	ISO 14001	OHSMS
目　标	产品质量——针对顾客	生产过程和产品对环境之影响——服务于众多相关方	生产过程和环境对人的直接影响——侧重组织内各相关方
供需关系	一对一的经济利益或服务的直接关系	多方面相关方组织之间间接、直接关系	同 ISO 14001
承诺持续改进	不必须	必须	同 ISO 14001
强制性要　求	少数	多数	大多数
组织覆盖内　容	指定产品或服务有关的生产阶段	组织所有部门和活动	组织所有部门和活动并分解到每个生产岗位
与外部联系	没有特殊要求	必须征求外部相关方意见	同 ISO 14001
特殊要素	质量控制、质量保证	环境因素	危害识别、危险评价和危险控制计划

2.8.2　三大体系的整合

OSHMS18001 和 ISO 14001 在标准的结构和内容上基本相同，与 ISO 9001 标准 2000 版也有相融之处，它们均遵守质量管理的八项原则，在体系策划和建立的过程中应用过程模式方法、系统的管理方法、以事实及数据为根据的决策方法。实施三大体系的整合，可以更好地发挥领导的作用，有利于员工的参与，做到最大化的资源共享，降低资源、能源的消耗，大幅降低管理成本。

3 施工项目质量控制

3.1 施工项目质量控制概述

3.1.1 施工项目质量控制的特点

由于项目施工涉及面广，是一个极其复杂的综合过程，再加上项目位置固定、生产流动、结构类型不一、质量要求不一、施工方法不一、体型大、整体性强、建设周期长、受自然条件影响大等特点，因此，施工项目的质量比一般工业产品的质量更难以控制，主要表现在以下方面：

1. 影响质量的因素多

如设计、材料、机械、地形、地质、水文、气象、施工工艺、操作方法、技术措施、管理制度等，均直接影响施工项目的质量。

2. 容易产生质量变异

因项目施工不像工业产品生产，有固定的自动线和流水线，有规范化的生产工艺和完善的检测技术，有成套的生产设备和稳定的生产环境，有相同系列规格和相同功能的产品；同时，由于影响施工项目质量的偶然性因素和系统性因素都较多，因此，很容易产生质量变异。如材料性能微小的差异、机械设备正常的磨损、操作微小的变化、环境微小的波动等，均会引起偶然性因素的质量变异；当使用材料的规格、品种有误，施工方法不妥，操作不按规程，机械故障，仪表失灵，设计计算错误等，则会引起系统性因素的质量变异，造成工程质量事故。为此，在施工中要严防出现系统性因素的质量变异；要把质量变异控制在偶然性因素范围内。

3. 容易产生第一、二判断错误

施工项目由于工序交接多,中间产品多,隐蔽工程多,若不及时检查实质,事后再看表面,就容易产生第二判断错误,也就是说,容易将不合格的产品,认为是合格的产品;反之,若检查不认真,测量仪表不准,读数有误,则就会产生第一判断错误,也就是说容易将合格产品,认为是不合格的产品。这点,在进行质量检查验收时,应特别注意。

4. 质量检查不能解体、拆卸

工程项目建成后,不可能像某些工业产品那样,再拆卸或解体检查内在的质量,或重新更换零件;即使发现质量有问题,也不可能像工业产品那样轻易报废、推倒重来。

5. 质量要受投资、进度的制约

施工项目的质量,受投资、进度的制约较大,如一般情况下,投资大、管理好不抢进度,质量就好;反之,质量则差。因此,项目在施工中,还必须正确处理质量、投资、进度三者之间的关系,使其达到对立的统一。

3.1.2　施工项目质量控制的对策

对施工项目而言,质量控制,就是为了确保合同、规范所规定的质量标准,所采取的一系列检测、监控措施、手段和方法。在进行施工项目质量控制过程中,为确保工程质量;其主要对策如下;

1. 以人的工作质量确保工程质量

工程质量是人(包括参与工程建设的组织者、指挥者和操作者)所创造的。人的政治思想素质、责任感、事业心、质量观、业务能力、技术水平等均直接影响工程质量。据统计资料表明,88%的质量安全事故都是人的失误所造成。为此,我们对工程质量的控制始终应"以人为本",狠抓人的工作质量,避免人的失误;充分调动人的积极性,发挥人的主导作用,增强人的质量观和责任感,使每个人牢牢树立"百年大计,质量第一"的思想,认真负责地搞好本职工作,以优秀的工作质量来创造优质的工程质量。

2. 严格控制投入品的质量

任何一项工程施工,均需投入大量的各种原材料、成品、半成品、构配件和机械设备;要采用不同的施工工艺和施工方法,这是构成工程质量的基础。投入品质量不符合要求，工程质量也就不可能符合标准，所以，严格控制投入品的质量，是确保工程质量的前提。为此，对投入品的订货、采购、检查、验收、取样、试验均应进行全面控制，从组织货源，优选供货厂家，直到使用认证，做到层层把关；对施工过程中所采用的施工方案要进行充分论证，要做到工艺先进、技术合理、环境协调，这样才有利于安全文明施工，有利于提高工程质量。

3. 全面控制施工过程，重点控制工序质量

任何一个工程项目都是由若干分项、分部工程所组成，要确保整个工程项目的质量，达到整体优化的目的，就必须全面控制施工过程，使每一个分项、分部工程都符合质量标准。而每一个分项、分部工程，又是通过一道道工序来完成，由此可见，工程质量是在工序中所创造的，为此，要确保工程质量就必须重点控制工序质量。对每一道工序质量都必须进行严格检查，当上一道工序质量不符合要求时，决不允许进入下一道工序施工。这样，只要每一道工序质量都符合要求，整个工程项目的质量就能得到保证。

4. 严把分项工程质量检验评定关

分项工程质量等级是分部工程、单位工程质量等级评定的基础；分项工程质量等级不符合标准，分部工程、单位工程的质量也不可能评为合格；而分项工程质量等级评定正确与否，又直接影响分部工程和单位工程质量等级评定的真实性和可靠性。为此，在进行分项工程质量检验评定时，一定要坚持质量标准，严格检查，一切用数据说话，避免出现第一、第二判断错误。

5. 贯彻“以预防为主”的方针

“以预防为主”，防患于未然，把质量问题消灭于萌芽之中，这是现代化管理的观念。预防为主就是要加强对影响质量因素的控制，对投入品质量的控制；就是要从对质量的事后检查把关，转向对质量的事前控制、事中控制；从对产品质量的检查，转向对工作质量的检查、对工序质量的检查、对中间产品的质量检查。这些是确保施工项目质量的有效措施。

6. 严防系统性因素的质量变异

系统性因素,如使用不合格的材料、违反操作规程、混凝土达不到设计强度等级、机械设备发生故障等,均必然会造成不合格产品或工程质量事故。系统性因素的特点是易于识别、易于消除,是可以避免的,只要我们增强质量观念,提高工作质量,精心施工,完全可以预防系统性因素引起的质量变异。为此,工程质量的控制,就是要把质量变异控制在偶然性因素引起的范围内,要严防或杜绝由系统性因素引起的质量变异,以免造成工程质量事故。

3.1.3 施工项目质量因素的控制

影响施工项目质量的因素主要有五个方面:人、材料、机械、方法和环境。事前对这五方面的因素严加控制,是保证施工项目质量的关键。见图 3-1。

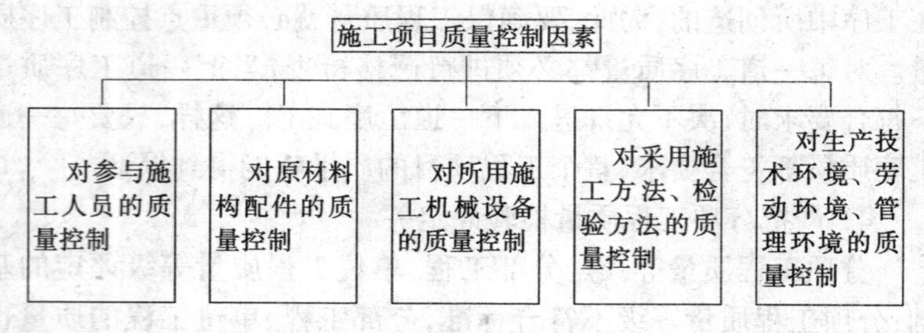

图 3-1 质量因素的控制

1. 人的控制

人,是指直接参与施工的组织者、指挥者和操作者。人,作为控制的对象,是要避免产生失误;作为控制的动力,是要充分调动人的积极性,发挥人的主导作用。为此,除了加强政治思想教育、劳动纪律教育、职业道德教育、专业技术培训,健全岗位责任制,改善劳动条件,公平合理地激励劳动热情以外,还需根据工程特点,从确保质量出发,在人的技术水平、人的生理缺陷、人的心理行为、人的错误行为等方面来控制人的使用。

此外,应严禁无技术资质的人员上岗操作。对不懂装懂、图省事、碰运气、有意违章的行为,必须及时制止。总之,在使用人的问题上,应从政治素质、思想素质、业务素质和身体素质等方面综合考虑,全面控制。

2．材料的控制

材料控制包括原材料、成品、半成品、构配件等的控制,主要是严格检查验收,正确合理地使用,建立管理台账,进行收、发、储、运等各环节的技术管理,避免混料和将不合格的原材料使用到工程上。

3．机械控制

机械控制包括施工机械设备、工具等控制。要根据不同工艺特点和技术要求,选用合适的机械设备,正确使用、管理和保养好机械设备。为此要健全人机固定制度、操作证制度、岗位责任制度、交接班制度、技术保养制度、安全使用制度、机械设备检查制度等,确保机械设备处于最佳使用状态。

4．方法控制

方法控制包括施工方案、施工工艺、施工组织设计、施工技术措施等的控制,主要应切合工程实际、能解决施工难题、技术可行、经济合理,有利于保证质量、加快进度、降低成本。

5．环境控制

影响工程质量的环境因素较多,有工程技术环境,如工程地质、水文、气象等;工程管理环境,如质量保证体系、质量管理制度等;劳动环境,如劳动组合、作业场所、工作面等。环境因素对工程质量的影响,具有复杂而多变的特点;如气象条件就变化万千,温度、湿度、大风、暴雨、酷暑、严寒都直接影响工程质量。又如前一工序往往就是后一工序的环境,前一分项、分部工程也就是后一分项、分部工程的环境。因此,根据工程特点和具体条件,应对影响质量的环境因素,采取有效的措施严加控制。尤其是施工现场,应建立文明施工和文明生产的环境,保持材料、工件堆放有序,道路畅通,工作场所清洁整齐,施工程序井井有条,为确保质量、安全创造良好条件。

3.1.4　施工项目质量控制的方法

施工项目质量控制的方法,主要是审核有关技术文件、报告和直接进行现场检查或必要的试验等。

1. 审核有关技术文件、报告或报表

对技术文件、报告、报表的审核,是项目经理对工程质量进行全面控制的重要手段,其具体内容有:

(1) 审核有关技术资质证明文件;

(2) 审核开工报告,并经现场核实;

(3) 审核施工方案、施工组织设计和技术措施;

(4) 审核有关材料、半成品的质量检验报告;

(5) 审核反映工序质量动态的统计资料或控制图表;

(6) 审核设计变更、修改图纸和技术核定书;

(7) 审核有关质量问题的处理报告;

(8) 审核有关应用新工艺、新材料、新技术、新结构的技术鉴定书;

(9) 审核有关工序交接检查,分项、分部工程质量检查报告

(10) 审核并签署现场有关技术签证、文件等。

2. 现场质量检查

(1) 现场质量检查的内容:

1) 开工前检查。目的是检查是否具备开工条件,开工后能否连续正常施工,能否保证工程质量。

2) 工序交接检查。对于重要的工序或对工程质量有重大影响的工序,在自检、互检的基础上,还要组织专职人员进行工序交接检查。

3) 隐蔽工程检查。凡是隐蔽工程均应检查认证后方能掩盖。

4) 停工后复工前的检查。因处理质量问题或某种原因停工后需复工时,亦应经检查认可后方能复工。

5) 分项、分部工程完工后,应经检查认可,签署验收记录后。才许进行下一工程项目施工。

6) 成品保护检查。检查成品有无保护措施,或保护措施是否

可靠。

此外,还应经常深入现场,对施工操作质量进行巡视检查;必要时,还应进行跟班或追踪检查。

(2) 现场质量检查的方法:

现场进行质量检查的方法有目测法、实测法和试验法三种。

1) 目测法。其手段可归纳为看、摸、敲、照4个字。

看,就是根据质量标准进行外观目测。如墙纸裱糊质量应是:纸面无斑痕、空鼓、气泡、折皱;每一墙面纸的颜色、花纹一致;斜视无胶痕,纹理无压平、起光现象;对缝无离缝、搭缝、张嘴;对缝处图案、花纹完整;裁纸的一边不能对缝,只能搭接;墙纸只能在阴角处搭接,阳角应采用包角等。又如,清水墙面是否洁净,喷涂是否密实和颜色是否均匀,内墙抹灰大面及口角是否平直,地面是否光洁平整,油漆浆活表面观感,施工顺序是否合理,工人操作是否正确等,均是通过目测检查、评价。

摸,就是手感检查,主要用于装饰工程的某些检查项目,如水刷石、干粘石粘结牢固程度,油漆的光滑度,浆活是否掉粉,地面有无起砂等,均可通过手摸加以鉴别。

敲,是运用工具进行音感检查。对地面工程、装饰工程中的水磨石、面砖、锦砖和大理石贴面等,均应进行敲击检查,通过声音的虚实确定有无空鼓,还可根据声音的清脆和沉闷,判定属于面层空鼓或底层空鼓。此外。用手敲玻璃,如发出颤动声响,一般是底灰不满或压条不实。

照,对于难以看到或光线较暗的部位,则可采用镜子反射或灯光照射的方法进行检查。

2) 实测法。就是通过实测数据与施工规范及质量标准所规定的允许偏差对照,来判别质量是否合格。实测检查法的手段,也可归纳为靠、吊、量、套4个字。

靠,是用直尺、塞尺检查墙面、地面、屋面的平整度。

吊,是用托线板以线锤吊线检查垂直度。

量,是用测量工具和计量仪表等检查断面尺寸、轴线、标高、湿度、温度等的偏差。

套，是以方尺套方，辅以塞尺检查。如对阴阳角的方正、踢脚线的垂直度、预制构件的方正等项目的检查。对门窗口及构配件的对角线（窜角）检查，也是套方的特殊手段。

3）试验法。指必须通过试验手段，才能对质量进行判断的检查方法。如对桩或地基的静载试验，确定其承载力；对钢结构进行稳定性试验，确定是否产生失隐现象；对钢筋对焊接头进行拉力试验，检验焊接的质量等。

3.1.5　质量控制实施程序

1．确定项目质量目标

2．编制项目质量计划

3．实施项目质量计划

（1）施工准备阶段质量控制。

（2）施工阶段质量控制。

（3）竣工验收阶段质量控制。

3.2　质量计划

3.2.1　质量计划的编制要求

1．项目质量计划的编制应由项目经理主持。

2．质量计划应体现从工序、分项工程、分部工程到单位工程的过程控制，且应体现从资源投入到完成工程质量最终检验和试验的全过程控制。

3．质量计划应成为对外质量保证和对内质量控制的依据。

3.2.2　质量计划的内容

1．编制依据；

2．项目概况；

3．质量目标；

4．组织机构；

5．质量控制及管理组织协调的系统描述；

6. 必要的质量控制手段,施工过程、服务、检验和试验程序等;

7. 确定关键工序和特殊过程及作业的指导书;

8. 与施工阶段相适应的检验、试验、测量、验证要求;

9. 更改和完善质量计划的程序。

3.2.3 质量计划的实施要求

1. 质量管理人员应按照分工控制质量计划的实施,并应按规定保存控制记录。

质量计划所涉及的范围是项目的全过程,故对工序、分项工程、分部工程到单位工程全过程的质量控制,必须以质量计划为依据。项目的各级质量管理人员必须按照分工,对影响工程质量的各环节进行严格的控制,并按规定保存好质量记录、质量审核、用于分析项目质量的图表等。

2. 当发生质量缺陷或事故时,必须分析原因、分清责任、进行整改。

一旦发生质量缺陷或事故,按质量事故处理程序,停止有质量缺陷部位和与其有关联的部位及下道工序的施工,尽快进行质量事故的调查,正确判断事故原因,研究制定事故处理方案,实施处理方案,分清质量责任。

3.2.4 质量计划的验证要求

1. 项目技术负责人应定期组织具有资格的质量检查人员和内部质量审核员验证质量计划的实施效果。当项目质量控制中存在问题或隐患时,应提出解决措施。

将实施结果与质量要求和控制标准进行对照,从而发现质量问题及隐患,并采取项目质量纠偏措施,使项目质量保持在受控状态。项目质量验证方法可分为自检、互检、交接检、预检、隐检等。每次验证应做出记录,并给予保存。

2. 对重复出现的质量问题,不仅要分析原因、采取措施、给予纠正,而且要追究责任,给予处罚。

3.3　施工准备阶段的质量控制

指在正式施工前进行的质量控制，其控制重点是做好施工准备工作，且施工准备工作要贯穿于施工全过程中。

3.3.1　施工准备的范围

1. 全场性施工准备，是以整个项目施工现场为对象而进行的各项施工准备。

2. 单位工程施工准备，是以一个建筑物或构筑物为对象而进行的施工准备。

3. 分项(部)工程施工准备，是以单位工程中的一个分项(部)工程或冬、雨期施工为对象而进行的施工准备。

4. 项目开工前的施工准备，是在拟建项目正式开工前所进行的一切施工准备。

5. 项目开工后的施工准备，是在拟建项目开工后，每个施工阶段正式开工前所进行的施工准备，如混合结构住宅施工，通常分为基础工程、主体工程和装饰工程等施工阶段，每个阶段的施工内容不同，其所需的物质技术条件、组织要求和现场布置也不同，因此，必须做好相应的施工准备。

3.3.2　施工准备的内容

1. 技术准备。包括：项目扩大初步设计方案的审查；熟悉和审查项目的施工图纸；项目建设地点的自然条件、技术经济条件调查分析；编制项目施工图预算和施工预算；编制项目施工组织设计等。对专业科技含量高的专项，还应编制专业施工方案。方案中要有明确且易于操作的保证工程质量的技术措施，要明确关键部位的管理点，这些技术措施及关键部位管理点要认真地贯彻于各级管理人员特别是分包方各级管理人员及施工操作人员中去，并对他们的操作予以监督与检查，以确保质量目标的实现。

2. 物质准备。包括建筑材料准备、构配件和制品加工准备、施工机具准备、生产工艺设备的准备等。

(1) 物资进场验证程序

物资进场

①项目质量总监对进场物资的规格、数量、出厂合格证及使用部位进行检查；
②对进口钢材虽有出厂证明也要进行复验；
③填表报监理公司。

①物资公司随货提供物资出厂合格证(水泥要附快测试验报告)；
②现场材料人员对进场物资的规格、数量及出厂合格证等进行验收、记录，并报项目质量总监；
③经验证认为不合格的材料应单独堆放，并尽快组织退场。

第三方验证

①监理公司取样进行复试；
②监理公司下达使用通知。

①项目经理部按规格、批量、使用部位做详细记录；
②项目物资部门对物资进行标识与管理。

物资使用

(2) 现场物资标识

1) 所有物资进入现场后，经项目物资部验证后，进行标识。

2) 一般材料根据厂家提供的出厂证明进行标识，特殊材料应根据验证记录进行标识，如证明与复验报告不符时，应经复验后再做标识。

3) 所有标识的标牌、标签、卡片均由项目物资部专人负责使用、保管。

① 钢筋的标识：

a. 进场的钢筋原材料按指定的位置存放，根据其生产厂家、型号、规格、品种、插牌标识。合格标牌底色为宝石蓝色，标题字为

白色,不合格为红色。

b. 成形钢筋依据配筋单的施工部位、型号、规格、形状、数量进行标识。标牌为白色塑料布写蓝色字,尺寸为 80mm × 35mm,标牌用 22 号钢丝捆绑于成形钢筋上。

c. 型钢及半成品根据品种、规格、型号、施工部位进行标识,标牌形式同钢筋原材标牌。

② 水泥的标识:

a. 进场的水泥按生产厂家、出厂日期、牌号、品种分别存放,分别标识。标识依据为材质证明、复试报告。

b. 过期水泥需重新检验后重新标识。

c. 水泥的标牌形式同钢筋原材标牌。

③ 砂、石、砖瓦的标识:

进入现场后的材料,应根据出厂合格证、试验报告进行标识,标识牌上应注明产地、品种、规格(砖还有强度等级)使用部位。标牌的形式同钢筋原材料的标牌。

④ 商品混凝土的标识:

商品混凝土采用记录方式进行标识,内容包括配合比报告、出厂合格证。记录表格按"建筑安装施工技术资料管理规定"内容进行。

⑤ 大型材料及装饰材料的标识:

a. 大型材料及装修工程使用的大宗材料在进场时按指定位置成批码放整齐,插(挂)牌的尺寸及形式同钢筋原材的标牌。

b. 零星、小型材料入库保存,并挂标签或卡片标识。标签、卡片用白色硬纸制作,上写蓝字,尺寸为 80mm × 60mm。

3. 组织准备。包括建立项目组织机构;集结施工队伍;对施工队伍进行入场教育等。

4. 施工现场准备。包括控制网、水准点、标桩的测量;"五通一平";生产、生活临时设施等的准备;组织机具、材料进场;拟定有关试验、试制和技术进步项目计划;编制季节性施工措施;制定施工现场管理制度等。

3.3.3 施工准备阶段质量预控方法

1. 培训

(1) 进行质量意识的教育。

增强全体员工的质量意识是项目质量管理的首要措施。工程开工前针对工程特点,由项目总工程师(主任工程师)负责组织有关部门及人员编写本项目的质量意识教育计划。计划内容包括公司质量方针、项目质量目标、项目创优计划、项目质量计划、技术法规、规程、工艺、工法和质量验评标准等。通过教育提高各类管理人员与分包单位施工人员的质量意识,人人树立百年大计、质量第一的思想,并贯穿到实际工作中去,以确保项目质量计划的顺利实现。项目各级管理人员的质量意识教育由项目经理部总(主任)工程师及现场经理负责组织教育;参与施工的分包方各级管理人员由项目质量总监负责组织进行教育;施工操作人员由各分包方组织教育,现场责任工程师及专业监理工程师要对分包方进行教育的情况予以监督与检查。

(2) 加强对分包的培训。

分包是直接的操作者,只有他们的管理水平和技术实力提高了,工程质量才能达到既定的目标,因此要着重对分包队伍进行技术培训和质量教育,帮助分包提高管理水平。项目对分包班组长及主要施工人员,按不同专业进行技术、工艺、质量综合培训,未经培训或培训不合格的分包队伍不允许进场施工。项目要责成分包建立责任制,并将项目的质量保证体系贯彻落实到各自施工质量管理中,并督促其对各项工作落实。

2. 加强对材料供应商的选择和物资的进场管理

(1) 材料供应商的选择

结构施工阶段模板加工与制作、商品混凝土供应商的确定、钢筋原材及加工成品采用,装修阶段、机电安装阶段材料和设备供应商等均要采用全方位、多角度的选择方式,以产品质量优良、材料价格合理、施工成品质量优良为材料选型、定位的标准。同时要建立合格材料分供方的档案库，并对其进行考核评价，从中定出信誉最好的材料分供方。材料、半成品及成品进场要按规范、图纸和施工要求严格检验，不合格的应予退货。

(2) 明确物资采购程序

无论是总包还是分包采购物资都必须提供样品或施工样板间，由业主、监理和设计单位(有必要时)及项目经理部有关部门人员进行定量评定，通过打分，确定入围者。

(3) 材料采购与进场管理

首先做好材料选样报批工作，对于选定的材料要及时对材料样板进行封存。根据材料样板、选定的材料厂商，进行材料定货。材料定货计划要根据施工图纸要求及现场实际尺寸进行编制。材料进场严格执行检验制度，对照材料计划检查材料的规格、名称、型号、数量，看是否有产品合格证、材料检测报告，把好材料质量关。对于特殊及贵重材料需要项目经理、主管责任工程师与现场材料员共同验收。材料进场后，对材料的堆放要按照材料性能、厂家要求进行。对于易受潮变形、变质的材料要上盖下垫，防止材料受损。对于易燃、易爆材料要单独存放。材料堆放地点要有预见性，尽量减少材料的搬运工作。材料在搬运工程中要注意，对于易碎、易损的材料要特别提出，必要时对工人做书面的搬运指导。材料使用完毕要及时清理、回收，不得浪费材料。材料人员应做好材料收、发、存台账，及时收集材料的材质证明及产品合格证。

3. 加强对图纸、规范的学习

严格按规范施工的工程才是优质工程，如北京市“结构长城杯”的一个重要宗旨是“学规范”。项目应定期组织技术人员、现场施工管理人员以及分包的主要有关人员进行图纸和规范的学习，做到熟悉图纸和规范要求，严格按图纸和规范施工。同时也给图纸多把一道关，在学习过程中对图纸存在的问题及时找出，并将信息及时反馈给业主和设计院。

4. 加强合同的预控作用

合同管理贯穿工程施工经营管理的各个环节，合同是约束自己也是保护自己必不可少的手段。要特别注重分包的选择,比较各分包方价格、工期、质量目标,细化合同的内容,将对分包的质量要求写入合同中,合同内容要力求全面严谨,责权明确,不留漏洞。

3.4 施工过程的质量控制

施工过程中的质量控制策略是全面控制施工过程,重点控制工序质量。其具体措施是:

1. 工序交接有检查;
2. 质量预控有对策;
3. 施工项目有方案;
4. 技术措施有交底;
5. 图纸会审有记录;
6. 配制材料有试验;
7. 隐蔽工程有验收;
8. 计量器具校正有复核;
9. 设计变更有手续;
10. 钢筋代换有制度;
11. 质量处理有复查;
12. 成品保护有措施;
13. 行使质控有否决(如发现质量异常、隐蔽未经验收、质量问题未处理、擅自变更设计图纸、擅自代换或使用不合格材料、未经资质审查的操作人员无证上岗等,均应对质量予以否决);
14. 质量文件有档案(凡是与质量有关的技术文件,如水准、坐标位置,测量、放线记录,沉降、变形观测记录,图纸会审记录,材料合格证明、试验报告,施工记录,隐蔽工程记录,设计变更记录,调试、试压运行记录,试车运转记录,竣工图等都要编目建档)。

3.4.1 施工过程质量控制内容

1. 技术交底应符合下列规定:

(1) 单位工程、分部工程和分项工程开工前,项目技术负责人应向承担施工的负责人或分包人进行书面技术交底。技术交底资料应办理签字手续并归档。

(2) 在施工过程中,项目技术负责人对发包人或监理工程师提出的有关施工方案、技术措施及设计变更的要求,应在执行前向执行人员进行书面技术交底。

2. 工程测量应符合下列规定:

(1) 在项目开工前应编制测量控制方案,经项目技术负责人批准后方可实施,测量记录应归档保存。

(2) 在施工过程中应对测量点线妥善保护,严禁擅自移动。

3. 材料的质量控制应符合下列规定:

(1) 项目经理部应在质量计划确定的合格材料供应商名录中按计划招标采购材料、半成品和构配件。

(2) 材料的搬运和贮存应按搬运储存规定进行,并应建立台账。

(3) 项目经理部应对材料、半成品、构配件进行标识。

(4) 未经检验和已经检验为不合格的材料、半成品、构配件和工程设备等,不得投入使用。

(5) 对发包人提供的材料、半成品、构配件、工程设备和检验设备等,必须按规定进行检验和验收。

(6) 监理工程师应对承包人自行采购的物资进行验证。

4. 机械设备的质量控制应符合下列规定:

(1) 应按设备进场计划进行施工设备的调配。

(2) 现场的施工机械应满足施工需要。

(3) 应对机械设备操作人员的资格进行确认,无证或资格不符合者,严禁上岗。

5. 计量人员应按规定控制计量器具的使用、保管、维修和检验,计量器具应符合有关规定。

6. 工序控制应符合下列规定:

(1) 施工作业人员应按规定经考核合格后,持证上岗。

(2) 施工管理人员及作业人员应按操作规程、作业指导书和技术交底文件进行施工。

(3) 工序的检验和试验应符合过程检验和试验的规定,对查出的质量缺陷应按不合格控制程序及时处理。

(4) 施工管理人员应记录工序施工情况。

7. 特殊过程控制应符合下列规定

(1) 对在项目质量计划中界定的特殊过程,应设置工序质量控制点进行控制。

(2) 对特殊过程的控制,除应执行一般过程控制的规定外,还应由专业技术人员编制专门的作业指导书,经项目技术负责人审批后执行。

8. 工程变更应严格执行工程变更程序,经有关单位批准后方可实施。

9. 建筑产品或半成品应采取有效措施妥善保护。

10. 施工中发生的质量事故,必须按《建设工程质量管理条例》的有关规定处理。

3.4.2 施工过程质量控制方法

1. 对分包队伍的管理

分包队伍管理必须以合同为依据,各种管理依据为附件。因此在合同谈判时,需从生产、技术、质量、安全、物质、文明施工等方面最大限度地要求分包队伍,条款必须清楚,内容详尽、周全,为项目生产活动做好基础和铺垫工作。

在分包队伍管理上很关键的问题是把分包队伍管理融入到总包管理中去,接受总包的组织和协调。在各分项工程施工前组织有分包技术人员参加的方案讨论,全面听取其合理意见和建议。在工程施工阶段可通过各种施工表格,责令分包队伍定期按时填写上报,由总包审定。要求分包队伍执行总包下达的各项施工方案、技术交底、整改通知、指令或指导书等。同时要注意多与分包队伍主要管理人员沟通,了解他们的一些想法。对分包队伍中一些好的做法、建议应给予表扬和支持,同时对分包队伍出现的质量问题,不论大小一定不能放过,分析原因提出批评甚至罚款。

2．以施工组织设计和技术方案为龙头，建构创优质工程的技术基础

开工前，根据工程特点，制定编制技术施工组织设计和施工方案的清单，明确时间和责任人。施工组织设计和方案在定稿前都要召开专题讨论会，充分参考有关部门及分包的意见。每个方案的实施都要通过方案提出→讨论→编制→审核→修改→定稿→交底→实施几个步骤进行。方案一旦确定就不得随意更改，并组织项目有关人员及分包负责人进行方案书面交底。如提出更改必须以书面申请的方式，报项目技术负责人批准后，以修改方案的形式正式确定。现场实施中，项目应派专人负责在现场实施中的跟踪调查工作，将方案与现场实施中不一致的情况及时汇报给技术负责人，通过内部洽商或修改方案（有必要时）的方式明确如何解决。

施工中有了完备的施工组织设计和可行的工程方案，以及可操作性强的技术交底，就要严格按方案施工，从而保证全部工程整体部署有条不紊，施工流水不乱，分部分项工程施工方案科学合理，施工操作人员严格执行规范标准，有力地保证工程的质量和进度。

3．制定完善的计划体系

完善的计划体系是掌握施工管理主动权、控制生产各方面的依据。它涉及面十分广泛，不仅指施工生产进度计划，而且还包括材料设备、劳动力供应计划及因现场条件制约的材料设备进场堆放计划，还涵盖各分包交叉作业的协调计划，以及现场文明施工等，并由此派生出一系列的技术保障计划、成本控制计划、物资供应计划等配套计划，做到各项工作有章可循，减少管理的随意性。

实现对业主工期目标的承诺，项目经理部要制定工程总进度计划，计划管理以施工总控进度计划为指导纲领，月施工进度计划作为阶段控制目标，将计划管理的控制单元划分为日计划，保证日计划就保证了周计划和月计划，从而确保施工进度计划目标的实现。

项目实行生产例会制度，考核当日计划的完成情况，总结当日工程质量、文明施工、安全生产，下达第二天的工作计划，协调人、

机、料的投入和使用,落实责任。

4. 过程控制的有效制度

(1) 周生产质量例会制度、周质量例会制度、月质量讲评制度

1) 周生产质量例会制度。

项目经理部可每周召开生产例会,现场经理要把质量讲评放在例会的重要议事日程上,除布置生产任务外,还要对上周工地质量动态作一全面的总结,指出施工中存在的质量问题以及解决这些问题的措施。措施要切合实际,要具有可操作性,并要形成会议纪要,以便在召开下周例会时逐项检查执行情况。对执行好的分包单位进行口头表彰;对执行不力者要提出警告,并限期整改;对工程质量表现差的分包单位,项目可考虑解除合同并勒令其退场。

2) 周质量例会制度。

由项目经理部质量总监主持,参与项目施工的所有分承包行政领导及技术负责人参加。首先由参与项目施工的分承包方汇报上周施工项目的质量情况,质量体系运行情况,质量上存在问题及解决问题的办法,以及需要项目经理部协助配合事宜。

项目质量总监要认真地听取他们的汇报,分析上周质量活动中存在的不足或问题。与与会者共同商讨解决质量问题所应采取的措施,会后予以贯彻执行。每次会议都要作好例会纪要,分发与会者,作为下周例会检查执行情况的依据。

3) 月质量讲评制度。

每月底由项目质量总监组织分承包方行政及技术负责人对在施工程进行实体质量检查,之后,由分承包方写出本月度在施工程质量总结报告交项目质量总监,再由质量总监汇总,建议以“月度质量管理情况简报”的形式发至项目经理部有关领导,各部门和各分承包方。简报中对质量好的承包方要予以表扬,需整改的部位应明确限期整改日期,并在下周质量例会逐项检查是否彻底整改。

(2) 样板制度

即在分项(工序)施工前,由责任工程师依施工方案和技术交底以及现行的国家规范、标准,组织进行分项(工序)样板施工,在

施工部位挂牌注明工序名称、施工责任人、技术交底人、操作班长、施工日期等。可将每一层的第一个施工段的各分部分项工程及重点工序都作为样板，请监理共同验收，样板未通过验收前不得进行下一步施工。同时分包在样板施工中也接受了技术标准、质量标准的培训，做到统一操作程序，统一施工做法，统一质量验收标准。

(3) 三检制及检查验收制度

1）三检制。

① 自检：在每一项分项工程施工完后均需由施工班组对所施工产品进行自检，如符合质量验收标准要求，由班组长填写自检记录表。

② 互检：经自检合格的分项工程，在项目经理部专业监理工程师的组织下，由分包方工长及质量员组织上下工序的施工班组进行互检，对互检中发现的问题上下工序班组应认真及时地予以解决。

③ 交接检：上下工序班组通过互检认为符合分项工程质量验收标准要求，在双方填写交接检记录，经分包方工长签字认可后，方可进行下道工序施工。项目专业监理工程师要亲自参与监督。

2）检查验收制度。

检查验收流程，见图 3-2。

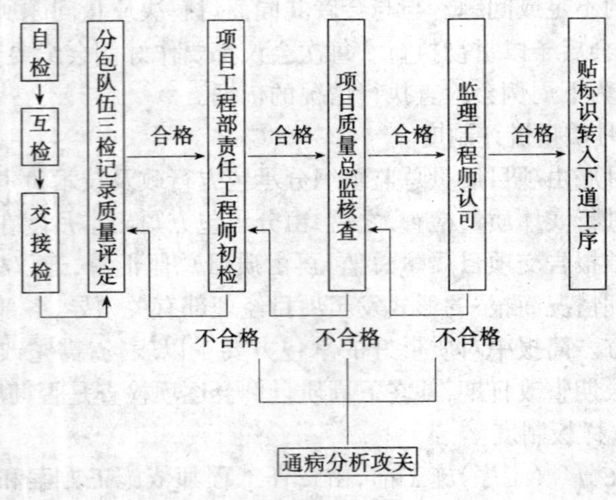

图 3-2　检查验收流程图

（4）挂牌制度

1）技术交底挂牌

在工序开始前，针对施工中的重点和难点现场挂牌，将施工操作的具体要求，如：钢筋规格、设计要求、规范要求等写在牌子上，既有利于管理人员对工人进行现场交底，又便于工人自觉阅读技术交底，达到了理论与实践的统一。

2）施工部位挂牌

执行施工部位挂牌制度。在现场施工部位挂“施工部位牌”，牌中注明施工部位、工序名称、施工要求、检查标准、检查责任人、操作责任人、处罚条例等，保证出现问题可以追查到底，并且执行奖罚条例，从而提高相关责任人的责任心和业务水平，达到练队伍、造人才的目的。

3）操作管理制度挂牌

注明操作流程、工序要求及标准、责任人、管理制度，标明相关的要求和注意事项等。如：同条件混凝土试块的养护制度就必须注明其养护条件必须同代表部位混凝土的养护条件。

4）半成品、成品挂牌制度

对施工现场使用的钢筋原材、半成品、水泥、砂石料等进行挂牌标识，标识须注明使用部位、规格、产地、进场时间等，必要时必须注明存放要求。

（5）问题追根制度

对施工中出现的质量问题，追根制度是其最好的解决办法。追根工作可按以下程序严格执行：

1）会诊；

2）查原因、挖根子；

3）追查责任人；

4）限期整改；

5）验收结果，不达到效果不罢休；

6）写总结，立规矩。

表3-1为某一项目的质量问题追根执行情况。

某项目质量问题追根执行情况 表3-1

序号	存在问题	问题分析	整改措施	奖罚标准	主管领导	责任领导	责任人	完成时间
1	局部梁底模板拼缝不严，有漏浆现象	施工人员未严格按施工方案施工	梁底模两侧用刨子刨平整，涂刷封口漆，两侧贴海绵条；木方背楞用刨刨平；底模与侧模用钉子钉牢	不合格不允许进行下道工序	王	张	宋	
2	局部墙、柱根部模板不严密，漏浆	楼板浇筑不平，模板支设时下口缝隙偏大	在混凝土表面找平时用4m的大刮杠对墙柱部位找平，并垫海绵条	不合格不允许进行下道工序	王	张	宋	

(6) 奖惩制度

实行奖惩公开制，制定详细、切合实际的奖罚制度和细则，贯穿工程施工的全过程。由项目质量总监负责组织有关管理人员对在施作业面进行检查和实测实量。对严格按质量标准施工的班组和人员进行奖励，对未达到质量要求和整改不认真的班组进行处罚。

3.5 竣工验收阶段的质量控制

3.5.1 竣工验收阶段的质量控制内容

1. 组织联动试车。
2. 准备竣工验收资料，组织自检和初步验收。
3. 组织竣工验收。
4. 质量文件编目建档。
5. 办理工程交接手续。

3.5.2 竣工验收阶段的质量控制要求

1. 单位工程竣工后，必须进行最终检验和试验。施工项目最终检验和试验是指对单位工程质量进行的验证,是对产品质量的最后把关,是全面考核产品的质量是否满足设计要求的重要手段。最终检验和试验提供的资料是产品符合合同要求的证据。项目技术负责人应按编制竣工资料的要求收集整理工程材料、设备及构件的质量合格证明材料、各种材料的试验检验资料、隐蔽工程记录、施工记录等质量记录。

2. 一个单位工程完成后,由项目技术负责人组织项目的技术、质量、生产等有关专业技术人员到现场进行检验评定。评定结束后,送交当地工程建设质量监督部门核定质量等级。质量监督部门根据有关技术标准对工程质量进行监督检查,对单位工程进行质量等级的核定及最后评定。

3. 施工质量缺陷应予以纠正,并且应在纠正后再次验证以证实其符合性。当在交付或开始使用后发现项目不合格时,应针对不合格所造成的后果采取适当补救措施。

4. 项目经理部应组织有关专业技术人员按合同要求,编制工程竣工文件,并应做好工程移交准备。

5. 在最终检验和试验合格后,应对建筑产品采取防护措施。

6. 工程交工后,项目经理部应编制符合文明施工和环境保护要求的撤场计划。

3.6 质量持续改进

项目经理部应分析和评价项目管理现状,识别质量持续改进区域,确定改进目标,实施选定的解决办法。

3.6.1 质量持续改进的方法

1. 质量持续改进应坚持全面质量管理的 PDCA 循环方法。随着质量管理循环的不停进行,原有的问题解决了,新的问题又产生了,问题不断产生而又不断被解决,如此循环不止,每一次循环都把质量管理活动推向一个新的高度。

2. 坚持“三全”管理:“全过程”质量管理指的就是在产品质量

形成全过程中，把可以影响工程质量的环节和因素控制起来；“全员”质量管理就是上至项目经理下至一般员工，全体人员行动起来参加质量管理；“全面质量管理”就是要对项目各方面的工作质量进行管理。这个任务不仅由质量管理部门来承担，而且项目的各部门都要参加。

3. 质量持续改进要运用先进的管理办法、专业技术和数理统计方法。

3.6.2　项目经理部对不合格控制的规定

1. 应按企业的不合格控制程序，控制不合格物资进入项目施工现场，严禁不合格工序未经处置而转入下道工序。

2. 对验证中发现的不合格产品和过程，应按规定进行鉴别、标识、记录、评价、隔离和处置。

3. 应进行不合格评审。

4. 不合格处置应根据不合格严重程度，按返工、返修或让步接收、降级使用、拒收或报废四种情况进行处理。构成等级质量事故的不合格，应按国家法律、行政法规进行处置。

5. 对返修或返工后的产品，应按规定重新进行检验和试验，并应保存记录。

6. 进行不合格让步接收时，项目经理部应向发包人提出书面让步申请，记录不合格程度和返修的情况，双方签字确认让步接收协议和接收标准。

7. 对影响建筑主体结构安全和使用功能的不合格，应邀请发包人代表或监理工程师、设计人，共同确定处理方案，报建设主管部门批准。

8. 检验人员必须按规定保存不合格控制的记录。

3.6.3　纠正措施的规定

1. 对发包人或监理工程师、设计人、质量监督部门提出的质量问题，应分析原因，制定纠正措施。

2. 对已发生或潜在的不合格信息，应分析并记录结果。

3. 对检查发现的工程质量问题或不合格报告提及的问题，应由项目技术负责人组织有关人员判定不合格程度,制定纠正措施。

4. 对严重不合格或重大质量事故,必须实施纠正措施。

5. 实施纠正措施的结果应由项目技术负责人验证并记录;对严重不合格或等级质量事故的纠正措施和实施效果应验证,并应报企业管理层。

6. 项目经理部或责任单位应定期评价纠正措施的有效性。

3.6.4 预防措施的规定

1. 项目经理部应定期召开质量分析会,对影响工程质量潜在原因,采取预防措施。

2. 对可能出现的不合格,应制定防止再发生的措施并组织实施。

3. 对质量通病应采取预防措施。

4. 对潜在的严重不合格,应实施预防措施控制程序。

5. 项目经理部应定期评价预防措施的有效性。

3.7 工程质量控制点

3.7.1 结构工程质量控制点

3.7.1.1 土方开挖工程

1.【控制点】

(1) 基底超挖。

(2) 基底未保护。

(3) 施工顺序不合理。

(4) 开挖尺寸不足,边坡过陡。

2.【预防措施】

(1) 根据结构基础图绘制基坑开挖基底标高图,经审核无误方可使用。

土方开挖过程中,特别是临近基底时,派专业测量人员控制开挖标高。

(2) 基坑开挖后尽量减少对基土的扰动,如基础不能及时施工时,应预留 30cm 土层不挖,待基础施工时再开挖。

(3) 开挖时应严格按施工方案规定的顺序进行,先从低处开挖,分层分段,依次进行,形成一定坡度,以利排水。

(4) 基底的开挖宽度和坡度,除考虑结构尺寸外,应根据施工实际要求增加工作面宽度。

3.7.1.2　地下防水工程

1.【控制点】

(1) 材料选择。

(2) 空鼓。

(3) 渗漏。

2.【预防措施】

(1) 多方案、多材料的比较,选择一种价格合理,最适合现场实际情况使用的防水材料。

(2) 施工时要严格控制基层含水率;卷材铺贴时,要将空气排除彻底,接缝处应认真操作,使其粘结牢固。

对阴阳角、管根等特殊部位,在防水施工前,应做增强处理,可根据具体部位采取有效措施。

(3) 卷材末端的收头处理,必须用嵌缝膏或其他密封材料封闭;

防水层施工完成后,要做好成品保护,并及时按设计要求做保护层。

3.7.1.3　回填土工程

1.【控制点】

(1) 未按要求测定土的干密度。

(2) 回填土下沉。

(3) 回填土夯压不密实。

(4) 管道下部夯填不实。

2.【预防措施】

(1) 回填土每层都应测定夯实后的干土密度,检验其密实度,符合设计要求才能铺上层土;未达到设计要求的部位应有处理方法和复验结果。

(2) 因虚铺土超过规定厚度或冬期施工时有较大的冻土块，或压实遍数不够，甚至漏压，坑(槽)底有机物或落土等杂物清理不彻底等因素造成回填土下沉，施工中要认真执行规范规定，检查发现后及时纠正。

(3) 回填时，应在夯压前对干土适当洒水湿润，对土太湿造成的“橡皮土”要挖出换土重填。

(4) 回填管沟时，为防止管道中心线位移或损坏管道，应用人工先在管子周围填土夯实，并应从管道两边同时进行，直至管顶0.5m以上，在不损坏管道的情况下，可采用机械回填和压实。

3.7.1.4 大体积混凝土施工

1.【控制点】

控制裂缝的产生。

2.【预防措施】

(1) 优化配合比设计，采用低水化热水泥，并掺用一定配比的外加剂和掺合料，同时采取措施降低混凝土的出机温度和入模温度。

(2) 混凝土浇筑应做到斜面分段分层浇筑、分层捣实，但又必须保证上下层混凝土在初凝之前结合好，不致形成施工冷缝，应采取二次振捣法。

(3) 在四周外模上留设泌水孔，以使混凝土表面泌水排出，并用软轴泵排水。

(4) 混凝土浇筑到顶部，按标高用长刮尺刮平，在混凝土硬化前1～2h用木搓板反复搓压，直至表面密实，以消除混凝土表面龟裂。

(5) 混凝土浇筑完后，应及时覆盖保湿养护或蓄水养护，并进行测温监控，内外温差控制在25℃以内。

3.7.1.5 钢筋工程

1.【控制点】

(1) 墙柱钢筋位移。

(2) 钢筋接头位置错误。

(3) 绑扎接头、对焊接头未错开。

(4) 箍筋弯钩不足135°。

(5) 板的弯起钢筋、负弯矩筋被踩到下面。

2.【预防措施】

(1) 在混凝土浇注前检查钢筋位置,宜用梯子筋、定位卡或临时箍筋加以固定;浇筑混凝土前再复查一遍,如发生位移,则应校正后再浇筑混凝土。

浇注混凝土时注意浇筑振捣操作,尽量不碰到钢筋,浇筑过程中派专人随时检查,及时修整钢筋。

(2) 梁、柱、墙钢筋接头较多时,翻样配料加工时应根据图纸预先画施工简图,注明各号钢筋搭配顺序,并避开受力钢筋的最大弯矩处。

(3) 经对焊加工的钢筋,在现场进行绑扎时对焊接头要错开搭接位置,加工下料时,凡距钢筋端头搭接长度范围以内不得有对焊接头。

(4) 钢筋加工成形时应注意检查平直长度是否符合要求,现场绑扎操作时,应认真按135°弯钩。

(5) 板的钢筋绑好之后禁止人在钢筋上行走或采取有效措施防止负筋被踩到下面,且在混凝土浇注前先整修合格。

3.7.1.6　模板工程

1.【控制点】

(1) 墙体混凝土厚薄不一致。

(2) 墙面凹凸不平、模板粘连。

(3) 阴角不垂直、不方正。

(4) 梁柱接头错台。

2.【预防措施】

(1) 墙体放线时误差应小,穿墙螺栓应全部穿齐、拧紧;加工专用钢筋固定撑具(梯子筋),撑具内的短钢筋直接顶在模板的竖向纵肋上。模板的刚度应满足规定要求。

(2) 要定期对模板检修,板面有缺陷时,应随时进行修理,不得用大锤或振捣棒猛振模板,撬棍击打模板;

模板拆除不能过早,混凝土强度达到 1.2MPa 方可拆除模板,并认真及时清理和均匀涂刷隔离剂,要有专人验收检查。

(3) 对于阴角处的角模,支撑时要控制其垂直度,并且用顶铁加固,保证阴角模的每个翼缘必须有一个顶铁,阴角模的两侧边粘贴海绵条,以防漏浆。

(4) 在柱模上口焊 20mm×6mm 的钢条,柱子浇完混凝土后,使混凝土柱端部四周形成一个 20mm×6mm 交圈的凹槽,第二次支梁柱顶模时,在柱顶混凝土的凹槽处粘贴橡胶条,梁柱顶模压在橡胶条上,以保证梁柱接头不产生错台。

3.7.1.7 混凝土工程

1.【控制点】

(1) 麻面、蜂窝、孔洞。

(2) 漏浆、烂根。

(3) 楼板面凸凹不平整。

2.【预防措施】

(1) 在进行墙柱混凝土浇注时,要严格控制下灰厚度(每层不超过 50cm)及混凝土振捣时间;为防止混凝土墙面气泡过多,应采用高频振捣棒振捣至气泡排除为止;遇钢筋较密的部位时,用细振捣棒振捣,以杜绝蜂窝、孔洞。

(2) 墙体支模前应在模板下口抹找平层,找平层嵌入模板不超过 1cm,保证下口严密;浇注混凝土前先浇筑 5～10cm 同等级混凝土水泥砂浆;混凝土坍落度要严格控制,防止混凝土离析;底部振捣应认真操作。

(3) 梁板混凝土浇注方向应平行于次梁推进,并随打随抹;在墙柱钢筋上用红色油漆标注楼面 +0.5m 的标高,拉好控制线控制楼板标高,浇混凝土时用刮杠找平;混凝土浇注 2～3h 后,用木抹子反复(至少 3 遍)搓平压实;当混凝土达到规定强度时方可上人。

3.7.1.8 钢结构工程

1.【控制点】

(1) 构件运输堆放变形。

(2) 焊接变形。

(3) 尺寸不准。

(4) 焊缝缺陷。

(5) 螺栓孔眼不对。

(6) 现场焊接质量达不到设计及规范要求。

(7) 不使用安装螺栓,直接安装高强螺栓。

2.【预防措施】

(1) 构件运输堆放时地面必须垫平,垫点应合理,上下垫木应在一条垂线上,以避免垫点受力不均而产生变形。

(2) 应采用合理焊接顺序及焊接工艺或采用夹具、胎具将构件固定,然后再进行焊接,以防止焊接后翘曲变形。

(3) 钢构件制作、吊装、检查时应用统一精度的钢尺,并严格检查构件制作尺寸,不允许超过允许偏差。

(4) 严格按规范要求进行焊接施工,尽量减少焊接缺陷产生。

(5) 安装时不得任意扩孔或改为焊接,应与设计单位协商后按规范或洽商要求进行处理。

(6) 焊工须有上岗证,并应编号,焊接部位按编号做检查记录,全部焊缝经外观检查凡达不到要求时,补焊后应复验。

(7) 安装时必须按规范要求先使用安装螺栓临时固定,调整紧固后再安装高强螺栓并替换。

3.7.1.9 砌筑工程

1.【控制点】

(1) 拉结筋任意弯折、切断。

(2) 墙体凸凹不平。

(3) 墙体留槎,接槎不严。

(4) 拉结钢筋不符合规定。

2.【预防措施】

(1) 砌砖时要注意保护好拉结筋,不允许任意弯折或切断。

(2) 砌筑时必须认真拉线,浇筑混凝土构造柱或圈梁时必须加好支撑,要坚持分层浇注,分层振捣,浇注高度不能大于2m,插振不得过度。

(3) 施工间歇和流水作业需要留槎时必须留斜槎,留槎的槎口大小要根据所使用的材料和组砌方法而定;留槎的高度不超过1.2m,一次到顶的留槎是不允许的。

(4) 拉结筋、拉结带应按设计要求预留、设置,预留位置应预先计算好砖行模数,以保证拉结筋与砖行吻合,不应将拉结筋弯折使用。

3.7.1.10 屋面工程

1.【控制点】

(1) 找平层起砂、空鼓、开裂。

(2) 屋面积水。

(3) 防水层空鼓、渗漏。

2.【预防措施】

(1) 找平层施工前,基层应清理干净并洒水湿润,但不能用水浇透;施工时要抹压充分,尤其是屋面转角处、出屋面管根和埋件周围要认真操作,不能漏压;抹平压实后,浇水养护,不能过早上人踩踏。

(2) 打底找坡时要根据坡度要求拉线找坡贴灰饼,顺排水方向冲筋,在排水口、雨水口处找出泛水,保温层、防水层和面层施工时均要符合屋面坡度的要求。

(3) 防水层施工时要严格控制基层含水率,并在后续工序的施工中加强检查,严格执行工艺规程,认真操作,空鼓和渗漏可以得到有效控制。

3.7.2 机电工程质量控制点

3.7.2.1 室内给水管道安装工程

1.【控制点】

(1) 暗装冷热水管道渗水。

(2) 吊顶内管道滴水。

2.【预防措施】

(1) 暗装于墙内或吊顶内的管道一定经试压合格后,方可隐蔽,且尽量无接头。

(2) 对吊顶内管道,一定要做好防结露措施。

3.7.2.2　室内排水管道安装工程

1.【控制点】

(1) 排水管道倒坡。

(2) 地漏过高或过低,影响使用。

(3) 管道堵塞。

(4) 直埋管道渗漏。

2.【预防措施】

(1) 立管 T、Y 形三通甩口不准,或者其中的支管高度不准,导致倒坡。

(2) 标准地坪找准后,低于地面 2cm,坡向地漏。

(3) 管道立管安装完毕后,应将所有管口封闭严密,防止杂物掉入,造成管道堵塞。

(4) 防止管基不密实,受力不均,导致管道不均匀下沉。故管基础要坚硬,另外应检查管道是否有砂眼。

3.7.2.3　室内采暖安装工程

1.【控制点】

(1) 采暖热水干管运行有响声。

(2) 采暖干管,分支管水流不畅。

(3) 散热器不热或冷热不均。

2.【预防措施】

(1) 采暖热水干管主要质量缺陷是干管运行时管内存有气体和水,影响水、汽的正常循环,发出水的冲击声。预控方法是采用偏心变径,而不是同心变径,在热水采暖系统中,保证管壁上平,蒸汽采暖系统保证管壁下平即可。

(2) 采暖分支管道若采用羊角弯式连接,分支管内会出现阻力，水流不畅。正确分支管道采用90°弯分支连接,即可避免水流不畅。

(3) 防止管道内和散热器有杂物,而影响介质流向的合理分配或者防止散热器或支管倒坡。

3.7.2.4 采暖与卫生设备安装工程

1.【控制点】

(1) 焊接错口。

(2) 管道设备内有脏物,有堵塞和壳卡现象。

(3) 冬季水压试验后有冻坏设备、管道现象。

2.【预防措施】

(1) 焊接管道错口,焊缝不匀,主要是在焊接管道时未将管口轴线对准,厚壁管道未认真开坡口。

(2) 冲洗未冲净,冲洗应以系统内最大压力和最大流量进行,出口处与入口处目测一致才为合格。

(3) 冬施水压试验后,必须采取可靠措施把水泄净。

3.7.2.5 消防管道及设备安装工程

1.【控制点】

(1) 喷洒管道拆改严重或喷洒头不成行,不成排。

(2) 水泵接合器不能加压。

(3) 喷洒头不喷水或喷水不足。

(4) 水流指示器工作不灵敏。

2.【预防措施】

(1) 各专业工序安装无统一协调,应与风口、灯具、温感、烟感、广播及装修统一协调布置。

(2) 注意单流阀不要装反,盲板一定要拆除;阀门均处于开启状态。

(3) 安装喷头前消防喷洒系统一定要做冲洗或吹洗,以免杂物堵塞。

(4) 防止安装方向相反或电接点有氧化物造成接触不良。

3.7.2.6　室内蒸汽管道及附属装置安装工程

1.【控制点】

(1) 系统不热。

(2) 管道安装坡度不够或倒坡。

2.【预防措施】

(1) 防止疏水器疏水不灵，防止蒸汽干管倒坡，蒸汽或凝结水管在返弯或过门处，高点安排气阀，低点安泄水阀，防止系统中存有空气。

(2) 防止管道安装前未调直，局部有折弯，标高测量不准而造成局部倒坡或坡度不均匀，托吊架间距过大，造成局部管道塌腰。

3.7.2.7　管道及设备防腐保温

1.【控制点】

(1) 管道设备表面脱皮，返锈。

(2) 管道设备表面油漆不均匀，有流坠和漏涂现象。

(3) 保温效果未达到设计要求。

2.【预防措施】

(1) 防止管材除锈不净。

(2) 主要是刷子沾油漆太多和刷油不认真。

(3) 防止承包商采用不同种保温材料，但材料强度、密度、导热系数比设计低一个档次。

3.7.2.8　管道安装－钢管焊接工程

1.【控制点】

(1) 咬边。

(2) 未熔合。

(3) 有气孔。

(4) 有焊瘤。

(5) 有夹渣。

(6) 错口。

(7) 有焊纹。

(8) 未焊透。

2.【预防措施】

(1) 防止电流过大,电弧过长。

(2) 防止电流过小,焊接速度太快。

(3) 防止焊药太薄或受潮,电弧不当。

(4) 防止熔池温度过高。

(5) 防止焊层间清理不干净,电流过小,运条不当。

(6) 多转动管子,使错口值减小,间隙均匀。

(7) 防止焊条化学成分与母材的材质不符,焊接顺序不合理。

3.7.2.9 金属风管制作

1.【控制点】

(1) 铆钉脱落。

(2) 风管法兰连接不方。

(3) 法兰翻边四角漏风。

2.【预防措施】

(1) 加长铆钉,按工艺方法正确操作,增加工人责任心。

(2) 用方尺找正,使法兰与直管棱垂直管口四边翻边量宽度一致。

(3) 管片压口前要倒角,咬口重叠处翻边时铲平,四角不应出现豁口。

3.7.2.10 风管及部件安装工程

1.【控制点】

(1) 风管与排水管、喷洒支管等管线打架。

(2) 风管变形。

2.【预防措施】

(1) 安装前,水、电、通风三个专业确定好各自管线、桥架的水平位置及标高,绘出综合布置详图。

(2) 对于较长风管,起吊时速度应同步进行,首尾呼应,防止由于一头高一头低,中段风管法兰受力过大而变形。

3.7.2.11 风管及部件保温工程

1.【控制点】

(1) 谨防假冒伪劣保温材料

(2) 保温材料松散脱落

2.【预防措施】

(1) 对保温材料的密度、强度、导热系数、规格及是否受潮的检查。以达到设计保温效果。

(2) 防止保温钉粘结不牢,密度不够,玻璃丝布缠裹不紧,以及人为踩踏。

3.7.2.12　空调设备安装过程

1.【控制点】

(1) 空调机组表冷段存水排不出。

(2) 风机盘管表冷器堵塞。

(3) 风机盘管结水盘堵塞。

(4) 冬期施工易冻坏表面交换器。

2.【预防措施】

(1) 冷凝水管应加存水弯,并坡向地漏或室外。

(2) 风机盘管和管道连接前未经冲洗排污。

(3) 风机盘管运行前,应清理结水盘内杂物,以保证凝结水排出,结水盘也应有一定坡度。

(4) 空调机组和风机盘管试压后须将水放净,以防冻坏。

3.7.2.13　通风与空调系统调试工程

1.【控制点】

(1) 实际风量过大。

(2) 实际风量过小。

(3) 气流速度过大。

2.【预防措施】

(1) 降低风机转速, 调节阀门, 增加阻力。

(2) 提高风机转速, 调节阀门, 放大部分管段尺寸, 减小阻力,堵严法兰接缝, 人孔、检查门或其他存在漏风的地方。

(3) 气流组织不合理或送风量过大。

3.7.2.14 通风机安装工程

1.【控制点】

(1) 风机产生与转速不相符的振动。

(2) 调试时叶轮损坏。

2.【预防措施】

(1) 安装前,应检查叶轮重量是否对称或叶片上是否有附着物。

(2) 调试通电前,一是手动盘车,观察是否壳卡现象;二是叶轮内是否有杂物,如小石子等。

3.7.2.15 空调水管道安装及保温工程

1.【控制点】

(1) 管路不冷或不热。

(2) 保温后仍有冷凝水滴出。

(3) 末端风机盘管不热或不冷。

2.【预防措施】

(1) 防止管路堵塞或坡度不对。

(2) 整个制冷管路有保温不到的地方或有破损的地方, 特别是高点。

(3) 空调水管路系统中,风机盘管可能成了系统最高点。

3.7.2.16 卫生洁具安装工程

1.【控制点】

(1) 冬季卫生洁具存水弯冻裂。

(2) 卫生洁具存水弯堵塞。

(3) 卫生洁具配件丢失,损坏严重。

(4) 坐便器周围离开地面。

2.【预防措施】

(1) 在冬季未通暖房间的卫生洁具,存水弯应无积水。

(2) 防止在即将交工时,将建筑垃圾倒入卫生洁具中,造成堵塞。

(3) 应在竣工前,各房间配好锁以后再安装。

(4) 下水管口预留过高,稳装前需修理。

3.7.2.17　管路暗敷设工程

1.【控制点】

(1) 管材质量。

(2) 准确测定位置。

(3) 管口的丝扣长度。

(4) 管口毛刺。

(5) 套管连接的焊点。

(6) 跨接地线的长度及焊点质量。

2.【预防措施】

(1) 依据国家标准严格验收材料;

(2) 全面认真阅读图纸;

(3) 管口应铣口;

(4) 焊接地线长度应符合搭接要求;

(5) 焊工应持证上岗、熟悉电气焊接要求。

3.7.2.18　防雷及接地安装工程

1.【控制点】

(1) 接地体的埋深、间距、搭接面积不足。

(2) 支架松动,间距不足。

(3) 引下线焊面不足、漏防腐、主筋错位。

(4) 避雷网焊面不足、漏防腐、不平直、变形缝缺补偿。

(5) 出屋面的金属管道未与避雷网连接。

(6) 管道与避雷网连接未做隐检。

(7) 接地焊接观感不好、药皮处理不干净、防腐处理不好。

2.【预防措施】

(1) 认真查阅图纸、图集,深刻了解设计思想;

(2) 严格焊工上岗程序,必须持证上岗。

3.7.2.19　封闭插接母线安装工程

1.【控制点】

(1) 设备及零部件缺少、损坏。

(2) 接地保护线遗漏和连接不紧密,缺防紧措施。

(3) 刷油漆遗漏和污染其他设备和建筑物。

2.【预防措施】

(1) 开箱检查要仔细,将缺件、损件列好清单,同供货单位协商解决,加强管理;

(2) 认真作业,加强自检、互检及专检;

(3) 加强自检、互检,对其他工种的成品认真保护。

3.7.2.20 器具安装工程

1.【控制点】

(1) 成排灯具、吊扇的中心线偏差超出允许范围。

(2) 木台固定不牢,与建筑物表面有缝隙。

(3) 法兰盘、吊盒、平灯口不在塑料(木)台的中心上,偏差超出1.5mm。

(4) 吊链日光灯的吊链选用不当。

(5) 采用木结构明(暗)装灯具时,导线接头和普通塑料导线裸露,缺少防火措施。

(6) 各类灯具的选用场所和安装方法不当。

2.【预防措施】

(1) 在确定成排灯具、吊扇的位置时,必须拉线、拉十字线;

(2) 木台直径在75~150mm时,应用两条螺丝固定;木台直径在150mm以上时,应用三条螺丝成三角形固定;

(3) 法兰盘、吊盒、平灯口的中心应对准塑料(木)台的中心;

(4) 带罩或双管日光灯以及单管无罩日光灯链长,应使用镀锌吊链;

(5) 导线接头应放在接线盒内或者器具内,塑料导线应用护套线敷设;

(6) 各类灯具的适用场所应充分尊重厂家的意见,安装方法及要求符合设计要求。

3.7.2.21 电缆敷设安装工程

1.【控制点】

(1) 电缆进入室内电缆沟时，套管防水处理不好。

(2) 油浸电缆端头封铅不严密、有渗油现象。

(3) 沿支架或桥架敷设电缆时，排列不齐，交叉、弯曲严重。

(4) 电缆穿越变形缝处理不好。

(5) 电缆标志牌挂装不齐、漏挂。

2.【预防措施】

(1) 电缆沟敷设电缆前应加强检查，宜在电缆沟内做排水；

(2) 安装电缆的工人应进行上岗前的专业培训；

(3) 敷设电缆前将电缆事先排列好，画出排列表，按表施工；

(4) 电缆穿越变形缝应有伸缩节装置；

(5) 专人负责标志牌的挂装、检查。

3.7.2.22　金属线槽安装工程

1.【控制点】

(1) 支架或吊架固定不牢、接缝焊接防腐处理不好。

(2) 保护地线的线径与压接螺丝的直径不符合要求。

(3) 线槽穿过变形缝未做处理。

(4) 线槽接槎不齐，暗敷设线槽少检修人孔。

(5) 导线连接时，线芯受损，缠绕圈数和倍数不合格。

(6) 线槽内导线不同等级的线缆同槽存放，放置混乱。

(7) 竖井内配线未做防坠措施。

2.【预防措施】

(1) 安装线槽的膨胀螺栓必须牢固，焊接处应做好防腐；

(2) 地线压接必须依据规范；

(3) 过变形缝的线槽应断开底板，两端固定；

(4) 暗敷设线槽应加检修人孔；

(5) 导线连接依据规范重做；

(6) 不同等级的线缆应分开敷设；

(7) 竖井内配线分段固定；

3.7.2.23　塑料线槽安装工程

1.【控制点】

(1) 线槽内有灰尘和杂物。

(2) 线槽底板松动和有翘边现象,胀管或木砖固定不牢、螺丝未拧紧。

(3) 线槽盖板接口不严,缝隙过大并有错台。

(4) 线槽内导线放置杂乱。

(5) 不同等级的电线放置在同一线槽内。

(6) 线槽内导线截面超出线槽的允许规定。

2.【预防措施】

(1) 配线前应将线槽内的灰尘和杂物清除;

(2) 选用合格的槽板,固定底板时,应先将木砖或胀管固定牢,再将固定螺丝拧紧;

(3) 线槽接缝处应仔细地将盖板接口对好,避免有错台;

(4) 配线时应将导线理顺,绑扎成束;

(5) 依据规范要求将同一电压等级的线缆敷设在同一线槽内;

(6) 线槽内敷设线缆的数量依据规范规定。

3.7.2.24 配电箱、配电盘安装工程

1.【控制点】

(1) 配电箱(盘)的标高或垂直度超出允许偏差。

(2) 接地导线截面不够或保护地线截面不够,保护地线串接。

(3) 配电盘后配线不整齐,配件缺损。

(4) 铁制配电箱电、气焊开孔。

(5) 箱体稳固后周边空鼓和缝隙过大。

(6) 铁箱内壁焊点锈蚀。

2.【预防措施】

(1) 配电箱安装时应测量定位准确,严格要求按土建专业的建筑 1m 线;

(2) PE 线端子适用于一般公共建筑工程,民用建筑工程不宜使用;

(3) 配电盘内配线应按回路绑扎成束,并固定在盘内,配齐各

种配件；

(4) 铁箱开孔应一管一孔，用开孔器开孔；

(5) 箱体周围应用水泥砂浆筑实牢固；

(6) 焊点应补漆。

3.7.2.25　管路明敷设安装工程

1.【控制点】

(1) 煨管处出现凹扁过大或弯曲半径不够的现象。

(2) 线管在焊接地线时，将管焊漏，焊接不牢、漏焊、焊接面不够倍数。

(3) 配管固定点不牢，螺丝松动、铁卡子、固定点间距过大或不均匀。

(4) 管口不平齐有毛刺，断管后未及时铣口。

(5) 焊口不严、破坏镀锌层。

2.【预防措施】

(1) 煨管时，使用手动煨管器移动速度要适度，使用油压煨管器或机械煨管机，模具要配套，管子的焊缝应在正面；

(2) 接地线应严格按照规范要求进行焊接；

(3) 管路的卡子应采用配套管卡，固定牢固，档距均匀；

(4) 切割完成的管口必须用锉锉平，去掉毛刺再配管；

(5) 破坏镀锌层的部位应及时补刷防锈漆。

3.7.2.26　管内穿线安装工程

1.【控制点】

(1) 在施工中存在护口遗漏、脱落、破损及管径不符等现象。

(2) 铜导线连接时，导线的缠绕圈不足5圈。

(3) 导线连接处的焊锡不饱满，出现虚焊、夹渣等现象。

(4) 多股软铜线涮锡遗漏。

(5) 线路的绝缘电阻值偏低。

(6) 采用LC线帽的接头导线绝缘与帽内压接管不齐。

2.【预防措施】

(1) 电工上岗必须持证上岗，严格导线连接的操作程序；

(2) 导线连接应按操作工艺进行;

(3) 导线连接的焊锡温度要适当,涮锡要均匀,涮锡后要用布条及时擦去多余的焊剂,保持接头的洁净;

(4) 多股软铜线必须进行涮锡处理;

(5) 管路内穿线前必须进行扫管,特别要求必须清除管路内的泥水,否则将降低导线的绝缘等级;

(6) 压接 LC 接线帽应采用专用的工具。

3.7.2.27 开关、插座面板安装工程

1.【控制点】

(1) 开关、插座面板不平整,与建筑物表面之间有缝隙。

(2) 开关未断相线,插座的相线、零线及地线压接混乱。

(3) 多灯房间开关与控制灯顺序不对应。

(4) 固定面板的螺丝不统一,有一字和十字。

(5) 同一房间的开关、插座的安装标高之差超出允许偏差范围。

(6) 铁管进盒护口脱落或遗漏。

(7) 开关、插座箱内拱头。

2.【预防措施】

(1) 安装插座、面板前,应进行预埋盒的清理,盒口平齐,保证面板紧贴墙面;

(2) 开关插座接线应按规定进行;

(3) 房间多灯具的开关安装时应依顺序压接,保持开关方向一致;

(4) 固定面板的螺丝应统一;

(5) 开关插座标高应在安装预埋盒时进行控制一致;

(6) 进盒缺管少护口的应及时补齐;

(7) 开关插座内分线必须采用压线帽或鸡爪头的方法;

3.7.2.28 阻燃塑料管安装工程

1.【控制点】

(1) 套箍偏中,有松动,插接不到位,胶粘剂抹得不均匀。

(2) 大管煨管时有凹扁、裂痕及烤伤、烤变色现象。

(3) 管路敷设出现垂直与水平超偏。

(4) 暗敷设时有管路外露现象,稳固或预埋的盒箱有歪斜或不准的现象。

(5) 管路不通。

2.【预防措施】

(1) 管路连接时应用小刷均匀抹配套供应的胶粘剂,插入时用力转动插入到位;

(2) 弯管烘烤面积要大,受热要均匀,并用模具一次煨成;

(3) 固定管路前应拉线,均匀固定管卡子;

(4) 稳固盒箱时,一定找准位置,先注入适量水泥砂浆,再找正填实;

(5) 朝上的管路容易掉进杂物,因此应注意保护。

3.7.2.29　电话插座及组线箱安装工程

1.【控制点】

(1) 盒箱内不清洁。

(2) 面板安装不牢固。

(3) 面板的标高超出允许偏差。

(4) 电话线预留余量不足或过多,箱内导线放置杂乱。

(5) 导线压接不牢。

(6) 导线压接后编号混乱。

2.【预防措施】

(1) 电话箱配线前应清理干净;

(2) 盒箱面板螺丝应拧固到位,使面板紧贴建筑物表面;

(3) 面板安装时,标高应严格按规范要求;

(4) 电话线的余量应满足电话局的要求;

(5) 导线压接时应紧固到位;

(6) 电话箱内的导线以对为单位进行编号。

3.7.2.30　有线电视共用天线系统安装工程

1.【控制点】

(1) 无信号、信号弱、只有一个频道的信号。

(2) 重影。

(3) 图像失真。

(4) CB 通讯站干扰所有用户、一个用户、多个用户。

(5) 在同一个频道同时收到两个电视信号。

2.【预防措施】

(1) 电视设备必须保证质量稳定,性能良好,分贝损耗准确;

(2) 调试时,必须用便携式电视机进行全面调试;

(3) 信号电平输出值应符合规范规定和设计要求;

(4) 调试时,首端有谐波和寄生参量的接收,在前端用可接收检查机检查是否落在干扰电视机的频道上,在天线传输线终端接滤波器或安装高通滤波器,并检查有否开路和短路;调试时由于用户接收机对谐波和寄生参量的接收,应在电视机天线终端接通高通滤波器;

(5) 若在同一频道同时收到两个电视频道,应采用抗同频干扰天线来消除。

3.7.2.31 消防自动报警系统安装工程

1.【控制点】

(1) 探测器及手动报警器的盒口有破口,盒子过深及安装不牢等现象。

(2) 导线压接松动、编号混乱、颜色不统一。

(3) 探测器与灯位、通风口等部位相互干扰。

(4) 端子箱固定不牢,暗装箱面四周有破口、不贴墙。

(5) 柜(盘)箱的接地线截面不符合要求,压接不牢。

(6) 运行中误报。

2.【预防措施】

(1) 探测器、手动报警器的盒子应与墙面平齐完整;

(2) 消防系统的编号必须准确并应有记录;

(3) 装修阶段应画出装修顶板节点图,排列风口、探测器等的相对位置;

(4) 暗装箱、端子箱必须四周平实完整；

(5) 消防系统的接地线必须依据规范要求安装，禁止更改；

(6) 为防止消防系统的误报，应保证导线压接牢固，设备安装到位，接地良好。

3.7.3 装饰工程质量控制点

3.7.3.1 抹灰工程

1.【控制点】

(1) 空鼓、开裂和烂根。

(2) 抹灰面不平，阴阳角不垂直、不方正。

(3) 踢脚板和水泥墙裙等上口出墙厚度不一致、毛刺。

(4) 接槎不平，颜色不一致。

2.【预防措施】

(1) 基层应清理干净，抹灰前要浇透水，注意砂浆配合比，使底层砂浆与楼板粘结牢固；抹灰时应分层分遍压实，施工完后及时浇水养护。

(2) 抹灰前要认真用托线板、靠尺对抹灰墙面尺寸预测摸底，安排好阴阳角不同两个面的灰层厚度和方正，认真做好灰饼、冲筋；阴阳角处用方尺套方，做到墙面垂直、平顺、阴阳角方正。

(3) 踢脚板、墙裙施工操作要仔细，认真吊垂直、拉通线找直找方，抹完灰后用板尺将上口刮平、压实、赶光。

(4) 要采用同品种、同强度等级的水泥，严禁混用，防止颜色不均；接槎应避免在块中，应甩在分格条处。

3.7.3.2 门窗工程

1.【控制点】

(1) 门窗洞口预留尺寸不准。

(2) 合页不平、螺丝松动、合页槽深浅不一。

(3) 上下层门窗不顺直，左右门窗安装标高不一致。

2.【预防措施】

(1) 砌筑时上下左右拉线找规矩，一般门窗框上皮应低于门窗过梁 10～15mm，窗框下皮应比窗台上皮高 5mm。

(2) 合页位置应距门窗上下端宜取立梃高度的1/10;安装合页时,必须按画好的合页位置线开凿合页槽,槽深应比合页厚度大1～2mm;根据合页规格选用合适的木螺丝,木螺丝可用锤打入1/3深后,再行拧入。

(3) 安装人员必须按照工艺要点施工,安装前先弹线找规矩,做好准备工作后,先安样板,合格后再全面安装。

3.7.3.3 幕墙工程

1.【控制点】

(1) 玻璃出现严重"影像畸变"。

(2) 装饰压条不垂直、不水平。

(3) 铝合金构件表面污染严重。

(4) 玻璃幕漏水。

2.【预防措施】

(1) 玻璃进场时要进行开箱抽查,安装前发现有翘曲现象应剔出不用;安装过程中,各道工序严格操作,密封条镶嵌平整,打胶后将表面擦拭干净。

(2) 安装装饰压条时,应吊线和拉水平线进行控制,安完后应横平、竖直。

(3) 运输安装过程中,不能过早撕掉表面保护膜,打胶时尽量不要污染面层,打胶后及时将表面擦拭干净。

(4) 玻璃四周的密封条规格要匹配,尺寸不得过大或过小,镶嵌要平整严密,接口处一定要充填密实,达到不漏水为准。

3.7.3.4 轻钢龙骨石膏板吊顶工程

1.【控制点】

(1) 基层清理。

(2) 吊筋安装与机电管道等相接触点。

(3) 龙骨起拱。

(4) 施工顺序。

(5) 板缝处理。

2.【预防措施】

(1) 吊顶内基层应将模板、松散混凝土等杂物清理干净；

(2) 吊顶内的吊筋不能与机电、通风管道和固定件相接触或连接；

(3) 按照设计和施工规范要求，需要对吊顶起拱 1/200；

(4) 完成主龙骨安装后，机电等设备工程安装测试完毕；

(5) 石膏板板缝之间应留楔口，表面粘玻璃纤维布。

3.7.3.5　墙面石材干挂工程

1.【控制点】

(1) 石材未挑选，色差大。

(2) 骨架安装不牢固或骨架未做防锈处理，造成安全隐患。

(3) 石材安装出现高低差、不平整。

(4) 石材运输、安装过程中磕碰出现缺棱掉角。

2.【预防措施】

(1) 石材选样后进行封样，按照选样石材，对进场的石材检验挑选，对于色差较大的应进行更换。

(2) 严格按照设计要求的骨架固定方式，固定牢固，必要时应做拉拔试验。必须按要求刷防锈漆处理。

(3) 安装石材应吊垂直线和拉水平线控制，避免出现高低差。

(4) 石材在运输、二次加工、安装过程中注意不要磕碰。

3.7.3.6　墙面涂料工程

1.【控制点】

(1) 基层清理不干净。

(2) 墙面修补不好，阴阳角偏差过大。

(3) 墙面腻子不平，阴阳角不方正，或腻子过厚而没有分层刮。

(4) 涂料的遍数不够，造成漏底，不均匀、刷纹等情况。

2.【预防措施】

(1) 基层一定要清理干净，有油污的应用 10% 的火碱水液清洗，松散的墙面和抹灰应清除，修补牢固。

(2) 墙面的空鼓、裂缝等应提前修补，保证墙面含水率小于

8%。

(3) 涂料的遍数一定要保证,保证涂刷均匀。

(4) 对涂料的稠度必须控制,不能随意加水等。

3.7.3.7 墙面釉面砖工程

1.【控制点】

(1) 房间在施工前不方正,阴阳角不方正。

(2) 墙面砖规格偏差较大,出现砖缝不一致;色差较大。

(3) 墙面砖空鼓,裂缝,黑边,砖缝不直,勾缝不实等。

(4) 釉面砖表面破坏,花纹没有对好,排砖不合理等。

(5) 面层不平整,墙面不垂直。

2.【预防措施】

(1) 在施工前应对房间进行找方,保证阴阳角方正。

(2) 墙面砖施工时应严格选砖,主要对面砖的规格尺寸、颜色、花纹等挑选。避免出现上述问题。

(3) 墙面抹灰基层保证粘结牢固,不出现空鼓,裂缝现象;对有沉降缝等处要处理好,避免裂缝。

(4) 墙面砖镶贴时必须挂线找平、找直,控制好垂直度;镶贴完成后必须及时将砖缝清理干净,避免出现黑边;阳角 45°角拼接。

(5) 按照砖的花纹提前预拼。

3.7.3.8 墙面壁纸工程

1.【控制点】

(1) 基层起砂、空鼓、裂缝等问题。

(2) 壁纸裁纸不准确不直。

(3) 壁纸裱糊出现气泡、皱褶、翘边、脱落、死塌等缺陷。

(4) 表面不平,不干净,接缝不直,接缝处不合理。

2.【预防措施】

(1) 贴壁纸前应对墙面基层用腻子找平,保证墙面的平整度,并且不起灰,基层牢固。

(2) 壁纸裁纸时应搭设专用的裁纸平台,采用铝尺等专用工具。

(3) 裱糊过程中应按照施工规程进行操作,必须润纸的应提前进行,保证质量;刷胶要均匀厚薄一致。滚压均匀。

(4) 施工时应注意表面平整,因此先要检查基层的平整度;施工时应戴白手套;接缝要直,接缝一般要求在阴角处。

3.7.3.9　地面石材工程

1.【控制点】

(1) 基层处理不好,有杂物或落地灰没有清理干净。

(2) 石材色差大,加工尺寸偏差大,板厚相差过大。

(3) 石材铺装出现空鼓,裂缝,板块之间出现高低差。

(4) 石材铺装不平整、缺棱掉角,板块之间缝隙不直或出现大小头。

2.【预防措施】

(1) 基层在施工前一定要将落地灰等杂物清理干净。

(2) 石材进场时必须进行检验与样板对照,并对石材每一块进行挑选检查,符合要求的留下,不符合要求的放在一边。

(3) 石材铺装时应预铺,符合要求后正式铺装,保证干硬性砂浆的配合比和结合层砂浆的配比及涂刷时间,保证石材铺装下的砂浆饱满。

(4) 石材铺装好后加强保护严禁随意踩踏,铺装时,应用水平尺检查。对缺棱掉角的石材应挑选出来,铺装时应拉线找直,控制板块的安装边平直。

3.7.3.10　地面面砖工程

1.【控制点】

(1) 地面砖釉面色差大及棱边缺损,面砖规格偏差翘曲。

(2) 地面砖空鼓、断裂。

(3) 地面砖排版不合理、砖缝不直、宽窄不均匀、勾缝不实。

(4) 地面出现高低差,不平整。

(5) 有防水要求的房间地面找坡不合理、管道处套割不好。

2.【预防措施】

(1) 施工前地面砖需要挑选,将颜色、花纹、规格尺寸相同的砖挑选出来备用。

(2) 地面基层一定要清理干净,地砖在施工前必须提前用清水浸润,保证含水率,地面铺装砂浆时应先将板块试铺后,检查干硬性砂浆的密实度,安装时用橡皮锤敲实,保证不出现空鼓、断裂。

(3) 地面铺装时一定要做出灰饼标高,拉线找直,水平尺随时检查平整度。擦缝要仔细。

(4) 有防水要求的房间,按照设计要求找出房间的流水方向找坡;套割仔细。

3.7.3.11 木护墙、木筒子板工程

1.【控制点】

(1) 木龙骨、衬板未做防腐防火处理。

(2) 龙骨、衬板、面板的含水率不符合要求。

(3) 面板花纹混乱、颜色深浅不一,纹理不通顺。

(4) 面板安装汽钉间距不符合要求,饰面板背面没有满刷乳胶。

(5) 饰面板风干变形、污染。

2.【预防措施】

(1) 木龙骨、衬板必须提前做防腐、防火处理。

(2) 龙骨、衬板、面板含水率控制在12%左右。

(3) 面板进场时应加强检验,在施工前必须进行挑选,按设计要求的花纹达到一致,在同一墙面、房间要颜色一致。

(4) 施工时应按照要求进行施工,注意检查。

(5) 饰面板进场后,应刷底漆封一遍。

3.7.3.12 外墙面砖工程

1.【控制点】

(1) 墙面基层处理。

(2) 外墙面方正、垂直、排砖。

(3) 清理砖缝和砖面。

2.【预防措施】

(1) 墙面基层要保证牢固,对光滑的墙面要凿毛或毛化处理,墙面有油污的用10%的火碱溶液清洗后用清水冲净。

(2) 外墙应用先坠和经纬仪找方和吊垂直,并在施工前对墙面砖进行预排砖,选砖安排专人进行,并将砖浸润晾干备用。

(3) 面砖镶贴具有一定的强度后可将砖缝和砖面的砂浆等物清理干净。

3.7.3.13　外墙涂料工程

1.【控制点】

(1) 墙面基层要干燥,基层含水率不大于8%。

(2) 外墙面必须保证墙面平整、阴阳大角要方正、垂直。

(3) 墙面基层裂缝空鼓。

2.【预防措施】

(1) 施工前可以检测和控制墙面的含水率情况。

(2) 墙面必须用靠尺等检测工具进行检查。

(3) 墙面有裂缝、空鼓等情况时应返工修补后施工,修补腻子要反复打磨。

3.7.3.14　轻钢龙骨隔断墙工程

1.【控制点】

(1) 基层弹线。

(2) 龙骨的间距、大小和强度。

(3) 自攻螺丝的间距。

(4) 石膏板间留缝。

2.【预防措施】

(1) 按照设计图纸进行定位并做预检记录。

(2) 检查隔墙龙骨的安装间距是否与交底相符合。

(3) 自攻螺丝的间距控制在150mm左右,要求均匀布置。

(4) 板块之间应预留缝隙保证在5mm左右。

3.7.3.15　地毯地面工程

1.【控制点】

(1) 基层潮湿、清理。

(2) 地毯裁剪。

(3) 倒刺板安装。

(4) 压边粘结,管道处处理。

2.【预防措施】

(1) 基层要求干燥后施工并用扫帚将地面清理干净。

(2) 地毯裁剪时应根据实际尺寸量好画线进行裁剪。

(3) 倒刺板安装应当均匀,在安装过程中应用地毯撑逐一拉平。接缝处应逐一细致缝合好。

(4) 认真检查粘结的胶质量是否合格。在管道根部应设坎防水。

3.7.3.16 油漆工程

1.【控制点】

(1) 基层表面不平整、污染,造成饰面发花。

(2) 饰面起泡、鼓包、缺腻子、缺砂子。

(3) 流坠、裹棱,表面粗糙、皱纹。

(4) 五金污染。

2.【预防措施】

(1) 基层要清理干净,并用砂纸打磨平整并清理干净。必要时应采用底漆将饰面板封刷一道。

(2) 饰面的漆一定要每一遍干透后进行第二遍操作。操作时一定要仔细。

(3) 油漆工程应采用喷涂的办法可以有效的解决流坠等现象,完成每一遍后要反复的用砂纸打磨。

(4) 施工时,应采用胶带将五金件保护好。

4 工程项目质量验收

4.1 建筑工程质量验收的基本规定

建筑工程的质量验收按照“验评分离、强化验收、完善手段、过程控制”的指导原则。

4.1.1 建筑工程施工质量管理

施工现场质量管理应有相应的施工技术标准、健全的质量管理体系、施工质量检验制度和综合施工质量水平评定考核制度。

1. 有标准

施工现场必须具备相应的施工技术标准。这是抓好工程质量的最基本要求。

2. 有体系

要求每一个施工现场,都要树立靠体系管理质量的观念,并从组织上加以落实。施工单位应推行生产控制和合格控制的全过程质量控制,应有健全的生产控制和合格控制的质量管理体系。注意这条要求的内涵是不仅要有体系,这个体系还要有效运行,即应该发挥作用。施工单位必须建立起内部自我完善机制,只有这样,施工单位的管理水平才能不断提高。这种自我完善机制主要是:施工单位通过内部的审核与管理者评审,找出质量管理体系中存在的问题和薄弱环节,并制订改进的措施和跟踪检查落实,使单位和项目的质量管理体系不断健全和完善。这项机制,是一个施工单位不断提高工程施工质量的基本保证。因此,无论是否贯标认证,都要树立靠体系管理质量的观念。

3. 有制度

建筑工程施工中必须制度健全。这种制度应该是一种“责任制度”。只有建立起必要的质量责任制度,才能对建筑工程施工的全过程进行有效的控制。

这里所说的制度,应包括原材料控制、工艺流程控制、施工操作控制、每道工序质量检查、各道相关工序间的交接检验以及专业工种之间等中间交接环节的质量管理和控制要求等制度,此外还应包括满足施工图设计和功能要求的抽样检验制度等。施工单位从施工技术、管理制度、工程质量控制和工程实际质量等方面制定企业综合质量控制的指标,并形成制度,以达到提高整体素质和经济效益的目的。

4.1.2 建筑工程施工质量控制的基本要求

1. 建筑工程采用的主要材料、半成品、成品、建筑构配件、器具和设备应进行现场验收。凡涉及安全、功能的有关产品,应按各专业工程质量验收规范规定进行复验,并应经监理工程师(建设单位技术负责人)检查认可。

2. 各工序应按施工技术标准进行质量控制,每道工序完成后,应进行检查。

3. 相关各专业工种之间,应进行交接检验,并形成记录。未经监理工程师(建设单位技术负责人)检查认可,不得进行下道工序施工。

施工单位每道工序完成后除了自检、专职质量检查员检查外,还强调了工序交接检查,上道工序还应满足下道工序的施工条件和要求;同样,相关专业工序之间也应进行中间交接检验,使各工序间和各相关专业工程之间形成一个有机的整体。这种工序的检验实质上是质量的合格控制。

4.1.3 建筑工程施工质量验收要求

1. 建筑工程施工质量应符合《建筑工程施工质量验收统一标准》GB 50300—2001 和相关专业验收规范的规定。

2. 建筑工程施工应符合工程勘察、设计文件的要求。

3. 参加工程施工质量验收的各方人员应具备规定的资格。

4．工程质量的验收均应在施工单位自行检查评定的基础上进行。

5．隐蔽工程在隐蔽前应由施工单位通知有关单位进行验收，并应形成验收文件。

6．涉及结构安全的试块、试件以及有关材料，应按规定进行见证取样检测。

7．检验批的质量应按主控项目和一般项目验收。

8．对涉及结构安全和使用功能的重要分部工程应进行抽样检测。

9．承担见证取样检测及有关结构安全检测的单位应具有相应资质。

10．工程的观感质量应由验收人员通过现场检查，并应共同确认。

4.1.4　检验批的质量检验

1．计量、计数或计量一计数等抽样方案。

2．一次、二次或多次抽样方案。

3．根据生产连续性和生产控制稳定性情况，尚可采用调整型抽样方案。

4．对重要的检验项目，当可采用简易快速的检验方法时，可选用全数检验方案。

5．经实践检验有效的抽样方案。

4.1.5　检验批的抽样方案中有关规定

生产方风险（或错判概率 α）和使用方风险（或漏判概率 β）按下列要求采取：

1．主控项目：对应于合格质量水平的 α 和 β 均不宜超过5%。

2．一般项目：对应于合格质量水平的 α 不宜超过5%，β 不宜超过10%。

4.2 工程质量验收的划分

建筑工程质量验收应划分为单位（子单位）工程、分部(子分部)工程、分项工程和检验批。

4.2.1 单位工程划分的确定原则

1. 具备独立施工条件并能形成独立使用功能的建筑物及构筑物为一个单位工程。

2. 建筑规模较大的单位工程,可将其能形成独立使用功能的部分为一个子单位工程。

由于建筑规模较大的单体工程和具有综合使用功能的综合性建筑物日益增多,其中具备使用功能的某一部分有可能需要提前投入使用,以发挥投资效益。或某些规模特别大的工程,采用一次性验收整体交付使用可能会带来不便,因此,可将此类工程划分为若干个具备独立使用功能的子单位工程进行验收。

具有独立施工条件和能形成独立使用功能是单位（子单位）工程划分的两个基本要求。单位（子单位)工程划分通常应在施工前确定,并应由建设、监理、施工单位共同协商确定。这样不仅利于操作,而且可以方便施工中据此收集整理施工技术资料和进行验收。

4.2.2 分部工程划分的确定原则

1. 分部工程的划分应按专业性质、建筑部位确定。

2. 当分部工程较大或较复杂时,可按材料种类、施工特点、施工程序、专业系统及类别等划分为若干子分部工程。

4.2.3 分项工程的划分

分项工程应按主要工种、材料、施工工艺、设备类别等进行划分。

分项工程可由一个或若干检验批组成,检验批可根据施工及质量控制和专业验收需要按楼层、施工段、变形缝等进行划分。

检验批可以看作是工程质量正常验收过程中的最基本单元。

分项工程划分成检验批进行验收,既有助于及时纠正施工中出现的质量问题,确保工程质量,也符合施工中的实际需要,便于具体操作。通常多层及高层建筑工程中主体分部的分项工程可按楼层或施工段来划分检验批,单层建筑工程中的分项工程可按变形缝等划分检验批;地基基础分部工程中的分项工程一般划分为一个检验批,有地下层的基础工程可按不同地下层划分检验批;屋面分部工程中的分项工程不同楼层屋面可划分为不同的检验批;其他分部工程中的分项工程,一般按楼层划分检验批;对于工程量较少的分项工程,可统一划为一个检验批。安装工程一般按一个设计系统或设备组别划分为一个检验批。室外工程统一划分为一个检验批。散水、台阶、明沟等通常含在地面检验批中。

地基基础中的土石方、基坑支护子分部工程及混凝土工程中的模板工程,虽不构成建筑工程实体,但它是建筑工程施工不可缺少的重要环节和必要条件,其施工质量如何,不仅关系到能否施工和施工安全,也关系到建筑工程的质量,因此将其也列入施工验收的内容。显然,对这些内容的验收,更多的是过程验收。

建筑工程的分部(子分部)、分项工程按表 4-1 采用。

建筑工程分部工程、分项工程划分　　**表 4-1**

序号	分部工程	子分部工程	分项工程
1	地基与基础	无支护土方	土方开挖、土方回填
		有支护土方	排桩,降水、排水、地下连续墙、锚杆、土钉墙、水泥土桩、沉井与沉箱,钢及混凝土支撑
		地基处理	灰土地基、砂和砂石地基、碎砖三合土地基,土工合成材料地基,粉煤灰地基,重锤夯实地基,强夯地基,振冲地基,砂桩地基,预压地基,高压喷射注浆地基,土和灰土挤密桩地基,注浆地基,水泥粉煤灰碎石桩地基,夯实水泥土桩地基
		桩基	锚杆静压桩及静力压桩,预应力离心管桩,钢筋混凝土预制桩,钢桩,混凝土灌注桩(成孔、钢筋笼、清孔、水下混凝土灌注)

续表

序号	分部工程	子分部工程	分项工程
1	地基与基础	地下防水	防水混凝土,水泥砂浆防水层,卷材防水层,涂料防水层,金属板防水层,塑料板防水层,细部构造,喷锚支护,复合式衬砌,地下连续墙,盾构法隧道;渗排水、盲沟排水,隧道、坑道排水;预注浆、后注浆,衬砌裂缝注浆
		混凝土基础	模板、钢筋、混凝土,后浇带混凝土,混凝土结构缝处理
		砌体基础	砖砌体,混凝土砌块砌体,配筋砌体,石砌体
		劲钢(管)混凝土	劲钢(管)焊接、劲钢(管)与钢筋的连接,混凝土
		钢结构	焊接钢结构、栓接钢结构,钢结构制作,钢结构安装,钢结构涂装
2	主体结构	混凝土结构	模板,钢筋,混凝土,预应力、现浇结构,装配式结构
		劲钢(管)混凝土结构	劲钢(管)焊接、螺栓连接、劲钢(管)与钢筋的连接,劲钢(管)制作、安装,混凝土
		砌体结构	砖砌体,混凝土小型空心砌块砌体,石砌体,填充墙砌体,配筋砖砌体
		钢结构	钢结构焊接,紧固件连接,钢零部件加工,单层钢结构安装,多层及高层钢结构安装,钢结构涂装、钢构件组装,钢构件预拼装,钢网架结构安装,压型金属板
		木结构	方木和原木结构、胶合木结构、轻型木结构,木构件防护
		网架和索膜结构	网架制作、网架安装、索膜安装、网架防火、防腐涂料
3	建筑装饰装修	地面	整体面层:基层、水泥混凝土面层、水泥砂浆面层、水磨石面层、防油渗面层、水泥钢(铁)屑面层、不发火(防爆的)面层,板块面层基层、砖面层(陶瓷锦砖、缸砖、陶瓷地砖和水泥花砖面层)、大理石面层和花岗石面层,预制板块面层(预制水泥混凝土、水磨石板块面层)、料石面层(条石、块石面层)、塑料板面层、活动地板面层、地毯面层,木竹面层基层、实木地板面层(条材、块材面层)、实木复合地板面层(条材、块材面层)、中密度(强化)复合地板面层(条材面层)、竹地板面层

续表

序号	分部工程	子分部工程	分项工程
3	建筑装饰装修	抹　灰	一般抹灰，装饰抹灰，清水砌体勾缝
		门　窗	木门窗制作与安装、金属门窗安装、塑料门窗安装、特种门安装、门窗玻璃安装
		吊　顶	暗龙骨吊顶、明龙骨吊顶
		轻质隔墙	板材隔墙、骨架隔墙、活动隔墙、玻璃隔墙
		饰面板(砖)	饰面板安装、饰面砖粘贴
		幕　墙	玻璃幕墙、金属幕墙、石材幕墙
		涂　饰	水性涂料涂饰、溶剂型涂料涂饰、美术涂饰
		裱糊与软包	裱糊、软包
		细　部	橱柜制作与安装，窗帘盒、窗台板和暖气罩制作与安装，门窗套制作与安装护栏和扶手制作与安装，花饰制作与安装
4	建筑屋面	卷材防水屋面	保温层，找平层，卷材防水层，细部构造
		涂膜防水屋面	保温层，找平层，涂膜防水层，细部构造
		刚性防水屋面	细石混凝土防水层，密封材料嵌缝，细部构造
		瓦屋面	平瓦屋面，油毡瓦屋面，金属板屋面，细部构造
		隔热屋面	架空屋面，蓄水屋面，种植屋面
5	建筑给水、排水及采暖	室内给水系统	给水管道及配件安装、室内消火栓系统安装、给水设备安装、管道防腐、绝热
		室内排水系统	排水管道及配件安装、雨水管道及配件安装
		室内热水供应系统	管道及配件安装、辅助设备安装、防腐、绝热
		卫生器具安装	卫生器具安装、卫生器具给水配件安装、卫生器具排水管道安装
		室内采暖系统	管道及配件安装、辅助设备及散热器安装、金属辐射板安装、低温热水地板辐射采暖系统安装、系统水压试验及调试、防腐、绝热
		室外给水管网	给水管道安装、消防水泵接合器及室外消火栓安装、管沟及井室

续表

序号	分部工程	子分部工程	分项工程
5	建筑给水、排水及采暖	室外排水管网	排水管道安装、排水管沟与井池
		室外供热管网	管道及配件安装、系统水压试验及调试、防腐、绝热
		建筑中水系统及游泳池系统	建筑中水系统管道及辅助设备安装、游泳池水系统安装
		供热锅炉及辅助设备安装	锅炉安装、辅助设备及管道安装、安全附件安装、烘炉、煮炉和试运行、换热站安装、防腐、绝热
6	建筑电气	室外电气	架空线路及杆上电气设备安装,变压器、箱式变电所安装,成套配电柜、控制柜(屏、台)和动力、照明配电箱(盘)及控制柜安装,电线、电缆导管和线槽敷设,电线、电缆穿管和线槽敷设,电缆头制作、导线连接和线路电气试验,建筑物外部装饰灯具、航空障碍标志灯和庭院路灯安装,建筑照明通电试运行,接地装置安装
		变配电室	变压器、箱式变电所安装,成套配电柜、控制柜(屏、台)和动力、照明配电箱(盘)安装,裸母线、封闭母线、插接式母线安装,电缆沟内和电缆竖井内电缆敷设,电缆头制作、导线连接和线路电气试验,接地装置安装,避雷引下线和变配电室接地干线敷设
		供电干线	裸母线、封闭母线、插接式母线安装,桥架安装和桥架内电缆敷设,电缆沟内和电缆竖井内电缆敷设,电线、电缆导管和线槽敷设,电线、电缆穿管和线槽敷线,电缆头制作、导线连接和线路电气试验
		电气动力	成套配电柜、控制柜(屏、台)和动力、照明配电箱(盘)及安装,低压电动机、电加热器及电动执行机构检查、接线,低压电气动力设备检测、试验和空载试运行,桥架安装和桥架内电缆敷设,电线、电缆导管和线槽敷设,电线、电缆穿管和线槽敷线,电缆头制作、导线连接和线路电气试验,插座、开关、风扇安装
		电气照明安装	成套配电柜、控制柜(屏、台)和动力、照明配电箱(盘)安装,电线、电缆导管和线槽敷设,电线、电缆导管和线槽敷线,槽板配线,钢索配线,电缆头制作、导线连接和线路电气试验,普通灯具安装,专用灯具安装,插座、开关、风扇安装,建筑照明通电试运行

续表

序号	分部工程	子分部工程	分项工程
6	建筑电气	备用和不间断电源安装	成套配电柜、控制柜(屏、台)和动力、照明配电箱(盘)安装,柴油发电机组安装,不间断电源的其他功能单元安装,裸母线、封闭母线、插接式母线安装,电线、电缆导管和线槽敷设,电线、电缆导管和线槽放线,电缆头制作、导线连接和线路电气试验,接地装置安装
		防雷及接地安装	接地装置安装,避雷引下线和变配电室接地干线敷设,建筑物等电位连接,接闪器安装
7	智能建筑	通信网络系统	通信系统、卫星及有线电视系统、公共广播系统
		办公自动化系统	计算机网络系统、信息平台及办公自动化应用软件、网络安全系统
		建筑设备监控系统	空调与通风系统、变配电系统、照明系统、给排水系统、热源和热交换系统、冷冻和冷却系统、电梯和自动扶梯系统、中央管理工作站与操作分站、子系统通信接口
		火灾报警及消防联动系统	火灾和可燃气体探测系统、火灾报警控制系统、消防联动系统
		安全防范系统	电视监控系统、入侵报警系统、巡更系统、出入口控制(门禁)系统、停车管理系统
		综合布线系统	缆线敷设和终接、机柜、机架、配线架的安装、信息插座和光缆芯线终端的安装
		智能化集成系统	集成系统网络、实时数据库、信息安全、功能接口
		电源与接地	智能建筑电源、防雷及接地
		环　境	空间环境、室内空调环境、视觉照明环境、电磁环境
		住宅(小区)智能化系统	火灾自动报警及消防联动系统、安全防范系统(含电视监控系统、入侵报警系统、巡更系统、门禁系统、楼宇对讲系统、住户对讲呼救系统、停车管理系统)、物业管理系统(多表现场计量及与远程传输系统、建筑设备监控系统、公共广播系统、小区网络及信息服务系统、物业办公自动化系统)、智能家庭信息平台

续表

序号	分部工程	子分部工程	分项工程
8	通风与空调	送排风系统	风管与配件制作,部件制作,风管系统安装,空气处理设备安装,消声设备制作与安装,风管与设备防腐,风机安装,系统调试
		防排烟系统	风管与配件制作,部件制作,风管系统安装,防排烟风口、常闭正压风口与设备安装,风管与设备防腐,风机安装,系统调试
		除尘系统	风管与配件制作,部件制作,风管系统安装;除尘器与排污设备安装,风管与设备防腐;风机安装;系统调试
		空调风系统	风管与配件制作,部件制作,风管系统安装,空气处理设备安装,消声设备制作与安装,风管与设备防腐,风机安装,风管与设备绝热;系统调试
		净化空调系统	风管与配件制作,部件制作,风管系统安装,空气处理设备安装,消声设备制作与安装,风管与设备防腐,风机安装,风管与设备绝热,高效过滤器安装,系统调试
		制冷设备系统	制冷机组安装;制冷剂管道及配件安装;制冷附属设备安装;管道及设备的防腐与绝热;系统调试
		空调水系统	管道冷热(媒)水系统安装;冷却水系统安装;冷凝水系统安装;阀门及部件安装;冷却塔安装;水泵及附属设备安装;管道与设备的防腐与绝热;系统调试
9	电梯	电力驱动的曳引式或强制式电梯安装工程	设备进场验收,土建交接检验,驱动主机,导轨,门系统,轿厢,对重(平衡重),安全部件,悬挂装置,随行电缆,补偿装置,电气装置,整机安装验收
		液压电梯安装工程	设备进场验收,土建交接检验,液压系统,导轨,门系统,轿厢,平衡重,安全部件,悬挂装置,随行电缆,电气装置,整机安装验收
		自动扶梯、自动人行道安装工程	设备进场验收,土建交接检验,整机安装验收

4.2.4　室外工程的划分

可根据专业类别和工程规模划分单位(子单位)工程。

室外单位(子单位)工程、分部工程可按表4-2采用。

室外工程划分　表4-2

单位工程	子单位工程	分部(子分部)工程
室外建筑环境	附属建筑	车棚、围墙、大门、挡土墙、垃圾收集站
	室外环境	建筑小品、道路、亭台、连廊、花坛、场坪绿化
室外安装	给排水与采暖	室外给水系统、室外排水系统、室外供热系统
	电气	室外供电系统、室外照明系统

4.3　工程质量验收

4.3.1　检验批合格质量应符合的规定

1. 主控项目和一般项目的质量,经抽样检验合格。
2. 具有完整的施工操作依据、质量检查记录。

检验批虽然是工程验收的最小单元,但它是分项工程乃至整个建筑工程质量验收的基础。检验批是施工过程中条件相同并具有一定数量的材料、构配件或施工安装项目的总称,由于其质量基本均匀一致,因此可以作为检验的基础单位组合在一起,按批验收。

检验批验收时应进行资料检查和实物检验。

资料检查主要是检查从原材料进场到检验批验收的各施工工序的操作依据、质量检查情况以及控制质量的各项管理制度等。由于资料是工程质量的记录,所以对资料完整性的检查,实际是对过程控制的检查确认,是检验批合格的前提。

实物检验,应检验主控项目和一般项目。其合格指标在各专业质量验收规范中给出。对具体的检验批来说,应按照各专业质量验收规范对各检验批主控项目、一般项目规定的指标逐项检查验收。

检验批的合格质量主要取决于对主控项目和一般项目的检验结果。主控项目是对检验批的质量起决定性影响的检验项目,因此必须全部符合有关专业工程验收规范的规定。这意味着主控项目不允许有不符合要求的检验结果,即主控项目的检查结论具有否决权。如果发现主控项目有不合格的点、处、构件,必须修补、返工或更换,最终使其达到合格。

4.3.2 分项工程质量验收合格应符合的规定

1. 分项工程所含的检验批均应符合合格质量的规定。

2. 分项工程所含的检验批的质量验收记录应完整。

4.3.3 分部(子分部)工程质量验收合格应符合的规定

1. 分部(子分部)工程所含分项工程的质量均应验收合格。

2. 质量控制资料应完整。

3. 地基与基础、主体结构和设备安装等分部工程有关安全及功能的检验和抽样检测结果应符合有关规定。

4. 观感质量验收应符合要求。

4.3.4 单位(子单位)工程质量验收合格应符合的规定

1. 单位(子单位)工程所含分部(子分部)工程的质量均应验收合格。

2. 质量控制资料应完整。

3. 单位(子单位)工程所含分部工程有关安全和功能的检测资料应完整。

对涉及安全和使用功能的分部工程,应对检测资料进行复查。不仅要全面检查其完整性(不得有漏检和缺项)而且对分部工程验收时补充进行的见证抽样检验报告也要复核。这是16字方针中的“强化验收”的具体体现。这种强化验收的手段体现了对安全和主要使用功能的重视。

4. 主要功能项目的抽查结果应符合相关专业质量验收规范的规定。

使用功能的抽查是对建筑工程和设备安装工程最终质量的综合检验,也是用户最为关心的内容。因此,在分项、分部工程验收合格的基础上,竣工验收时应再做一定数量的抽样检查。抽查项目在基础资料文件的基础上由参加验收的各方人员商定,并用计量、计数等抽样方法确定检查部位。竣工验收检查，应按照有关专业工程施工质量验收标准的要求进行。

5．观感质量验收应符合的要求。

竣工验收时，须由参加验收的各方人员共同进行观感质量检查。检查的方法、内容、结论等已在分部工程的相应部分中阐述，最后共同确定是否通过验收。

4.3.5　建筑工程质量验收记录应符合的规定

1．检验批质量验收记录可按表4-3进行。

检验批质量验收记录　　表4-3

工程名称		分项工程名称		验收部位	
施工单位		专业工长		项目经理	
施工执行标准名称及编号					
分包单位		分包项目经理		施工班组长	
	质量验收规范的规定		施工单位检查评定记录		监理（建设）单位验收记录
主控项目	1				
	2				
	3				
	4				
	5				
	6				
	7				
	8				
	9				
一般项目	1				
	2				
	3				
	4				
施工单位检查结果评定	项目专业质量检查员：　年　月　日				
监理（建设）单位验收结论	监理工程师 （建设单位项目专业技术负责人）　年　月　日				

2. 分项工程质量验收记录可按表4-4进行。

______分项工程质量验收记录　　表4-4

<table>
<tr><td>工程名称</td><td></td><td>结构类型</td><td></td><td>检验批数</td><td></td></tr>
<tr><td>施工单位</td><td></td><td>项目经理</td><td></td><td>项目技术负责人</td><td></td></tr>
<tr><td>分包单位</td><td></td><td>分包单位负责人</td><td></td><td>分包项目经理</td><td></td></tr>
<tr><td>序号</td><td>检验批部位、区段</td><td colspan="2">施工单位
检查评定结果</td><td colspan="2">监理(建设)
单位验收结论</td></tr>
<tr><td>1</td><td></td><td colspan="2"></td><td colspan="2"></td></tr>
<tr><td>2</td><td></td><td colspan="2"></td><td colspan="2"></td></tr>
<tr><td>3</td><td></td><td colspan="2"></td><td colspan="2"></td></tr>
<tr><td>4</td><td></td><td colspan="2"></td><td colspan="2"></td></tr>
<tr><td>5</td><td></td><td colspan="2"></td><td colspan="2"></td></tr>
<tr><td>6</td><td></td><td colspan="2"></td><td colspan="2"></td></tr>
<tr><td>7</td><td></td><td colspan="2"></td><td colspan="2"></td></tr>
<tr><td>8</td><td></td><td colspan="2"></td><td colspan="2"></td></tr>
<tr><td>9</td><td></td><td colspan="2"></td><td colspan="2"></td></tr>
<tr><td>10</td><td></td><td colspan="2"></td><td colspan="2"></td></tr>
<tr><td>检查结论</td><td colspan="2">项目专业
技术负责人:
年　月　日</td><td>验收结论</td><td colspan="2">监理工程师
(建设单位项目专业技术负责人)
年　月　日</td></tr>
</table>

3. 分部(子分部)工程质量验收记录应按表4-5进行。

________分部(子分部)工程验收记录 表 4-5

<table>
<tr><td colspan="2">工程名称</td><td></td><td>结构类型</td><td></td><td>层　数</td><td></td></tr>
<tr><td colspan="2">施工单位</td><td></td><td>技术部门负责人</td><td></td><td>质量部门负责人</td><td></td></tr>
<tr><td colspan="2">分包单位</td><td></td><td>分包单位负责人</td><td></td><td>分包技术负责人</td><td></td></tr>
<tr><td>序号</td><td>分项工程名称</td><td>检验批数</td><td colspan="2">施工单位检查评定</td><td colspan="2">验 收 意 见</td></tr>
<tr><td colspan="2">1</td><td></td><td colspan="2"></td><td colspan="2" rowspan="6"></td></tr>
<tr><td colspan="2">2</td><td></td><td colspan="2"></td></tr>
<tr><td colspan="2">3</td><td></td><td colspan="2"></td></tr>
<tr><td colspan="2">4</td><td></td><td colspan="2"></td></tr>
<tr><td colspan="2">5</td><td></td><td colspan="2"></td></tr>
<tr><td colspan="2">6</td><td></td><td colspan="2"></td></tr>
<tr><td colspan="2">质量控制资料</td><td></td><td colspan="2"></td><td colspan="2"></td></tr>
<tr><td colspan="2">安全和功能检验
(检测)报告</td><td></td><td colspan="2"></td><td colspan="2"></td></tr>
<tr><td colspan="2">观感质量验收</td><td></td><td colspan="2"></td><td colspan="2"></td></tr>
<tr><td rowspan="5">验
收
单
位</td><td>分包单位</td><td colspan="5">项目经理　　年　　月　　日</td></tr>
<tr><td>施工单位</td><td colspan="5">项目经理　　年　　月　　日</td></tr>
<tr><td>勘察单位</td><td colspan="5">项目负责人　　年　　月　　日</td></tr>
<tr><td>设计单位</td><td colspan="5">项目负责人　　年　　月　　日</td></tr>
<tr><td>监理(建设)单位</td><td colspan="5">总监理工程师
(建设单位项目)　　年　　月　　日</td></tr>
</table>

4．单位(子单位)工程质量验收,质量控制资料核查,安全和功能检验资料核查及主要功能抽查记录,观感质量检查应按《建筑工程施工质量验收统一标准》的相关要求填写单位(子单位)工程质量竣工验收记录。

4.3.6 当建筑工程质量不符合要求时,进行处理的规定

1．经返工重做或更换器具、设备的检验批,应重新进行验收。

在检验批验收时,其主控项目不能满足验收规范规定或一般项目超过偏差限值,或检验批中的某个子项不符合检验规定的要求时,应及时进行处理。其中,严重缺陷如无法修复时,应推倒重来;一般的缺陷可通过退修或更换器具、设备予以解决。应允许施工单位在采取相应的措施后重新验收。如能够符合相应的专业工程质量验收规范,则应认为该检验批合格。

2. 经有资质的检测单位检测鉴定能够达到设计要求的检验批,应予以验收。

个别检验批发生问题,例如混凝土试块强度不满足要求,难以确定是否应该验收时,应委托具有资质的法定检测单位检测。当鉴定结果能够达到设计要求时,该检验批仍应认为通过验收。

3. 经有资质的检测单位检测鉴定达不到设计要求、但经原设计单位核算认可能够满足结构安全和使用功能的检验批,可予以验收。

一般情况下,规范标准给出了满足安全和功能的最低限度要求,而设计往往在此基础上留有一些余量,两者的界限并不一定完全相等。不满足设计要求和符合相应规范标准的要求,两者并不矛盾。

4. 经返修或加固处理的分项、分部工程,虽然改变外形尺寸但仍能满足安全使用要求,可按技术处理方案和协商文件进行验收。

更为严重的缺陷或者超过检验批的更大范围内的缺陷,可能影响结构的安全性和使用功能。若经法定检测单位检测鉴定,确认达不到规范标准的相应要求,即不能满足最低限度的安全储备和使用功能要求,则必须按一定的技术方案进行加固处理,使之达到能满足安全使用的基本要求。这样有可能会造成一些永久性的缺陷,如改变结构外形尺寸,影响一些次要用功能等。为了避免社会财富更大的损失,在不影响安全和使用功能条件下,可以按处理技术方案和协商文件进行验收,但责任方应承担经济责任。这一规定,给问题比较严重但是可以采取技术措施修复的情况一条出路,但应注意不能作为轻视质量回避责任的理由。这种做法符合国际上“让步接受”的惯例。

4.3.7 严禁验收的规定

通过返修或加固处理仍不能满足安全使用要求的分部工程、单位(子单位)工程,严禁验收。

4.4 工程质量验收程序和组织

4.4.1 检验批及分项工程的验收

检验批及分项工程应由监理工程师(建设单位项目技术负责人)组织施工单位项目专业质量(技术)负责人等进行验收。

检验批和分项工程是建筑工程质量基础,因此,所有检验批和分项工程均应由监理工程师或建设单位项目技术负责人组织验收。验收前,施工单位先填好“检验批和分项工程的质量验收记录”(有关监理记录和结论不填),并由项目专业质量检验员和项目专业技术负责人分别在检验批和分项工程质量检验记录中相关栏目签字,然后由监理工程师组织,严格按规定程序进行验收。

4.4.2 分部工程的验收

分部工程应由总监理工程师(建设单位项目负责人)组织施工单位项目负责人和技术、质量负责人等进行验收;地基与基础、主体结构分部工程的勘察、设计单位工程项目负责人和施工单位技术、质量部门负责人也应参加相关分部工程验收。

工程监理实行总监理工程师负责制,因此分部工程应由总监理工程师(建设单位项目负责人)组织施工单位的项目负责人和项目技术、质量负责人及有关人员进行验收。因为地基基础、主体结构的主要技术资料和质量问题是归技术部门和质量部门掌握,所以规定施工单位的技术、质量部门负责人参加验收。

由于地基基础、主体结构技术性能要求严格,技术性强,关系到整个工程的安全,因此规定这些分部工程的勘察、设计单位工程项目负责人也应参加相关分部的工程质量验收

4.4.3 施工单位自检

单位工程完工后,施工单位首先要依据质量标准、设计图纸等

组织有关人员进行自检,并对检查结果进行评定,符合要求后向建设单位提交工程验收报告和完整的质量资料,请建设单位组织验收。

4.4.4 单位工程质量验收

建设单位收到工程验收报告后,应由建设单位(项目)负责人组织施工(含分包单位)、设计、监理等单位(项目)负责人进行单位(子单位)工程验收。由于设计、施工、监理单位都是责任主体,因此设计、施工单位负责人或项目负责人及施工单位的技术、质量负责人和监理单位的总监理工程师均应参加验收(勘察单位虽然亦是责任主体,但已经参加了地基验收,故单位工程验收时,可以不参加)。

在一个单位工程中,对满足生产要求或具备使用条件,施工单位已预验,监理工程师已初验通过的子单位工程,建设单位可组织进行验收。由几个施工单位负责施工的单位工程,当其中的施工单位所负责的子单位工程已按设计完成,并经自行检验,也可组织正式验收,办理交工手续。在整个单位工程进行全部验收时,已验收的子单位工程验收资料应作为单位工程验收的附件。

单位工程有分包单位施工时,分包单位对所承包的工程项目规定的程序检查评定,总包单位应派人参加。分包工程完成后,应将工程有关资料交总包单位。由于《建设工程承包合同》的双方主体是建设单位和总承包单位,总承包单位应按照承包合同的权利义务对建设单位负责。分包单位对总承包单位负责,亦应对建设单位负责。因此,分包单位对承建的项目进行检验时,总包单位应参加,检验合格后,分包单位应将工程的有关资料移交总包单位,待建设单位组织单位工程质量验收时,分包单位负责人应参加验收。

当参加验收各方对工程质量验收意见不一致时,可请当地建设行政主管部门或工程质量监督机构协调处理。

单位工程质量验收合格后,建设单位应在规定时间内将工程竣工验收报告和有关文件,报建设行政管理部门备案。建设工程竣工验收备案制度是加强政府监督管理,防止不合格工程流向社会的一个重要手段。建设单位应依据《建设工程质量管理条例》和建设部有关规定,到县级以上人民政府建设行政主管部门或其他有关部门备案。否则,不允许投入使用。

4.5 工程资料的验收

工程资料是工程项目竣工验收和质量保证的重要依据之一,施工单位应按合同要求提供全套竣工验收所必需的工程资料,经监理工程师审核,确认无误后,方能同意竣工验收。

4.5.1 工程项目竣工验收资料的内容

工程项目竣工验收的资料主要有:

1. 工程项目开工报告;
2. 工程项目竣工报告;
3. 分项、分部工程和单位工程技术人员名单;
4. 图纸会审和设计交底记录;
5. 设计变更通知单;
6. 技术变更核定单;
7. 工程质量事故发生后调查和处理资料;
8. 水准点位置、定位测量记录、沉降及位移观测记录;
9. 材料、设备、构件的质量合格证明资料;
10. 试验、检验报告;
11. 隐蔽验收记录及施工日志;
12. 竣工图;
13. 质量检验评定资料;
14. 工程竣工验收及资料。

4.5.2 工程项目竣工验收资料的审核

由监理工程师进行以下几方面的审核:

1. 材料、设备构件的质量合格证明材料

这些证明材料必须如实地反映实际情况,不得擅自修改、伪造和事后补作。

对有些重要材料,应附有关资质证明材料、质量及性能资料的复印件。例如焊条,必须有经厂方检验合格的合格证。

2. 试验检验资料

各种材料的试验检验资料,必须根据规范要求制作试件或取样,进行规定数量的试验,若施工单位对某种材料的检验缺乏相应的设备,可送具有权威性、法定性的有关机构检验。

试验检验的结论只有符合设计要求后才能用于工程施工。

3. 核查隐蔽工程记录及施工记录

4. 单位(子单位)工程质量控制资料核查记录

单位(子单位)工程质量控制资料核查记录见表4-6。

单位(子单位)工程质量控制资料核查记录表　　表4-6

工程名称			施工单位		
序号	项目	资料名称	份数	核查意见	核查人
1	建筑与结构	图纸会审、设计变更、洽商记录			
2		工程定位测量、放线记录			
3		原材料出厂合格证书及进场检(试)验报告			
4		隐蔽工程验收表			
5		施工记录			
6		预制构件、预拌混凝土合格证			
7		地基、基础、主体结构检验及抽样检测资料			
8		分项、分部工程质量验收记录			
9		工程质量事故及事故调查处理资料			
10		分项、分部工程质量验收记录			
11		工程质量事故及事故调查处理资料			
12					

续表

工程名称			施工单位		
序号	项目	资料名称	份数	核查意见	核查人
1	给排水与采暖	图纸会审、设计变更、洽商记录			
2		材料、配件出厂合格证书及进场检(试)验报告			
3		管道、设备强度试验、严密性试验记录			
4		隐蔽工程验收表			
5		系统清洗、灌水、通水、通球试验记录			
6		施工记录			
7		分项、分部工程质量验收记录			
8					
1	建筑电气	图纸会审、设计变更、洽商记录			
2		材料、设备出厂合格证书及进场检(试)验报告			
3		设备调试记录			
4		接地、绝缘电阻测试记录			
5		隐蔽工程验收表			
6		施工记录			
7		分项、分部工程质量验收记录			
8					
1	通风与空调	图纸会审、设计变更、洽商记录			
2		材料、设备出厂合格证及进场检(试)验报告			
3		制冷、空调、水管道强度试验、严密性试验记录			
4		隐蔽工程验收表			

续表

工程名称			施工单位		
序号	项目	资料名称	份数	核查意见	核查人
5	通风与空调	制冷设备运行调试记录			
6		通风、空调系统调试记录			
7		施工记录			
8		分项、分部工程质量验收记录			
9					
1	电梯	土建布置图纸会审、设计变更、洽商记录			
2		设备出厂合格证及开箱检验记录			
3		隐蔽工程验收表			
4		施工记录			
5		接地、绝缘电阻测试记录			
6		负荷试验、安全装置检查记录			
7		分项、分部工程质量验收记录			
8					
1	建筑智能化	图纸会审、设计变更、洽商记录、竣工图及设计说明			
2		材料、设备出厂合格证及技术文件及进场检(试)验报告			
3		隐蔽工程验收表			
4		系统功能测定及设备调试记录			
5		系统技术、操作和维护手册			
6		系统管理、操作人员培训记录			
7		系统检测报告			
8		分项、分部工程质量验收报告			

结论：

施工单位项目经理　　年　　月　　日　　　总监理工程师
(建设单位项目负责人)
年　　月　　日

5. 审查竣工图

建设项目竣工图是真实地记录各种地下、地上建筑物等详细情况的技术文件，是对工程进行交工验收、维护、扩建、改建的依据，也是使用单位长期保存的技术资料。

(1) 监理工程师必须根据国家有关规定对竣工图绘制基本要求进行审核，以考查施工单位提交竣工图是否符合要求，一般规定如下：

1) 凡按图施工没有变动的，则由施工单位(包括总包和分包施工单位)在原施工图上加盖“竣工图”标志后即作为竣工图。

2) 凡在施工中，虽有一般性设计变更，但能将原施工图加以修改补充作为竣工图的，可不重新绘制，由施工单位负责在原施工图(必须是新蓝图)上注明修改部分，并附以设计变更通知单和施工说明，加盖“竣工图”标志后，即作为竣工图。

3) 凡结构形式改变、工艺改变、平面布置改变、项目改变以及有其他重大改变，不宜再在原施工图上修改补充者，应重新绘制改变后的竣工图。由于设计原因造成，由设计单位负责重新绘图；由于施工原因造成的，由施工单位负责重新绘图；由于其他原因造成的，由建设单位自行绘图或委托设计单位绘图，施工单位负责在新图上加盖“竣工图”标志附以有关记录和说明，作为竣工图。

4) 各项基本建设工程，特别是基础、地下建筑物、管线、结构、井巷、峒室、桥梁、隧道、港口、水坝以及设备安装等隐蔽部位都要绘制竣工图。

(2) 审查施工单位提交的竣工图是否与实际情况相符。若有疑问，及时向施工单位提出质询。

(3) 竣工图图面是否整洁，字迹是否清楚，是否用圆珠笔和其他易于褪色的墨水绘制，若不整洁，字迹不清，使用圆珠笔绘制等，必须让施工单位按要求重新绘制。

(4) 审查中发现施工图不准确或短缺时，要及时让施工单位采取措施修改和补充。

4.5.3 工程项目竣工验收资料的签证

由监理工程师审查完承包单位提交的竣工资料之后，认为符合工程合同及有关规定，且准确、完整、真实，便可签证同意竣工验收的意见。

4.6 工程项目的交接与回访保修

4.6.1 工程项目的交接

工程项目竣工和交接是两个不同的概念。所谓竣工是针对承包单位而言，它有以下几层含义：第一，承包单位按合同要求完成了工作内容；第二，承包单位按质量要求进行了自检；第三，项目的工期、进度、质量均满足合同的要求。工程项目交接则是由监理工程师对工程的质量进行验收之后，协助承包单位与业主进行移交项目所有权的过程。能否交接取决于承包单位所承包的工程项目是否通过了竣工验收。因此，交接是建立在竣工验收基础上的时间过程。

竣工、竣工验收、交接三者间的关系如图 4-1 所示。

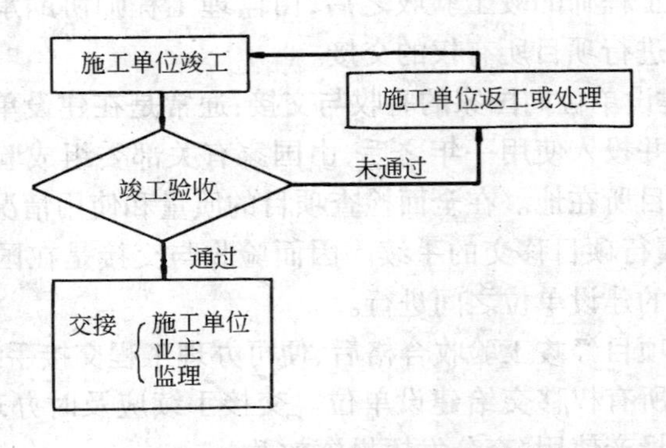

图 4-1 竣工、竣工验收和交接关系图

在我国社会主义制度下，生产资料是国家所有。原则上讲，一切项目均应通过国家的验收与交接。但改革开放以来，随着投资主体多元化的出现,改变了国家投资的单一模式,因而工程项目竣工验收与交接发生了变化。目前工程项目的竣工验收与交接主要有三类:

1. 个人投资的项目

例如,外商投资项目,监理工程师只需验收之后,协助承包单位与投资者进行交接便可。

2. 企业投资的项目

企业利用自有资金进行的技改项目,验收与交接是对企业的法人代表的。

3. 国家投资项目

(1) 中、小型项目。一般是地方政府的某个部门担任业主的角色,例如,可能是本地的建委、城建局或其他单位作为业主,此时项目的验收与交接也是在承建单位与业主之间进行。

(2) 大型项目。通常是委托地方政府的某个部门担任建设单位(业主)的角色,但建成后的所有权属国家(中央),这时的项目验收与交接有以下两个层次:

1) 承包单位向建设单位的验收与交接:一般是项目竣工,并通过监理工程师的竣工验收之后,由监理工程师协助承包单位向建设单位进行项目所有权的交接。

2) 建设单位向国家的验收与交接:通常是在建设单位接受竣工的项目并投入使用一年之后,由国家有关部委组成验收工作小组进驻项目所在地。在全面检查项目的质量和使用情况之后进行验收,并履行项目移交的手续。因而验收与交接是在国家有关部委与当地的建设单位之间进行。

工程项目经竣工验收合格后,便可办理工程交接手续,即将工程项目的所有权移交给建设单位。交接手续应及时办理,以便使项目早日投产使用,充分发挥投资效益。

在办理工程项目交接前,施工单位要编制竣工结算书,以此作为向建设单位结算最终拨付的工程价款。而竣工结算书通过监理工程师审核、确认并签证后,才能通知建设银行与施工单位办理工程价款的拨付手续。

竣工结算书的审核，是以工程承包合同、竣工验收单、施工图纸、设计变更通知书、施工变更记录、现行建筑安装工程预算定额、材料预算价格、取费标准等为依据，分别对各单位工程的工程量、套用定额、单价、取费标准及费用等进行核对，搞清有无多算、错算，与工程实际是否相符合，所增减的预算费用有无根据、是否合法。

在工程项目交接时，还应将成套的工程技术资料进行分类整理、编目建档后移交给建设单位，同时，施工单位还应将在施工中所占用的房屋设施，进行维修清理，打扫干净，连同房门钥匙全部予以移交。

4.6.2 工程项目的回访与保修

工程项目在竣工验收交付使用后，按照合同和有关的规定，在一定的期限，即回访保修期内(例如一年左右的时间)应由项目经理部组织原项目人员主动对交付使用的竣工工程进行回访，听取用户对工程质量的意见，填写质量回访表，报公司技术与生产部门备案处理。回访，一般采用三种形式：一是季节性回访。大多数是雨季回访屋面、墙面的防水情况，冬季回访采暖系统的情况，发现问题，采取有效措施及时加以解决。二是技术性回访。主要了解在工程施工过程中可采用的新材料、新技术、新工艺、新设备等的技术性能和使用后的效果，发现问题及时加以补救和解决，同时也便于总结经验，获取科学依据，为改进、完善和推广创造条件。三是保修期满前的回访。这种回访一般是在保修期即将结束之前进行回访。

在保修期内，属于施工单位施工过程中造成的质量问题，要负责维修，不留隐患。一般施工项目竣工后，各承包单位的工程款保留 5%左右，作为保修金，按照合同在保修期满退回承包单位。如属于设计原因造成的质量问题，在征得甲方和设计单位认可后，协助修补，其费用由设计单位承担．

施工单位在接到用户来访、来信的质量投诉后，应立即组织力量维修,发现影响安全的质量问题应紧急处理。项目经理对于回访中发现的质量问题,应组织有关人员进行分析,制定措施,作为进一步改进和提高质量的依据。

对所有的回访和保修都必须予以记录,并提交书面报告,作为技术资料归档。项目经理部还应不定期听取用户对工程质量的意见。对于某些质量纠纷或问题应尽量协商解决,若无法达成统一意见,则由有关仲裁部门进行仲裁。

5 工程项目质量统计与分析

5.1 工程质量统计的指标内容及统计方法

5.1.1 工程质量统计的指标内容

为了反映工程质量状况,国家规定考核工程质量的统计指标为验收合格率。

5.1.1.1 单位工程一次验收合格率

这是考核施工企业对工程质量保证程度的指标。单位工程竣工后,在工程项目经理和企业领导组织自检的基础上,由建设单位负责人组织施工、设计、监理等单位负责人在质量监督机构的监督下进行单位工程竣工验收。各方共同确认该工程质量达到合格时,即为单位工程验收合格,报建设行政管理部门备案。如一次验收未通过,将整改后组织第二次验收。

单位工程一次验收合格率,按月、季、年进行统计,其计算公式如下:

$$\text{单位工程一次验收合格率}=\frac{\text{报告期内一次验收合格的单位工程的建筑面积}}{\text{报告期内全部竣工单位工程的建筑面积}}\times 100\% \quad (5\text{-}1)$$

如此,如发生工程质量事故,应按月、季、年统计上报质量事故次数、质量事故原因分析、损失金额等。其中重大质量事故应及时专题上报。

5.1.2 数理统计方法的应用原理

数据是进行质量管理的基础,“一切用数据说话”,才能做出科学的判断。用数理统计方法,通过收集、整理质量数据,可以帮助我们分析、发现质量问题,以便及时采取对策措施,纠正和预防质量事故。

利用数理统计方法控制质量的步骤是:收集质量数据──→数据整理──→进行统计分析,找出质量波动的规律──→判断质量状况,找出质量问题──→分析影响质量的原因──→拟定改进质量的对策、措施。

1. 数理统计的几个概念

(1) 母体

母体又称总体、检查批或批,指研究对象全体元素的集合。母体分为有限母体和无限母体两种。有限母体为有一定数量表现,如一批同牌号、同规格的钢材或水泥等;无限母体则没有一定数量表现,如一道工序,它源源不断地生产出某一产品,本身是无限的。

(2) 子体

系从母体中取出来的部分个体,也叫子样或样本。子样分随机取样和系统抽样,前者多用于产品验收,即母体内各个体都有相同的机会或有可能性被抽取;后者多用于工序的控制,即每经一定的时间间隔,每次连续抽取若干产品作为子样,以代表当时的生产情况。

(3) 母体与子体、数据的关系

子样的各种属性都是母体特性的反映。在产品生产过程中,子样所属的一批产品 (有限母体)或工序 (无限母体)的质量状态和特性值,可从子样取得的数据来推测、判断。

母体与子样数据的关系如图 5-1 所示。

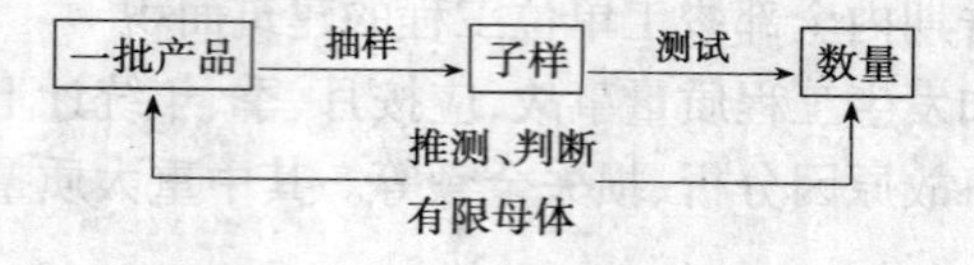

图 5-1　母体与子样关系图

(4) 随机现象

在质量检验中,某一产品的检验结果可能优良、合格、不合格,这种事先不能确定结果的现象称为随机现象（或偶然现象）。随机现象并不是不可认识的，人们通过大量重复的试验，可以认识它的规律性。

(5) 随机事件

随机事件（或偶然事件）系每一种随机现象的表现或结果，如某产品检验为“合格”，某产品检验为“不合格”。

(6) 随机事件的频率

频率是衡量随机事件发生可能性大小的一种数量标志。在试验数据中，偶然事件发生的次数叫“频数”，它与数据总数的比值叫“频率”。

(7) 随机事件的概率

频率的稳定值叫“概率”。如掷硬币试验中正面向上的事件设为A，当掷币次数较少时，事件A的频率是不稳定的；但随着掷币次数的增多，事件A的频率越来越呈现出稳定性。当掷币次数充分多时，事件A的频率大致在0.5这个数附近摆动，所以，事件A的概率为0.5。

2. 数据的收集方法

在质量检验中，除少数的项目需进行全数检查外，大多数是按随机取样的方法收集数据。其抽样的方法较多，仅就其中的几种方法简介于下：

(1) 单纯随机抽样法

这种方法适用于对母体缺乏基本了解的情况下，按随机的原则直接从母体 N 个单位中抽取 n 个单位作为样本。样本的获取方式常用的有两种：一是利用随机数表和一个六面体骰子作为随机抽样的工具，通过掷骰子所得的数字，相应地查对随机数表上的数值，然后确定抽取试样编号。二是利用随机数骰子，一般为正六面体，六个面分别标1～6的数字。在随机抽样时，可将产品分成若干组，每组不超过6个，并按顺序先排列好，标上编号，然后掷骰子，骰子正面表现的数，即为抽取的试样编号。

(2) 系统抽样法

系采用间隔一定时间或空间进行抽取试样的方法。例如要从300个产品中取10个试样,可先将产品标上编号,然后每隔30个取1个,即用骰子先取1个6以内的数,若为5,便可将编号5,35,65,95……取做子样。

系统抽样法很适合流水线上取样。但这种方法当产品特性有周期性变化时,容易产生偏差。

(3) 分层抽样法

它是将批分成若干层次,然后从这些层中随机采集样本的方法。

(4) 二次抽样法

它是从组成母体的若干分批中,抽取一定数量的分批,然后再从每一个分批中随机抽取一定数量的样本。

一般来说,对于钢材、水泥、砖等原材料可以采用二次抽样;对于砂、石等散状材料可采用分层抽样;对于预制构配件,可采用单纯随机抽样。

3. 样本数据的特征

(1) 子样平均值

子样平均值系表示数据集中的位置,也叫子样的算术平均值,即

$$\overline{X}=\frac{1}{n}(X_1+X_2+\cdots+X_{\mathrm{n}})=\frac{1}{n}\sum_{i=1}^{n}X_i \tag{5-2}$$

式中 $\overline{X}$——子样的算术平均值;

n——子样的数量

(2) 中位数

指将收集到的质量数据按大小顺序排列后,处在中间位置的数值,故又叫中值(μ),它也是表示数据的集中位置。当子样数n为奇数时,取中间一个数为中位数;为偶数,则取中间2个数的平均值作为中位数。

(3) 极值

一组数按大小顺序排列后,处于首位和末位的最大和最小两

个数值称极值,常用 L 表示。

(4) 极差

一组数中最大值与最小值之差,常用 R 表示。它表示数据分散的程度。

(5) 子样标准偏差

系反映数据分散的程度,常用 S 表示,即:

$$S=\sqrt{\frac{1}{n-1}\sum_{i=1}^{n}(X_i-\overline{X})^2} \tag{5-3}$$

式中 S——子样标准偏差;

$(X_i-\overline{X})$——第 i 个数据与子样平均值 $\overline{X}$ 之间的离差;

n——子样的数量。

在正常情况下,子样实测数据与子样平均值之间的离差总是有正有负,在 0 的左右摆动, 如果观察次数多了,则离差的代数和将接近于 0,就无法用来分析离散的程度。因此把离差平方以后再求出子样的偏差 (即子样标准差),用以反映数据的偏离程度。

当子样较大 (如 $n\geqslant30$)时,可以采用公式(5-4),即:

$$S=\sqrt{\frac{1}{n}\sum_{i=1}^{n}(X_i-\overline{X})2} \tag{5-4}$$

(6) 变异系数

是用平均数的百分率表示标准偏差的一个系数,用以表示相对波动的大小,即:

$$C_{\mathrm{v}}=\frac{S}{\overline{X}}\times100\%$$

或 $C_{\mathrm{v}}=\frac{\sigma}{\overline{\mu}}\times100\%$ (5-5)

式中 C_{v}——变异系数;

S——子样标准偏差;

σ——母体标准差;

$\overline{X}$——子样的平均值;

$\overline{\mu}$——母体的平均值。

5.1.3　质量变异分析

1. 质量变异的原因

同一批量产品，即使所采用的原材料、生产工艺和操作方法均相同，但其中每个产品的质量也不可能丝毫不差，它们之间或多或少总有些差别。产品质量间的这种差别称为变异。影响质量变异的因素较多，归纳起来可分为两类：

(1) 偶然性因素

如原材料性质的微小差异，机具设备的正常磨损，模具的微小变形，工人操作的微小变化，温度、湿度微小波动等等。偶然性因素的种类繁多，也是对产品质量经常起作用的因素，但它们对产品质量的影响并不大，不会因此而造成废品。偶然性因素所引起的质量差异的特点是数据和符号都不一定，是随机的。所以，偶然性因素引起的差异又称随机误差。这类因素既不易识别，也难以消除，或在经济上不值得消除。我们说产品质量不可能丝毫不差，就是因为有偶然因素的存在。

(2) 系统性因素

又称非偶然性因素。如原材料的规格、品种有误，机具设备发生故障，操作不按规程，仪表失灵或准确性差等。这类因素对质量差异的影响较大，可以造成废品或次品；而这类因素所引起的质量差异其数据和符号均可测出，容易识别，应该加以避免。所以系统性因素引起的差异又称为条件误差，其误差的数据和符号都是一定的，或做周期性变化。

把产品的质量差异分为系统性差异和偶然性差异是相对的，随着科学技术的发展，有可能将某些偶然性差异转化为系统性差异加以消除，但决不能消灭所有的偶然性因素。由于偶然性因素对产品质量变异影响很小，一般视为正常变异；而对于系统性因素造成的质量变异，则应采取相应措施，严加控制。

2. 质量变异的分布规律

对于单个产品，偶然因素引起的质量变异是随机的；但对同一批量的产品来说却有一定的规律性。数理统计证明，在正常的情

况下,产品质量特性的分布,一般符合正态分布规律。正态分布曲线(图 5-2)的数学方程是:

$$f(x)=\frac{1}{\sigma\sqrt{2\pi}}e^{\frac{-(x-\mu)^2}{2\sigma^2}} \tag{5-6}$$

式中 x——特性值(曲线的横坐标值);

π——圆周率($\pi=3.1416$);

e——自然对数的底($e=2.7183$);

μ——母体的平均值;

σ——母体的标准偏差(要求 $\sigma>0$)

正态分布曲线图 5-2 具有以下几个性质:

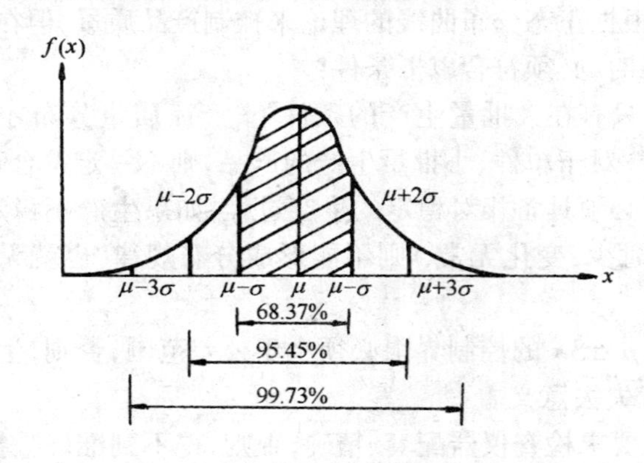

图 5-2 正态分布曲线

(1) 分布曲线对称于 $x=\mu$;

(2) 当 $x=\mu$ 时,曲线处于最高点;当 x 向左右远离时,曲线不断地降低,整个曲线是中间高,两边低的形状;

(3) 若曲线与横坐标轴所组成的面积等于 1,则曲线与 $x=\mu\pm\sigma$。所围成的面积为 0.6827;与 $x=\mu\pm2\sigma$ 所围成的面积为 0.9545;与 $x=\mu\pm3\sigma$ 所围成的面积为 0.9973。

也就是说,在正常生产的情况下,质量特性在区间如($\mu-\sigma$)~($\mu+\sigma$)的产品有 68.27%;在区间($\mu-2\sigma$)~($\mu+2\sigma$)的产品有 95.45%;在区间($\mu-3\sigma$)~($\mu+3\sigma$)的产品有 99.73%。质量

特性在 $\mu+3\sigma$ 范围以外的产品非常少,不到3‰。

根据正态分布曲线的性质,可以认为,凡是在 $\mu\pm3\sigma$ 范围内的质量差异都是正常的,不可避免的,是偶然性因素作用的结果。如果质量差异超过了这个界限,则是系统性因素造成的,说明生产过程中发生了异常现象,需要立即查明原因予以改进。实践证明,以 $\mu\pm3\sigma$ 作为控制界限,既保证产品的质量,又合乎经济原则。在某种条件下亦可采用 $\mu\pm3.5\sigma$,$\mu\pm2.5\sigma$ 或 $\mu\pm2\sigma$ 作为控制界限;主要应根据对产品质量要求的精确度而定。当采用 $\mu\pm2\sigma$ 作为控制界限,在只有偶然因素的情况下,会有4.55%错误警告;采用 $\mu\pm\sigma$ 为控制界限时,将会有31.7%的错误警告。在生产过程中,就是根据正态分布曲线的理论来控制产品质量,但在利用正态分布曲线时,必须符合以下条件:

(1) 只有在大批量生产的条件下,产品质量分布才符合正态分布曲线;对于单件、小批量生产的产品,则不一定符合正态分布。

(2) 必须具备相对稳定的生产过程,如果生产不稳定,产品数量时多、时少,变化无常,则不能形成分布规律,也就无法控制生产过程。

(3) $\mu\pm3\sigma$ 的控制界限必须小于公差范围,否则,生产过程的控制也就失去意义。

(4) 要求检查仪器配套、精确,否则,得不到准确数据,也同样达不到控制与分析产品质量的目的。

5.1.4　排列图法和因果分析图法

1. 排列图法

排列图法又叫巴氏图法或巴雷特图法,也叫主次因素分析图法,是分析影响质量主要问题的方法。

排列图由两个纵坐标、一个横坐标、几个长方形和一条曲线组成。左侧的纵坐标是频数或件数,右侧的纵坐标是累计频率,横轴则是项目(或因素),按项目频数大小顺序在横轴上自左而右画长方形,其高度为频数,并根据右侧纵坐标,画出累计频率曲线,又称巴雷特曲线,常用的排列图作法有以下两种,现以地坪起砂原因排列图(图 5-3)为例说明。

[例] 某建筑工程对房间地坪质量不合格问题进行了调查，发现有 80 间房间起砂，调查结果统计如表 5-1。

地坪起砂原因调查 **表 5-1**

地坪起砂的原因	出现房间数	地坪起砂的原因	出现房间数
砂含量过大	16	水泥强度等级太低	2
砂粒径过细	45	砂浆终凝前压光不足	2
后期养护不良	5	其他	3
砂浆配合比不当	7		

画出地坪起砂原因排列图。

首先做出地坪起砂原因的排列表(表 5-2)。

地坪起砂原因排列表 **表 5-2**

项　目	频　数	累计频数	累计频率
砂粒径过细	45	45	56.2%
砂含量过大	16	61	76.2%
砂浆配合比不当	7	68	85%
后期养护不良	5	73	91.3%
水泥强度等级太低	2	75	93.8%
砂浆终凝前压光不足	2	77	96.2%
其　他	3	80	100%

根据表 5-2 中的频数和累计频率的数据画出“地坪起砂原因排列图”，如图 5-3 所示。

图 5-3(a)的两个纵坐标是独立的，而图 5-3(b) 右侧的纵坐标不是独立的，其左侧的纵坐标高度为累计频数 $N=80$，从 80 处作一条平行线交右侧纵坐标处即为累计频率的 100%，然后再将右侧纵坐标等分为 10 份。

排列图的观察与分析，通常把累计百分数分为三类：

0～80%为 A 类，A 类因素是影响产品质量的主要因素；

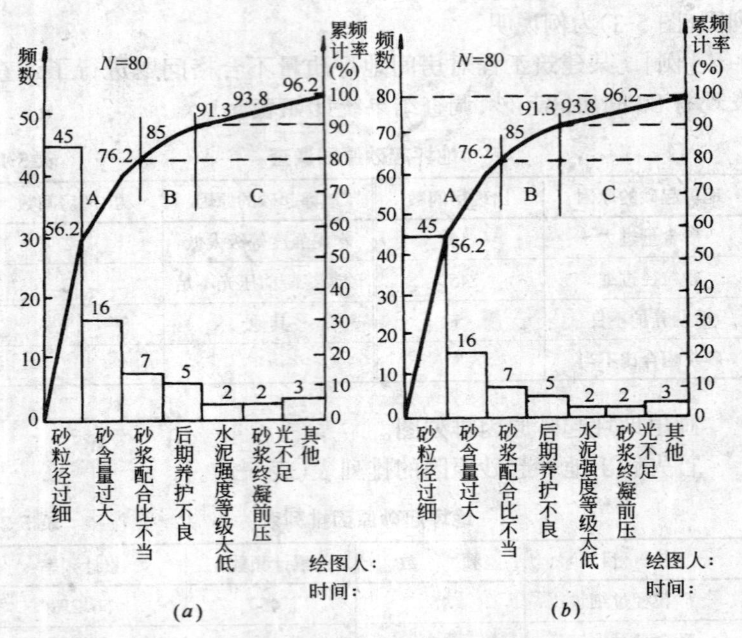

图 5-3　地坪起砂原因排列图

80%～90%为B类,B类因素为次要因素;

90%～100%为C类,C类因素为一般因素。

画排列图时应注意的几个问题:

(1) 左侧的纵坐标可以是件数、频数,也可以是金额,也就是说,可以从不同的角度去分析问题;

(2) 要注意分层,主要因素不应超过3个,否则没有抓住主要矛盾;

(3) 频数很少的项目归入“其他项”,以免横轴过长,“其他项”一定放在最后;

(4) 效果检验,重画排列图。针对A类因素采取措施后,为检查其效果,经过一段时间,需收集数据重画排列图,若新画的排列图与原排列图主次换位,总的废品率（或损失)下降,说明措施得当,否则,说明措施不力,未取得预期的效果。

排列图广泛应用于生产的第一线,如车间、班组或工地,项目的内容、数据、绘图时间和绘图人等资料都应在图上写清楚、使人一目了然。

2. 因果分析图法

因果分析图又叫特性要因图、鱼刺图、树枝图。这是一种逐步深入研究和讨论质量问题的图示方法。在工程实践中,任何一种质量问题的产生,往往是多种原因造成的。这些原因有大有小,把这些原因依照大小顺序分别用主干、大枝、中枝和小枝图形表示出来,便可一目了然地系统观察出产生质量问题的原因。运用因果分析图可以帮助我们制定对策,解决工程质量上存在的问题,从而达到控制质量的目的。

现以混凝土强度不足的质量问题为例来阐明因果分析图的画法(图 5-4)。

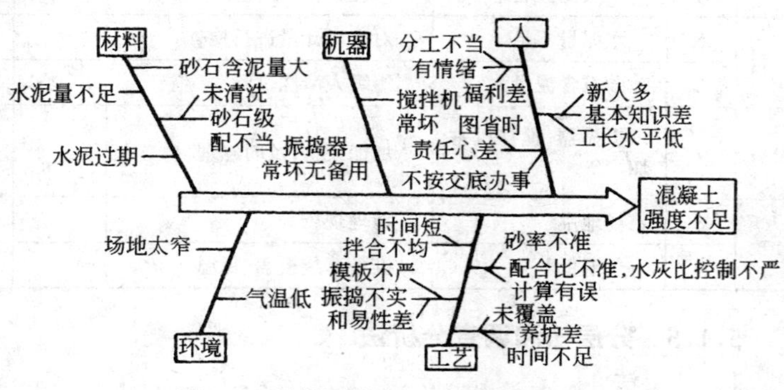

图 5-4 混凝土强度不足因果分析图

(1) 决定特性。特性就是需要解决的质量问题,放在主干箭头的前面。

(2) 确定影响质量特性的大枝。影响工程质量的因素主要是人、材料、工艺、设备和环境等五方面。

(3) 进一步画出中、小细枝,即找出中、小原因。

(4) 发扬技术民主,反复讨论,补充遗漏的因素。

(5) 针对影响质量的因素,有的放矢地制定对策,并落实到解决问题的人和时间,通过对策计划表的形式列出(表5-3),限期改正。

对策计划表　　表5-3

项目	序号	问题存在原因	采取对策	负责人	期限
人	1	基本知识差	1. 对新工人进行教育; 2. 做好技术交底工作; 3. 学习操作规程及质量标准		
	2	责任心不强,工人干活有情绪	1. 加强组织工作,明确分工; 2. 建立工作岗位责任制,采用挂牌制; 3. 关心职工生活		
工艺	3	配合比不准	实验室重新试配		
	4	水灰比控制不严	修理水箱、计量器		
材料	5	水泥量不足	对水泥计量进行检查		
	6	砂石含泥量大	组织人清洗过筛		
设备	7	振捣器、搅拌机常坏	增加设备,及时修理		
环境	8	场地乱	清理现场		
	9	气温低	准备草袋覆盖、保温		

5.1.5　分层法和调查分析法

1. 分层法

分层法又称分类法或分组法,就是将收集到的质量数据,按统计分析的需要,进行分类整理,使之系统化,以便于找到产生质量问题的原因,及时采取措施加以预防。

分层的方法很多,可按班次、日期分类;按操作者、操作方法、检测方法分类;可按设备型号、施工方法分类;也可按使用的材料规格、型号、供料单位分类等。

多种分层方法应根据需要灵活运用,有时用几种方法组合进行分层,以便找出问题的症结。如钢筋焊接质量的调查分析,调查了钢筋焊接点50个，其中不合格的19个，不合格率为38%，为了查清不合格原因，将收集的数据分层分析。现已查明，这批钢筋是由一个师傅操作的，而焊条是两个厂家提供的产品，因此，分别按操作者分层和按供应焊条的工厂分层，进行分析，表5-4是按操作者分层，分析结果可看出，焊接质量最好的B师傅，不合格率达25%；表5-5是按供应焊条的厂家分层，发现不论是采用甲厂还是乙厂的焊条，不合格率都很高而且相差不多。为了找出问题之所在，又进行了更细的分层，表5-6是将操作者与供应焊条的厂家结合起来分层，根据综合分层数据的分析，问题即可清楚，解决焊接质量问题，可采取如下措施：

（1）在使用甲厂焊条时，应采用B师傅的操作方法；

（2）在使用乙厂焊条时，应采用A师傅的操作方法。

按操作者分层 **表5-4**

操作者	不合格	合格	不合格率(%)
A	6	13	32
B	3	9	25
C	10	9	53
合计	19	31	38

按供应焊条工厂分层 **表5-5**

工厂	不合格	合格	不合格率(%)
甲	9	14	39
乙	10	17	37
合计	19	31	38

综合分层分析焊接质量 **表5-6**

<table>
<tr><th colspan="2">操作者</th><th>甲厂</th><th>乙厂</th><th>合计</th></tr>
<tr><td rowspan="2">A</td><td>不合格</td><td>6</td><td>0</td><td>6</td></tr>
<tr><td>合格</td><td>2</td><td>11</td><td>13</td></tr>
<tr><td rowspan="2">B</td><td>不合格</td><td>0</td><td>3</td><td>3</td></tr>
<tr><td>合格</td><td>5</td><td>4</td><td>9</td></tr>
</table>

续表

操作者		甲厂	乙厂	合计
C	不合格	3	7	10
	合　格	7	2	9
合　计	不合格	9	10	19
	合　格	14	17	31

2. 调查分析法

调查分析法又称调查表法，是利用表格进行数据收集和统计的一种方法。表格形式根据需要自行设计，应便于统计、分析。

图 5-5 为工序质量特性分布统计分析图。该图是为掌握某工序产品质量分布情况而使用的，可以直接把测出的每个质量特性值填在预先制好的频数分布空白格上，每测出一个数据就在相应值栏内划一记号组成“正”字，记测完毕，频率分布也就统计出来了。此法较简单，但填写统计分析表时若出现差错，事后无法发现，为此，一般都先记录数据，然后再用直方图法进行统计分析。

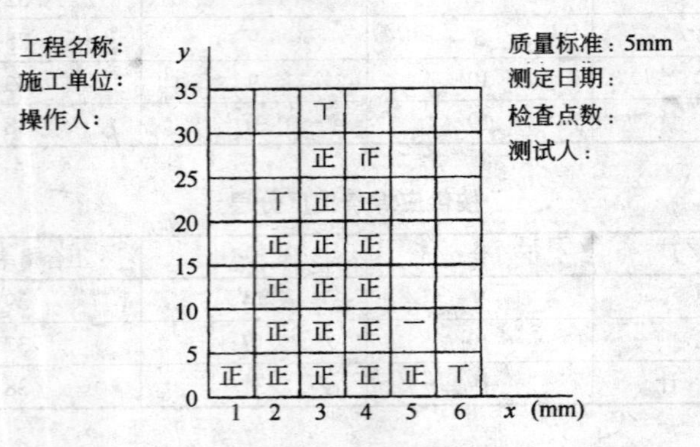

图 5-5　某墙体工程平整度统计

5.1.6　直方图法

直方图又称质量分布图、矩形图、频数分布直方图。它是将产品质量频数的分布状态用直方形来表示，根据直方的分布形状和与公差界限的距离来观察、探索质量分布规律，分析、判断整个生产过程是否正常。

利用直方图,可以制定质量标准,确定公差范围,可以判明质量分布情况,是否符合标准的要求。但其缺点是不能反映动态变化,而且要求收集的数据较多(50～100 个以上),否则难以体现其规律。

1. 直方图的作法

直方图由一个纵坐标、一个横坐标和若干个长方形组成。横坐标为质量特性,纵坐标是频数时,直方图为频数直方图;纵坐标是频率时,直方图为频率直方图。

现以大模板边长尺寸误差的测量为例,说明直方图的作法。表 5-7 为模板边长尺寸误差数据表。

(1) 确定组数、组距和组界

一批数据究竟分多少组,通常根据数据的多少而定,可参考表 5-8。

模板边长尺寸误差表(单位:mm) **表 5-7**

−2	−3	−3	−4	−3	0	−1	−2
−2	−2	−3	−1	+1	−2	−2	−1
−2	−1	0	−1	−2	−3	−1	+2
0	−5	−1	−3	0	+2	0	−2
−1	+3	0	0	−3	−2	−5	+1
0	−2	−4	−3	−4	−1	+1	+1
−2	−4	−6	−1	−2	+1	−1	−2
−3	−1	−4	−1	−3	−1	+2	0
−5	−3	0	−2	−4	0	−3	−1
−2	0	−3	−4	−2	+1	−1	+1

表 5-8

数据数目 n	组　数 K	数据数目 n	组　数 K
＜50	5～7	100～250	7～12
50～100	6～10	＞250	10～20

若组数取得太多,每组内的数据较少,作出的直方图过于分散;若组数取得太少,则数据集中于少数组内,容易掩盖了数据间的差异,所以,分组数目太多或太少都不好。

本例:收集了80个数据,取 $K=10$ 组。

为了将数据的最大值和最小值都包含在直方图内,并防止数据落在组界上,测量单位(即测量精确度)为 δ 时,将最小值减去半个测量单位(计算最小值 $x'_{min}=x_{min}-\delta/2$),最大值加上半个测量单位(计算最大值 $x'_{max}=x_{max}+\delta/2$)

本例测量单位 $\delta=1$(mm)

$$x'_{min}=x_{min}-\delta/2=-6-1/2=-6.5(\text{mm})$$

$$x'_{max}=x_{max}+\delta/2=3+1/2=3.5(\text{mm})$$

计算极差为:

$$R'=x'_{max}-x'_{min}=3.5-(-6.5)=10(\text{mm})$$

分组的范围 R' 确定后,就可确定其组距 h。

$$h=R'/K$$

所求得的h值应为测量单位的整倍数,若不是测量单位的整倍数时可调整其分组数。其目的是为了使组界值的尾数为测量单位的一半,避免数据落在组界上。

$$h=R'/K=10/10=1(\text{mm})$$

组界的确定应由第一组起。

第一组下界限值　$A_{1下}=x'_{min}=-6.5$(mm)

第一组上界限值　$A_1^{上}=A_{1下}+h=-6.5+1=-5.5$(mm)

第二组下界限值　$A_{2下}=A_1^{上}=-5.5$(mm)

第二组上界限值　$A_2^{上}=A_{2下}+h=-5.5+1=-4.5$(mm)

其余各组上、下界限值依此类推,本例各组界限值计算结果见表5-10。

(2)编制频数分布表

按上述分组范围,统计数据落入各组的频数,填入表内,计算各组的频率并填入表内,如表5-9所示。

表 5-9

组　号	分组区间	频　数	频　率
1	−6.5～−5.5	1	0.0125
2	−5.5～−4.5	3	0.0375
3	−4.5～−3.5	7	0.0875
4	−3.5～−2.5	13	0.1625
5	−2.5～−1.5	17	0.2125
6	−1.5～−0.5	17	0.2125
7	−0.5～0.5	12	0.15
8	0.5～1.5	6	0.075
9	1.5～2.5	3	0.0375
10	2.5～3.5	1	0.0125

据频数分布表中的统计数据可做出直方图，图 5-6 是本例的频数直方图。

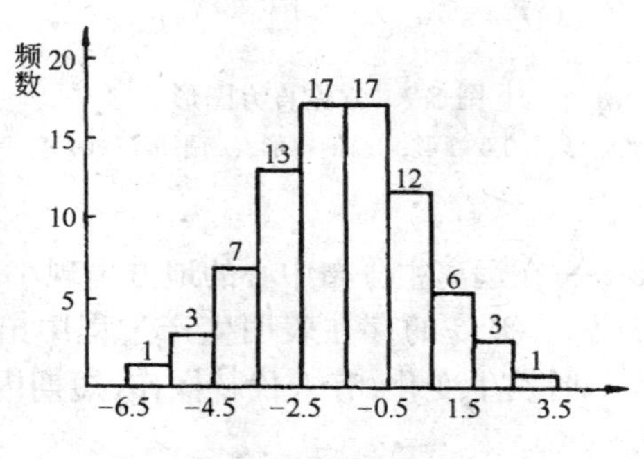

图 5-6　频数直方图

2. 直方图的观察分析

(1) 直方图图形分析

直方图形象直观地反映了数据分布情况，通过对直方图的观察和分析可以看出生产是否稳定，及其质量的情况：常见的直方图典型形状有以下几种（图 5-7）：

① 正常形——又称为“对称形”。它的特点是中间高、两边低，并呈左右基本对称，说明相应工序处于稳定状态，如图

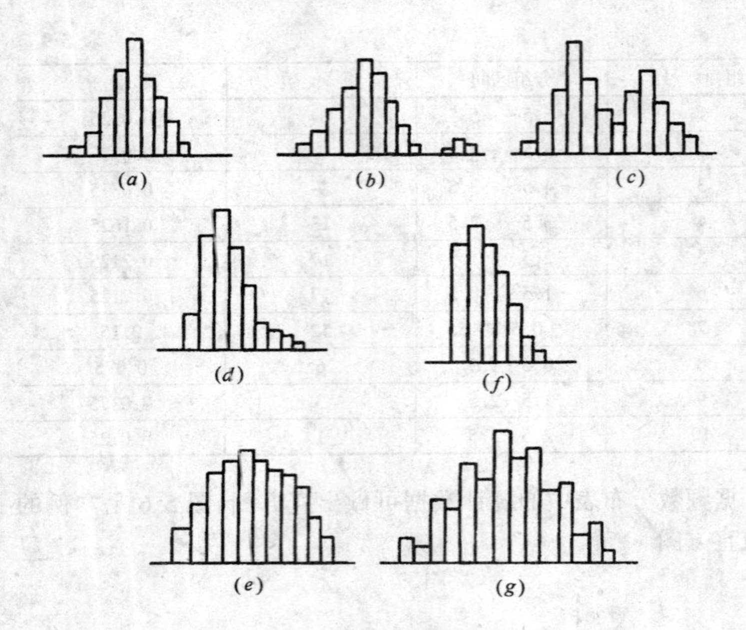

图 5-7　常见直方图形

(a)正常形；(b)孤岛形；(c)双峰形；(d)偏向形；(e)平顶形；(f)陡壁形；(g)锯齿形

5-7(a)。

② 孤岛形——在远离主分布中心的地方出现小的直方，形如孤岛，如图 5-7(b)。孤岛的存在表明生产过程中出现了异常因素，例如原材料一时发生变化；有人代替操作；短期内工作操作不当。

③ 双峰形——直方图出现两个中心，形成双峰状。这往往是由于把来自两个总体的数据混在一起作图所造成的。如把两个班组的数据混为一批，如图 5-7(c)。

④ 偏向形——直方图的顶峰偏向一侧，故又称偏坡型，它往往是因计数值或计量值只控制一侧界限或剔除了不合格数据造成，如图 5-7(d)。

⑤ 平顶形——在直方图顶部呈平顶状态。一般是由多个母体数据混在一起造成的，或者在生产过程中有缓慢变化的因素在

起作用所造成。如操作者疲劳而造成直方图的平顶状，如图5-7(e)。

⑥ 陡壁形——直方图的一侧出现陡峭绝壁状态。这是由于人为地剔除一些数据，进行不真实的统计造成的，如图5-7(f)。

⑦ 锯齿形——直方图出现参差不齐的形状，即频数不是在相邻区间减少，而是隔区间减少，形成了锯齿状。造成这种现象的原因不是生产上的问题，而主要是绘制直方图时分组过多或测量仪器精度不够而造成的，如图5-7(g)。

(2) 对照标准分析比较（图5-8）

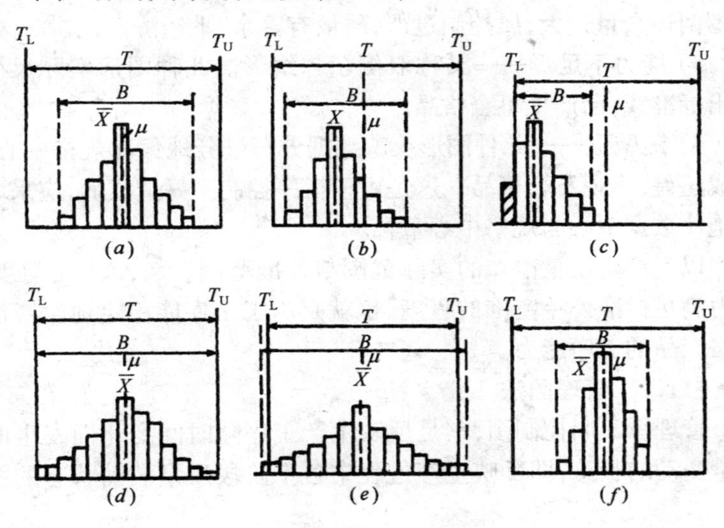

图5-8 与标准对照的直方图

(a)理想形；(b)偏向形；(c)陡壁形；(d)无富余形；(e)能力不足形；(f)能力富余形

当工序处于稳定状态时（直方图为正常形），还需进一步将直方图与规格标准进行比较，以判定工序满足标准要求的程度。其主要是分析直方图的平均值 $\overline{X}$ 与质量标准中心重合程度，比较分析直方图的分布范围 B 同公差范围 T 的关系。图5-8在直方图中标出了标准范围 T，标准的上偏差 T_u 和下偏差 T_L，实际尺

寸范围 B。对照直方图图形可以看出实际产品分布与实际要求标准的差异。

1）理想形——实际平均值 $\overline{X}$ 与规格标准中心 μ 重合，实际尺寸分布与标准范围两边有一定余量，约为 $T/8$。

2）偏向形——虽在标准范围之内，但分布中心偏向一边，说明存在系统偏差，必须采取措施。

3）双侧压线形——又称无富余形。分布虽然落在规格范围之内，但两侧均无余地，稍有波动就会出现超差、出现废品。

4）能力富余形——又称过于集中形。实际尺寸分布与标准范围两边余量过大，属控制过严，质量有富余，不经济。

5）能力不足形——又称双侧超越线形。此种图形实际尺寸超出标准线，已产生不合格品。

6）陡壁形——此种图形反映数据分布过分地偏离规格中心，造成超差，出现不合格品。这是由于工序控制不好造成的，应采取措施使数据中心与规格中心重合。

以上产生质量散布的实际范围与标准范围比较，表明了工序能力满足标准公差范围的程度，也就是施工工序能稳定地生产出合格产品的工序能力。

5.1.7　管理图法

管理图又叫控制图，它是反映生产工序随时间变化而发生的质量变动的状态，即反映生产过程中各个阶段质量波动状态的图形。

质量波动一般有两种情况：一种是偶然性因素引起的波动称为正常波动；一种是系统性因素引起的波动则属异常波动。质量控制的目标就是要查找异常波动的因素，并加以排除，使质量只受正常波动因素的影响，符合正态分布的规律。

质量管理图（图 5-9）就是利用上下控制界限，将产品质量特性控制在正常质量波动范围之内。一旦有异常原因引起质量波动，通过管理图就可看出，能及时采取措施预防不合格品的产生。

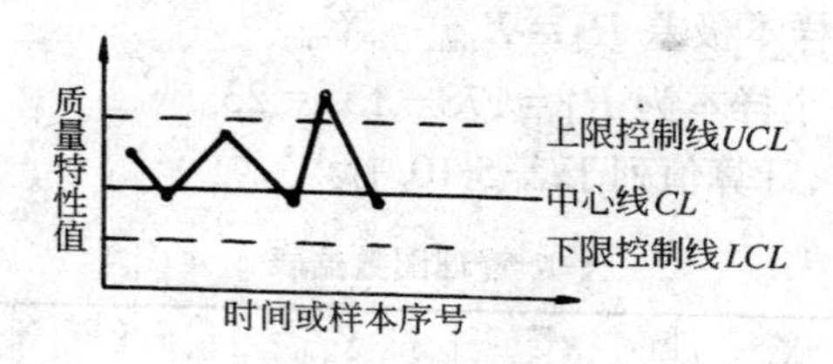

图 5-9　质量管理图

1. 管理图的分类

管理图分计量值管理图和计数值管理图两大类（图 5-10）。计量值管理图适用于质量管理中的计量数据，如长度、强度、质量、温度等；计数值管理图则适用于计数值数据，如不合格的点数、件数等。

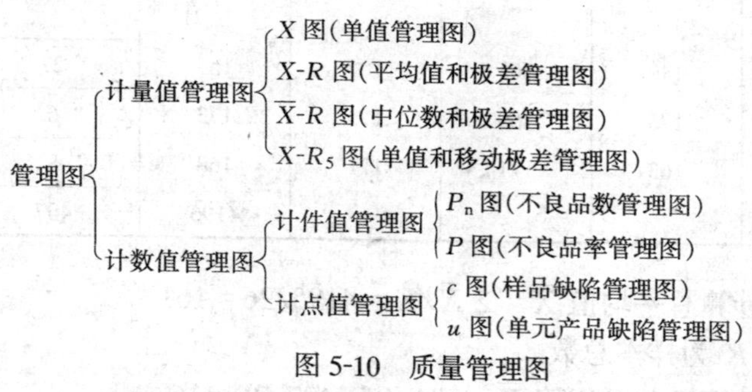

图 5-10　质量管理图

2. 管理图的绘制

管理图的种类虽多，但其基本原理是相同的，现仅以常用的 $\overline{X}$-R 管理图为例，阐明作图的步骤。

$\overline{X}$-R 管理图的作图步骤如下：

(1) 收集数据(表 5-10)

(2) 计算样本的平均值 $\overline{X}_1 = \dfrac{\sum_{i=1}^{n} X_i}{n}$

本例第一个样本为 $X_1 = (155 + 166 + 178)/3 = 166$

其余类推，计算值列于表 5-10 中。

(3) 计算样本极差 $R_1 = X_{max} - X_{min}$

本例第一个样本为 $R_1 = 178 - 155 = 23$

其余类推，计算值列于表 5-10 中。

$\overline{X}$-R 管理图数据表　　表 5-10

样本号	X_1	X_2	X_3	X	R
1	155	166	178	166	23
2	169	161	164	165	8
3	147	152	135	145	17
4	168	155	151	155	17
:					
:					
:					
24	140	165	167	157	27
25	175	169	175	173	6
26	163	171	171	168	8
合计				4195	407

(4) 计算总平均值 $\overline{X} = \Sigma \overline{X} / K = 4195/26 = 161$

式中 K 为样本总数。

(5) 计算极差平均值 $\overline{R} = \Sigma R / K = 407/26 = 16$

(6) 计算控制界限

$\overline{X}$ 管理图控制界限

中心线 $CL = \overline{\overline{X}} = 161$

上控制界限 $UCL = \overline{X} + A_2 R = 161 + 1.023 \times 16 = 177$

下控制界限 $LCL = \overline{X} - A_2 R = 161 - 1.023 \times 16 = 145$

上式中 A_2 为 $\overline{X}$ 管理图系数(表 5-11)。

R 管理图的控制界限：

中心线 $CL = \overline{R} = 16$

上控制界限 $UCL = D_4 R = 2.575 \times 16 = 41$

下控制界限 $LCL = D_3R = 0$（∵ $n = 3$，系数表中为一，故下限不考虑）

式中 D_3，D_4 均为 R 管理图控制界限系数（表 5-11）

管理图系数表　　**表 5-11**

n	A_2	m_3A_3	D_3	D_4	E_2	d_3
2	1.880	1.880	—	3.267	2.660	0.853
3	1.023	1.187	—	2.575	1.772	0.888
4	0.729	0.796	—	2.282	1.457	0.880
5	0.577	0.691	—	2.115	1.290	0.864
6	0.483	0.549	—	2.004	1.184	0.848
7	0.419	0.509	0.076	1.924	1.109	0.833
8	0.373	0.432	0.136	1.864	1.054	0.820
9	0.337	0.412	0.184	1.816	1.010	0.808
10	0.308	0.363	0.223	1.727	0.975	0.797

（7）绘 $\overline{X}$-R 管理图（图 5-11）

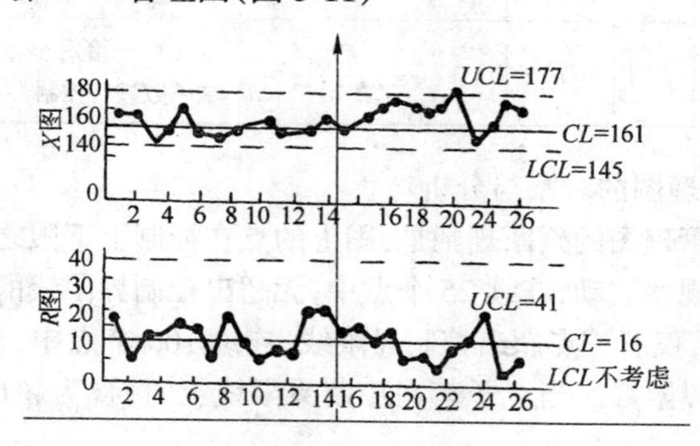

图 5-11　$\overline{X}$-R 管理图

以横坐标为样本序号或取样时间，纵坐标为所要控制的质量特性值，按计算结果绘出中心线和上下控制界限。

其他各种管理图的作图步骤与 $\overline{X}$-R 管理图相同，控制界限的计算公式可参见表 5-12。

管理图控制界限计算公式　　表 5-12

分类		图名	中心线	上下控制界限	管理特征
计量值管理图		$\overline{X}$ 图	$\overline{\overline{X}}$	$\overline{\overline{X}} \pm A_2\overline{R}$	用于观察分析平均值的变化
		R 图	$\overline{R}$	$D_4\overline{R}$ $D_2\overline{R}$	用于观察分析分布的宽度和分散变化的情况
		$\tilde{x}$ 图	$\overline{\tilde{x}}$图	$\overline{\tilde{X}} \pm m_3A_2\overline{R}$	$\overline{\tilde{x}}$代 $\overline{X}$ 图,可以不计算平均值
		X 图	$\overline{X}$	$\overline{X} \pm E_2\overline{R}$ $\overline{X} \pm E_2\overline{R}_2$	观察分析单个产品质量特征的变化
		R_5 图	$\overline{R}_5$	$D_4\overline{R}_5$	同 R 图,适用于不能同时取得若干数据的工序
记数值管理图	计件值管理图	P 图	$\overline{P}$	$\overline{P} \pm 3\sqrt{\frac{\overline{P}(1-\overline{P})}{n}}$	用不良品率来管理工序
		P_n 图	P_n	$\overline{P}_n \pm \sqrt{P_n(1-P)}$	用不良品数来管理工序
	记点值管理图	C 图	$\overline{C}$	$\overline{C} \pm 3\sqrt{\overline{C}}$	对一个样本的缺陷进行管理
		u 图	$\overline{u}$	$\overline{u} \pm \sqrt{\frac{\overline{u}}{n}}$	对每一给定单位产品中的缺陷数进行控制

3. 管理图的观察与分析

正常管理图的判断规则是:图上的点在控制上下限之间,围绕中心作无规律波动,连续 25 个点中,无超出控制界限线的点;连续 35 个点中,仅有一点超出控制界限线;连续 100 个点中,仅有两点超出控制界限线。当点子落在控制界限线上时,视为超出界限计算。

异常管理图的判断规则如图 5-12 所示。

(1) 连续 7 个点在中心线的同侧。

(2) 有连续 7 个点上升或下降

(3) 连续 11 个点中,有 10 个点在中心线的同一侧;连续 14 个点中,有 12 个点在中心线的同一侧;连续 17 个点中,有 14 个点

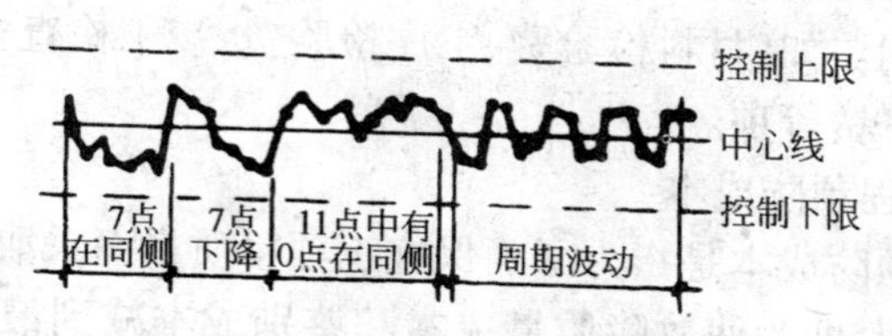

图 5-12 异常管理图的判断规则

在中心线的同一侧；连续 20 个点中，有 16 点在中心线的同一侧。

(4) 点子围绕某一中心线作周期波动。

在观察管理图发生异常后，要分析原因，找出原因，找出问题，然后采取措施，使管理图所控制的工序恢复正常。

5.2 工程质量成本

5.2.1 项目施工质量成本概念

在项目施工质量控制中，为了保证和提高项目质量所支付的一切费用，以及未达到项目质量标准而产生的一切损失费用之和，就构成了项目施工质量成本。

5.2.2 项目施工质量成本构成

项目施工质量成本包括：内部故障质量成本、外部故障质量成本、工程鉴别成本和工程预防成本四项。

1. 内部故障质量成本

内部故障质量成本是指在施工项目竣工前，由于项目自身缺陷而造成的损失，以及为处理缺陷所发生的费用之和。如：废品损失费、返工损失费、停工损失费和事故分析处理费等项。

2. 外部故障质量成本

外部故障质量成本是指工程交工后，因项目质量缺陷而发生的一切费用。如：申诉受理费、回访保修费和施工索赔费等项。

3. 工程鉴别成本

工程鉴别成本是指为了确保施工项目质量达到项目质量标准要求，对工程项目本身以及材料、构件和设备进行质量鉴定所需要的一切费用。如:材料检验费、工序检验费、竣工检查费、机械设备试验和维修费等项。

4. 工程预防成本

工程预防成本是指为了确保施工项目质量而采取预防措施所耗用的费用,即为使故障质量成本和鉴别成本减到最低限度所需要的一切费用。如:项目质量规划费、新材料或新工艺评审费和工序能力控制费,以及研究费用、质量情报费用和质量教育培训费等项。

5.2.3　项目施工质量成本分析

1. 施工质量成本构成项目之间关系

各个施工质量成本项目之间存在着相互联系、相互制约关系。在施工质量成本中,如果某一组成本项目发生变化,都将引起其他组成本项目的变化,甚至引起项目质量总成本的变化。通常预防成本和鉴别成本都有利于提高项目质量和经济效益;它们是能够获得直接补偿和间接补偿的成本。内部故障质量成本和外部故障质查成本对提高项目质量并不起作用,并对降低项目质量成本起负作用;它们是得不到任何补偿的纯损失费用。

2. 施工质量成本分析

在一般情况下,如果增加预防成本,就可以提高项目质量和降低不合格品率,并减小内部故障损失和外部故障损失;反之,若减小预防成本,将使项目质量下降和不合格品率上升;这样势必增加鉴别成本、内部故障质量成本和外部故障质量成本,并使项目质量总成本急剧增加。但是,预防成本并不是越高越好,当项目质量已达到一定标准量,若再进一步提高其质量,承建单位将会付出高昂代价。也就是项目质量提高引起内部和外部故障质量成本的减小弥补不了所增加的预防成本,项目质量总成本反而增加;这时增加的预防成本已属得不偿失。

由此可知,项目施工质量成本分析,就是对其组成项目在质量成本中应占比例进行分析,并寻求一个最佳比例构成;也就是当内部故障质量成本、外部故障质量成本、工程鉴别成本和预防成本之和最低时所构成的施工质量成本。通过施工质量成本分析，也可以找出影响项目成本的关键因素，从而提出改进项目质量和降低项目成本的途径。施工质量成本与质量关系曲线，如图 5-13 所示。各项质量成本项目在其总成本中应占比例范围，如表 5-13 所示。

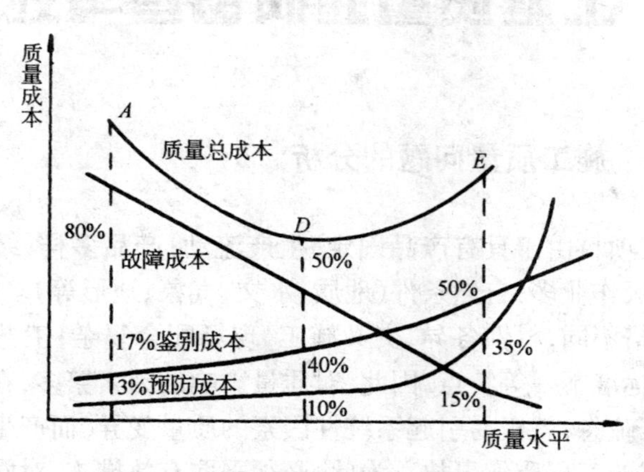

图 5-13 施工质量成本与质量关系图

质量成本比例表 **表 5-13**

质量成本项目	占质量总成本(%)	质量成本项目	占质量总成本(%)
工程预防成本	0.5～10	内部故障质量成本	25～40
工程鉴别成本	10～50	外部故障质量成本	25～40

6 工程质量通病调查与处理

6.1 施工质量问题的分析

施工项目由于具有产品固定,生产流动;产品多样,结构类型不一;露天作业多,自然条件(地质、水文、气象、地形等)多变;材料品种、规格不同,材性各异,交叉施工,现场配合复杂;工艺要求不同,技术标准不一等特点,因此,对质量影响的因素繁多,在施工过程中稍有疏忽,就极易引起系统性因素的质量变异,而产生质量问题或严重的工程质量事故。为此,必须采取有效措施,对常见的质量问题事先加以预防;对出现的质量事故应及时进行分析和处理。

6.1.1 施工项目质量问题的特点

施工项目质量问题具有复杂性、严重性、可变性和多发性的特点。

1. 复杂性

施工项目质量问题的复杂性,主要表现在引发质量问题的因素复杂,从而增加了对质量问题的性质、危害的分析、判断和处理的复杂性。例如建筑物的倒塌,可能是未认真进行地质勘察,地基的容许承载力与持力层不符;也可能是未处理好不均匀地基,产生过大的不均匀沉降;或是盲目套用图纸,结构方案不正确,计算简图与实际受力不符;或是荷载取值过小,内力分析有误,结构的刚度、强度、稳定性差;或是施工偷工减料、不按图施工、施工质量低劣;或是建筑材料及制品不合格,擅自代用材料等原因所造成。由此可见,即使同一性质的质量问题。原因有时截然不同。所以,在处理质量问题时,必须深入地进行调查研究,针对其质量问题的特征作具体分析。

2. 严重性

施工项目质量问题,轻者,影响施工顺利进行,拖延工期,增加工程费用;重者,给工程留下隐患,成为危房,影响安全使用或不能使用;更严重的是引起建筑物倒塌,造成人民生命财产的巨大损失。据统计,我国1983~1984年平均每四天半就发生一次房屋倒塌事故。某地有一栋六层的住宅楼,在主体施工过程中,现浇圈梁,轴线偏移了9.5cm,圈梁上面的楼板搭接长度不足3cm,造成6层楼板一直砸到底,当场砸死了11人。

3. 可变性

许多工程质量问题,还将随着时间不断发展变化。例如,钢筋混凝土结构出现的裂缝将随着环境湿度、温度的变化而变化,或随着荷载的大小和持荷时间而变化;建筑物的倾斜,将随着附加弯矩的增加和地基的沉降而变化;混合结构墙体的裂缝也会随着温度应力,和地基的沉降量而变化;甚至有的细微裂缝,也可以发展成构件断裂或结构物倒塌等重大事故。所以,在分析、处理工程质量问题时,一定要特别重视质量事故的可变性,应及时采取可靠的措施,以免事故进一步恶化。

4. 多发性

施工项目中有些质量问题,就像"常见病"、"多发病"一样经常发生,而成为质量通病,如屋面、卫生间漏水;抹灰层开裂、脱落;地面起砂、空鼓;排水管道堵塞;预制构件裂缝等。另有一些同类型的质量问题,往往一再重复发生,如雨篷的倾覆,悬挑梁、板的断裂,混凝土强度不足等。因此,吸取多发性事故的教训,认真总结经验,是避免事故重演的有效措施。

6.1.2 施工项目质量问题产生原因

施工项目质量问题表现的形式多种多样,诸如建筑结构的错位、变形、倾斜、倒塌、破坏、开裂、渗水、漏水、刚度差、强度不足、断面尺寸不准等等,但究其原因,可归纳如下:

1. 违背建设程序

不经可行性论证，不做调查分析就拍板定案；没有搞清工程地质、水文地质就仓促开工；无证设计，无图施工，任意修改设计，不按图纸施工；工程竣工不进行试车运转、不经验收就交付使用等蛮干现象，致使不少工程项目留有严重隐患，房屋倒塌事故也常有发生。

2. 工程地质勘察原因

未认真进行地质勘察，提供地质资料、数据有误；地质勘察时，钻孔间距太大，不能全面反映地基的实际情况；地质勘察钻孔深度不够，没有查清地下软土层、滑坡、墓穴、孔洞等地层构造；地质勘察报告不详细、不准确等，均会导致采用错误的基础方案，造成地基不均匀沉降、失稳，使上部结构及墙体开裂、破坏、倒塌。

3. 未加固处理好地基

对软弱土、冲填土、杂填土、湿陷性黄土、膨胀土、岩层出露、熔岩、土洞等不均匀地基未进行加固处理或处理不当，均是导致重大质量问题的原因。必须根据不同地基的工程特性，按照地基处理应与上部结构相结合，使其共同工作的原则，从地基处理、设计措施、结构措施、防水措施、施工措施等方面综合考虑治理。

4. 设计计算问题

设计考虑不周，结构构造不合理，计算简图不正确，计算荷载取值过小，内力分析有误，沉降缝及伸缩缝设置不当，悬挑结构未进行抗倾覆验算等，都是诱发质量问题的隐患。

5. 建筑材料及制品不合格

诸如：钢筋物理力学性能不符合标准，水泥受潮、过期、结块、安定性不良，砂石级配不合理、有害物含量过多，混凝土配合比不准，外加剂性能、掺量不符合要求时，均会影响混凝土强度、和易性、密实性、抗渗性，导致混凝土结构强度不足、裂缝、渗漏、蜂窝、露筋等质量问题；预制构件断面尺寸不准，支承锚固长度不足，未可靠建立预应力值，钢筋漏放、错位，板面开裂等，必然会出现断裂、垮塌。

6. 施工和管理问题

许多工程质量问题,往往是由施工和管理所造成。例如:

(1) 不熟悉图纸,盲目施工;图纸未经会审,仓促施工;未经监理、设计部门同意,擅自修改设计。

(2) 不按图施工。把铰接做成刚接,把简支梁做成连续梁,抗裂结构用光圆钢筋代替变形钢筋等,致使结构裂缝破坏;挡土墙不按图设滤水层,留排水孔,致使土压力增大,造成挡土墙倾覆。

(3) 不按有关施工验收规范施工。如现浇混凝土结构不按规定的位置和方法任意留设施工缝;不按规定的强度拆除模板;砌体不按组砌形式砌筑,留直槎不加拉结条,在小于 1m 宽的窗间墙上留设脚手眼等。

(4) 不按有关操作规程施工。如用插入式振捣器捣实混凝土时,不按插点均布、快插慢拔、上下抽动、层层扣搭的操作方法,致使混凝土振捣不实,整体性差;又如,砖砌体包心砌筑,上下通缝,灰浆不均匀饱满,游丁走缝,不横平竖直等都是导致砖墙、砖柱破坏、倒塌的主要原因。

(5) 缺乏基本结构知识,施工蛮干。如将钢筋混凝土预制梁倒放安装;将悬臂梁的受拉钢筋放在受压区;结构构件吊点选择不合理,不了解结构使用受力和吊装受力的状态;施工中在楼面超载堆放构件和材料等,均将给质量和安全造成严重的后果。

(6) 施工管理紊乱,施工方案考虑不周,施工顺序错误。技术组织措施不当,技术交底不清,违章作业。不重视质量检查和验收工作等等,都是导致质量问题的祸根。

7. 自然条件影响

施工项目周期长、露天作业多,受自然条件影响大,温度、湿度、日照、雷电、洪水、大风、暴雨等都能造成重大的质量事故,施工中应特别重视,采取有效措施予以预防。

8. 建筑结构使用问题

建筑物使用不当,亦易造成质量问题。如不经校核、验算,就在原有建筑物上任意加层;使用荷载超过原设计的容许荷载;任意开槽、打洞、削弱承重结构的截面等。

6.2　施工项目质量通病的防治

6.2.1　常见施工质量通病的概述

主要是根据国家现行的建筑安装工程质量检验评定标准，结合建筑安装工程质量现状及常见多发质量问题进行编写的。由于目前国家一些建筑类技术标准正在修编，使用时，如与新版标准不一致，应按新标准执行。

本章节虽然涉及建筑安装工程九大分部工程的常见多发质量问题，但由于地区、工程及施工人员水平的差异，具体工程中质量通病的发生会有所不同。为了增强质量过程控制的针对性，应根据每个工程的特点，找出可能发生的质量通病，确定质量控制点；并积极推广建设部十项技术，开展群众性的QC小组活动，克服质量通病，提高建筑安装工程质量水平。

施工质量通病防治关键在于提高施工技术水平，同时还应加强施工现场的管理工作。

6.2.2　常见施工质量通病产生原因及其防治

6.2.2.1　地基与基础工程

1. 打入预制桩

(1) 桩身质量差

【现象】

桩几何尺寸偏差大，外观粗糙，施打中桩身破坏。

【治理】

1) 预制桩混凝土强度等级不宜低于C30。

2) 原材料质量必须符合施工规范要求，严格按照混凝土配合比配制。

3) 钢筋骨架尺寸、形状、位置应正确。

4) 混凝土浇筑顺序必须从桩顶向桩尖方向连续浇筑，并用插入式振捣器捣实。

5）桩在制作时，必须保证桩顶平整度和桩间隔离层有效。

6）按规范要求养护，打桩时混凝土龄期不少于28d。

（2）桩身偏移过大

【现象】

成桩后，经开挖检查验收，桩位偏移超过规范要求。

【治理】

1）施工前需平整场地，其不平整度控制在1%以内。

2）插桩和开始沉桩时，控制桩身的垂直度在1/200（即0.5%）桩长内，若发现不符合要求，要及时纠正。

3）桩基轴线的控制点和水准点应设在不受施工影响的地方，开工前，经复核后应妥善保护，施工中应经常复测。

4）在饱和软土中施工，要严格控制沉桩速率。采取必要的排水措施，以减少对邻桩的挤压偏位。

5）根据工程特点选用合理的沉桩顺序。

6）接桩时，要保证上下两节桩在同一轴线上，接头质量符合设计要求和施工规范规定。

7）沉桩前，桩位下的障碍物务必清理干净，发现桩倾斜，应及时调查分析和纠正。

8）发现桩位偏差超过规范要求时，应会同设计人员研究处理。

（3）桩接头破坏

【现象】

沉桩时桩接头拉脱开裂或倾斜错位。

【治理】

1）接桩时，对连接部位上的杂质、油污等必须清理干净，保证连接部位清洁。

2）采用硫磺胶泥接桩时，胶泥配合比应由试验确定。严格按照操作规程进行操作，在夹箍内的胶泥要满浇，胶泥浇注后的停歇时间一般为15min左右，严禁浇水使温度急剧下降，以确保硫磺胶泥达到设计强度。

3) 采用焊接法接桩时，首先将上下节桩对齐保持垂直，保证在同一轴线上。两节桩之间的空隙应用铁片填实，确保表面平整垂直，焊缝应连续饱满，满足设计要求。

4) 采用法兰螺栓接桩时，保持平整和垂直，拧紧螺母，锤击数次再重新拧紧。

5) 当接桩完毕后应锤击几下，再检查一遍，看有无开焊、螺栓松脱、硫磺胶泥开裂等现象，如有发生应立即采取措施，补救后才能使用。如补焊，重新拧紧螺栓并用电焊焊死螺母或丝扣凿毛。

(4) 桩头打碎

【现象】

预制桩在受到锤击时，桩头处混凝土碎裂、脱落，柱顶钢筋外露。

【治理】

1) 混凝土强度等级不宜低于 C30，桩制作时要振捣密实，养护期不宜少于 28d。

2) 桩顶处主筋应平齐(整)，确保混凝土振捣密实，保护层厚度一致。

3) 桩制作时，桩顶混凝土保护层不能过大，以 3cm 为宜，沉桩前对桩进行全面检查，用三角尺检查桩顶的平整度，不符合规范要求的桩不能使用或经处理(修补)后才能使用。

4) 根据地质条件和断面尺寸及形状，合理选用桩锤，严格控制桩锤的落距，遵照“重锤低击”的原则，严禁“轻锤高击”。

5) 施工前，认真检查桩帽与桩顶的尺寸，桩帽一般大于桩截面周边 2cm。如桩帽尺寸过大和翘曲变形不平整，应进行处理后方能施工。

6) 发现桩头被打碎，应立即停止沉桩，更换或加厚桩垫。如桩头破裂较严重，将桩顶补强后重新沉桩。

(5) 断桩

【现象】

在沉桩过程中，桩身突然倾斜错位，贯入度突然增大。

【治理】

1) 桩的混凝土强度不宜低于C30,制桩时各分项工程应符合有关验收标准的规定,同时,必须要有足够的养护期和正确的养护方法。

2) 桩在堆放、起吊、运输过程中,应严格按照有关规定操作,若发现桩开裂超过有关验收规定时,严禁使用。

3) 接桩时,要保持相接的两节桩在同一轴线上,接头构造及施工质量符合设计要求和规范规定。

4) 沉桩前,应对桩构件进行全面检查,若桩身弯曲大于1%桩长,且大于20mm的桩,不得使用。

5) 沉桩前,应将桩位下的障碍物清理干净,在初沉桩过程中,若桩发生倾斜、偏位,应将桩拔出重新沉桩;若桩打入一定深度,发生倾斜、偏位,不得采用移动桩架的方法来纠正,以免造成桩身弯曲。一节桩的细长比一般不超过40,软土中可适当放宽。

6) 在施工中出现断桩时,应会同设计人员共同处理。

2. 泥浆护壁钻孔灌注桩

(1) 成孔质量不合格

【现象】

1) 坍孔:孔壁坍塌。

2) 斜孔:桩孔垂直度偏差大于1%。

3) 弯孔:孔道弯曲,钻具升降困难,钻进时机架或钻杆晃动,成孔后安放钢筋笼或导管困难。

4) 缩孔:成孔后钢筋笼安放不下去。

5) 孔底沉渣厚度超过允许值。

6) 成孔深度达不到设计要求。

【治理】

1) 机具安装或钻机移位时,都要进行水平、垂直度校正。钻杆的导向装置应符合下列规定:潜水钻的钻头上应配有一定长度的导向扶正装置。成孔钻具(导向器、扶正器、钻杆、钻头)组合后对中垂直度偏差应小。利用钻杆加压的正循环回转钻机,在钻具中应加设扶正器,在钻架上增设导向装置,以控制提引水龙头不产生大的晃动。钻杆本身垂直度偏差应控制在0.2%以内。

2）选用合适形式的钻头,检查钻头是否偏心。

3）正确埋置护筒。

预先探明浅层地下障碍物,清除后埋置护筒。

依据现场土质和地下水位情况,决定护筒的埋置深度,一般在黏性土中不宜小于1m,在砂土及松软填土中不宜小于1.5m。要保证下端口埋置在较密实的土层,且护筒外围要用黏土等渗漏小的材料封填压实。护筒上口应高出地面100mm。护筒内径宜比设计桩径大100mm,且有一定刚度。

做好现场排水工作,如果潮汐变化引起孔内外水压差变化大,可加高护筒,增大水压差调节能力。

4）制备合格的泥浆。

重视对泥浆性能指标的控制。

在淤泥质土或流砂中钻进,宜加大泥浆密度(1.2～1.3),且钻进采用低转速慢进尺。

在处理弯孔、缩孔时,若需提钻进行上下扫孔作业时,应先适当加大泥浆比重(通常是投入适量浸泡过的黏土)。

5）选择恰当的钻进方法。

开孔时5m以内,宜选用低转速慢进尺。每进尺5m左右检查一次成孔垂直度。

在淤泥质土或流砂中钻进时,应控制转速和进尺,且加大泥浆比重(或投入适量浸泡过的黏土)。

在有倾斜的软硬土层钻进时,应控制进尺,低转速钻进。

在回填后重钻的弯孔部位钻进时,也宜用低转速慢进尺,必要时还要上下扫孔。

在黏土层等易缩孔土层中钻进时,应选择同设计直径一样大的钻头,且放慢进尺速度。

在透水性大或有地下水流动的土层中钻进时要加大泥浆比重。

6）加强测控，确保钻进深度和清孔质量。

（2）钢筋笼的制作、安装质量差

【现象】

1）安装钢筋笼困难。

2）灌注混凝土时钢筋笼上浮。

3）下放导管困难。

【治理】

1）抓好从钢筋笼制作到孔内拼装焊接全过程的工作质量。

2）提高成孔质量，出现斜孔、弯孔时不要强行进行下钢筋笼和下导管作业。

3）安放不通长配筋的钢筋笼时，应在孔口设置钢筋笼的吊扶设施。

4）在不通长配筋的孔内浇灌混凝土时，当水下混凝土接近钢筋笼下口时，要适当加大导管在混凝土中的埋置深度，减小提升导管的幅度且不宜用导管下冲孔内混凝土，以便钢筋笼顺利埋入混凝土之中。

5）在施工桩径800mm内，孔深大于40m的桩时，应设置导管扶正装置。

6）合理安排现场作业，减少成桩作业时间。

（3）成桩桩身质量不良

【现象】

1）成桩桩顶标高偏差过大。

2）桩身混凝土强度偏低或存在缩颈、断桩等缺陷。

【治理】

1）深基坑内的桩，宜将成桩标高提高50～80cm。

2）防止误判，准确导管定位。

3）加强现场设备的维护。施工现场要有备用的混凝土搅拌机，导管的拼接质量要通过0.6MPa试压合格后方可使用。

4）灌注混凝土时要连续作业，不得间断。

3. 锤击沉管夯扩灌注桩

(1) 成孔质量差

【现象】

1) 锤击沉管达不到设计标高。

2) 锤击沉管后管内有水或内夯扩后管内有水。

【治理】

1) 合理选择施工机械和桩锤。

2) 群桩施工时,合理安排施工顺序,宜采取由里层向外层扩展的施工顺序。

3) 因沉管贯入度偏小而达不到设计标高的桩,可会同设计单位研究制定补救方案,可采取调整夯扩参数,增加内夯扩混凝土投料量的方法,来补偿桩长的不足。

(2) 钢筋笼位置偏差大

【现象】

成桩钢筋笼的标高超过设计要求和规范规定。

【治理】

1) 成孔后在孔口将钢筋笼顶端用铁丝吊住,以防下滑。

2) 控制钢筋笼安装高度,在投放钢筋笼以前用内夯管下冲压实管内混凝土。

3) 外管内混凝土的最后投料要高于钢筋笼顶端一定高度,一是预留一定余量,二是避免桩锤压弯钢筋笼。

(3) 桩身质量常见缺陷

【现象】

1) 外管被埋,即在灌注混凝土以后,外管拔起困难。

2) 内管被埋,即在内夯扩作业后,内管拔起困难。

3) 外管内混凝土拒落,即在灌注混凝土后,拔起外管时,内管同时向上,外管内混凝土拒落。

4) 缩颈、断桩。

5) 桩顶标高不符合设计要求和规范规定。

6) 成桩桩头直径偏小。

【治理】

1）防止外管被埋的措施：

选择机械起重能力应留有一定的安全余量。在发生外管被埋时，可配置千斤顶等辅助起重设备顶托，同时用桩锤轻击内、外管，以克服外管静摩阻力。

控制沉管作业的最终锤击贯入度不宜太小。

成桩应连续作业。

在黏土层较厚或地下水位较高的地区施工，宜在外管下端加焊钢筋外箍（通常 ϕ14～ϕ16）。

2）防止内管被埋的措施：

选用内夯管的钢管管壁不能过小，宜大于 10mm。内夯管下端的底板直径与外管内径差应小于 10mm，内外管下端高差 140～150mm 为宜。

一次配足止水封底的干硬性混凝土用量，在遇有桩底流砂层容易吸泥时，要适当加大封底干硬性混凝土的用量。

沉管作业时，要避免外管偏斜。

在发生内夯管拔起困难时，可临时改用拔外管的主卷扬机拔内夯管。

3）防止外管内混凝土拒落的措施：

桩身混凝土坍落度应分段调整。一般在内夯扩大头部分采用坍落度 3～5cm，在无钢筋笼的桩身部位采用坍落度 5～7cm，在钢筋笼部位宜用坍落度 7～9cm。

防止在内夯管下落时压弯钢筋笼，造成管内混凝土拒落。

4）缩颈、断桩的防治措施：

正确安排打桩顺序，同一承台的桩应一次连续打完。桩距小于 4 倍桩径或初凝后不久的群桩施工，宜采用跳打法或控制间隔时间的方法，一般间隔时间为一周。

在流态淤泥质土层中施工，应采用较低的外管提升速度，一般控制在 60cm/min 左右。

在管内混凝土下落过快时，应及时在管内补充混凝土。

外管内进水时，应及时用干硬混凝土二次封填。

5）桩顶位置偏差大的防治措施：

在沉管作业时，应先复测桩位，在沉管作业时发现桩位偏移要及时调整。

机架垫木要稳，注意经常调整机架的垂直度。

用桩位钎探的方法，清除浅层地下障碍物。

6）成桩桩头直径偏小的防治措施：

成桩作业后，桩顶混凝土以上须及时用干土回填压实，避免受挤压和振动。

成桩作业时，将内夯管始终轻压在外管内的混凝土面层上，控制拔管速度不宜过快。

4．振动沉管灌注桩

（1）桩身缩颈

【现象】

成桩直径局部小于设计要求。

【治理】

1）施工前应根据地质报告和试桩情况提出有效措施，在易缩颈的软土层中，严格控制拔管速度，采取"慢拔密击"的方法。

2）对于设计桩距较小者，采取跳打法施工。

3）在拔管过程中，桩管内应至少保持 2.0m 以上高度的混凝土，或不低于地面，可用吊锤探测，不足时要及时补灌，以防混凝土中断，形成缩颈。

4）严格控制拔管速度，当套管内灌入混凝土后，须在原位振动 5～10s，再开始拔管，应边振边拔，如此反复至桩管全部拔出，当穿过易缩颈的软土层时必须采用反插法施工。

5）按配合比配制混凝土，混凝土需具有良好的和易性。

6）在流塑状淤泥质土中出现缩颈，采用复打法处理。

（2）断桩

【现象】

桩身成形不连续、不完整。

【治理】

1）控制拔管速度，桩管内确保 2.0m 以上高度的混凝土，对怀疑有断桩和缩颈的桩，可采取局部复打或反插法施工，其深度应超过有可能断桩或缩颈区 1.0m 以上。

2）在地下水位较高的地区施工时，应事先在管内灌入 1.5m 左右的封闭混凝土，防止地下水渗入。

3）选用与桩管内径匹配、密封性能好的混凝土桩尖。

4）桩距小于 3.0～3.5 倍桩径时，采用跳打或对角线打的施工措施来扩大桩距，减少振动和挤压影响。

5）合理安排打桩顺序和桩架行走路线。

6）桩身混凝土强度较低时，尽量避免振动和外力干扰，当采用跳打法仍不能防止断桩时，可采用控制停歇时间的办法来避免断桩。

7）沉管达到设计深度，桩管内未灌足混凝土时不得提拔套管。

8）对于断桩、缩颈（严重）的部位较浅时，可在开挖后将断的桩段清除，采用接桩的方法将桩身接至设计标高，如断桩的部位较深时，一般按设计要求进行补桩。

（3）桩身混凝土质量差

【现象】

1）桩身混凝土强度没有达到设计要求。

2）桩身混凝土局部缺陷。

【治理】

1）对于混凝土的原材料必须经试验合格后方可使用，混凝土按配合比配制，和易性良好，坍落度控制在 6～10cm 之间。

2）严格控制拔管速度，保持适当留振时间，拔管时，用吊锤测量，随时观察桩身混凝土灌入量，发现混凝土充盈系数小于 1 时，应立即采取措施。

3）当采用反插法时，反插深度不宜超过活瓣长度的 2/3，当穿过淤泥夹层时，应适当放慢拔管速度，并减少拔管高度和反插深度。

4）当采用复打法施工时，拔管过程中应及时清除桩臂外壁、活瓣桩尖和地面上的污泥，前后两次沉管的轴线必须重合。

5）对于桩身混凝土质量较差、较浅部位，清理干净后，按接桩方法接长桩身，对于较严重、较深部位，应会同设计人员研究处理。

5．基坑支护开挖工程

(1) 止水失效

【现象】

开挖后支护结构出现明显渗水现象。

【治理】

1）严格审查基坑支护、止水帷幕的设计方案。

2）深层搅拌桩施工时，应严格施工管理，把好施工质量关，控制桩身垂直度，确保搭接严密，尤其是水灰比和喷浆提升速度，均应按规范和设计要求施工。

3）地下连续墙施工时，应严格按照规范和设计要求施工，搭接处须严密，确保浇灌混凝土的质量，并在混凝土中掺入防渗剂。

4）如已发生渗漏，则采取压密注浆补漏或采用高压旋喷桩补漏等有效措施。

5）当出现位移较大及坑壁裂缝渗水的现象时，应停止土方开挖，并采取紧急补救措施。

(2) 降水效果不好

【现象】

土层含水量高，基坑开挖困难。

【治理】

1）加强施工质量管理，认真洗井直到渗水通畅，严格控制滤料质量。

2）井管滤头宜设在透水性较好的土层中。

3）在支护结构外约1·0m 挖排水沟，坑内需设排水沟和集水井，用水泵抽除积水。

4）选用与井径、渗透水量相匹配的潜水泵。

5）抽吸设备排水口应远离基坑，以防排水渗入坑内。

6）施工前应对管井、抽水设备进行保养、检修和试运转。

7）为防止降水井和回灌井两井相通，两井间应保持一定的距离，其距离一般不宜小于6m。

（3）支护结构失效

【现象】

基坑开挖或地下室施工时，支护结构出现位移、裂缝，严重时支护结构发生倒塌现象。

【治理】

1）深基坑支护方案必须考虑基坑施工全过程可能出现的各种工况条件，综合运用各种支撑支护结构及止水降水方法，确保安全、经济合理，并经专家组审核评定。

2）制定合理的开挖施工方案，严格按方案进行开挖施工。

3）加强施工的质量管理和信息化施工手段，对各道工序必须严格把关，加强实时监控，确保符合规范规定的设计要求。

4）基坑开挖边线外，1倍开挖深度范围内，禁止堆放大的施工荷载和建造临时用房。

6．地下室防水工程

（1）混凝土墙裂缝漏水

【现象】

混凝土墙面出现垂直方向为主的裂缝。有的裂缝因贯穿而漏水。

【治理】

1）墙外没有回填土，沿裂缝切槽嵌缝并用氰凝浆液或其他化学浆液灌注缝隙，封闭裂缝。

2）严格控制原材料质量，优化配合比设计，改善混凝土的和易性，减少水泥用量。

3）设计时应按设计规范要求控制地下墙体的长度，对特殊形状的地下结构和必须连续的地下结构，应在设计上采取有效措施。

4）加强养护，一般均应采用覆盖后的浇水养护方法，养护时间不少于规范规定。同时还应防止气温陡降可能造成的温度裂缝。

(2) 施工缝漏水

【现象】

沿施工缝渗漏水。

【治理】

1) 选择好接缝的形式

2) 处理好接缝:拆模后随即用钢丝板刷将接缝刷毛,清除浮浆,扫刷干净,冲洗湿润。在混凝土浇筑前,在水平接缝上铺设1:2.5水泥砂浆2mm左右。浇筑混凝土须细致振捣密实。

3) 平缝表面洗刷干净,将橡胶止水条的隔离纸撕掉,居中粘贴在接缝上。搭接长度不少于50mm。随后即可继续浇筑混凝土。

4) 沿漏水部位可用氰凝、丙凝等灌注堵塞一切漏水的通道,再用氰凝浆涂刷施工缝内面,宽度不少于600mm。

(3) 变形缝漏水

【现象】

地下室沿变形缝处漏水。

【治理】

1) 采用埋入式橡胶止水带,质量必须合格,搭接接头要挫成斜坡毛面,用XY—401胶粘压牢固。止水带在转角处要做成圆角,且不得在拐角处接槎。

2) 表面附贴橡胶止水带,缝内嵌入沥青木丝板,表面嵌两条BW橡胶止水条。上面粘贴橡胶止水带,再用压板、螺栓固定。

3) 后埋式止水带须全部剔除,用BW橡胶止水条嵌入变形缝底,然后重新铺贴好止水带,再浇混凝土压牢。

(4) 穿墙管漏水

【现象】

周边漏水。

【治理】

1) 管下混凝土漏水的处理。将管下漏水的混凝土凿深

250mm。如果水的压力不大,用快硬水泥胶浆堵塞。

水玻璃水泥胶堵漏法:水玻璃和水泥的配合比为1:0.6。从搅拌到操作完毕不宜超过2min,操作时应迅速压在漏水处。

水泥快燥精胶浆堵漏法:水泥和快燥精的配合比为2:1,凝固时间约1min。将拌好的浆液直接压堵在漏水处,待硬化后再松手。

经堵塞不漏水后,随即涂刷一度纯水泥浆,抹一层1:2水泥砂浆,厚度控制在5mm左右。养护22d后,涂水泥浆一度,然后抹第二层1:2.5水泥砂浆,与周边要抹实、抹平。

也可用其他有效的堵漏剂堵塞。

2) 在预埋大管径(直径大于800mm)时,在管底开设浇注振捣排气孔,可以从孔内加灌混凝土,用插入式振动器插入孔中再振捣,迫使空气和泌水排出,以使管底混凝土密实。

3) 预埋管外擦洗干净,要有专人负责:粘贴BW止水条,撕掉隔离纸,靠自身黏性粘贴在外管上。位置同止水环。浇混凝土时要有专人负责,确保位置准确。

(5) 后浇带漏水

【现象】

地下室沿后浇缝处渗漏水。

【治理】

1) 必须全面清除后浇缝两侧的杂物,如油污等;打毛混凝土两侧面。

2) 后浇混凝土的间隔时间,应在主体结构混凝土完成30~40d之间。宜选择气温较低的季节施工,可避免混凝土因冷缩而裂缝。要配制补偿性收缩混凝土。

3) 要认真按配合比施工,搅拌均匀,随拌随灌筑,振捣密实,两次拍压,抹平,湿养护不少于7d。

6.2.2.2 主体工程

1. 模板工程

(1) 基础模板缺陷

【现象】

1）条形基础模板长度方向上口不直，宽度不一。

2）杯形基础中心线位置不准，芯模在浇筑混凝土时上浮或侧向偏移，芯模难拆除。

3）上阶侧模下口陷入混凝土内，拆模后产生"烂脖子"。

4）侧向胀模、松动、脱落。

【治理】

1）条形基础支模时，应通长拉线并挂线找准，以保证模板上口垂直。上口应定位，以控制条形基础上口宽度。

2）杯形基础支模前，应复查地基垫层标高及中心线位置，按图弹出基础四面边线并进行复核，用水平仪测定标高，依线支设模板。木芯模要刨光直拼，芯模侧板应包底板。底板应钻孔以便排气，芯模外壳应涂刷脱模剂，上口要临时遮盖。采用组合钢模板时，应按照杯口底尺寸选用，在四边模中间通过楔板用M12螺栓连接、拧紧，组合成杯口模板。内侧设一道水平支撑以增加刚度，防止浇注混凝土时芯模位移。采用芯模无底板施工时，杯口底面标高应比设计标高低20～50mm，拆模后立即将浇捣时翻上的混凝土找平至柱底标高。

3）上阶侧模应支承在预先设置的钢筋支架或预制混凝土垫块上，并支撑牢靠，使侧模高度保持一致。不允许将脚手板直接搁置在模板上。从侧模下口溢出来的混凝土应及时铲平至侧模下口，防止侧模下口被混凝土卡牢，拆模时造成混凝土的缺陷。

4）侧模中部应设置斜撑，下部应用台楞固定。支承在土坑边上的支撑应垫木板，扩大接触面。浇注混凝土前须复查模板和支撑，浇注混凝土时，应沿模板四周均衡浇捣。混凝土呈塑性状态时，忌用操作工具在模板外侧拍打，以免影响混凝土外观质量。

(2) 柱模板缺陷

【现象】

1）模板位移。

2）倾斜、扭曲。

3）胀模、鼓肚、漏浆。

【治理】

1）支模前应先校正钢筋位置，弹线时对成排柱子的位置应找中、规方。支模时应先立两端柱模，经校直、复核后，拉通柱顶基准线，依线按序立各个柱模。在柱模底部应设定位盘和垫木，以保证柱底位置准确。柱距较小时，柱间采用剪刀撑和水平撑；大柱距则应单独设置四面斜撑，以保证各柱模位置准确。

2）柱模应妥善堆放，使用前应检查、修整，分段支模连接应紧固，以防止柱模竖向倾斜、扭曲。

3）柱箍间距应根据柱子断面的大小及高度设置，木楞胶合板模应采用定形枋木加强阳角部位；组合钢模板在配板时，端头的接缝应错开布置，以增加柱模的整体刚度。角部的每个连接孔都应用U形卡卡牢，两侧的对拉螺栓应紧靠模板，如有缝隙应用木楔塞紧，以免扣件滑移，使拼缝处产生拉力，造成漏浆。

(3) 墙模板缺陷

【现象】

1）模板倾斜、胀模。

2）模板底部和阴角部位不易拆除，墙根外侧挂浆，内侧"烂根"。

【治理】

1）墙模板应按配板图组装，横竖背肋间距应按模板设计布置，对拉螺栓规格一般为$\phi12\sim\phi16$。浇筑混凝土前应检查对拉螺栓是否收紧，采用不易被挤压振碎的套管，墙模顶部应设置上拉杆，以保证墙体厚度一致。木模或胶合板模的背肋宜设置在板面拼缝处。

2）采取导墙支模时，按墙厚先浇筑150～200mm高的导墙作为墙模板底部的内支撑，导墙混凝土两侧应平整；采取预制导墙块做内支撑时，找平砂浆应平整。

3）阴角模板的角不应呈锐角，应按拆模时间和顺序拆模。

(4) 楼梯模板缺陷

【现象】

1）楼梯底部不平整，楼梯梁板歪斜，轴线位移。

2）侧向模板松动、胀模。

【治理】

1）楼梯底板模拼装要平整，支撑应牢靠。

2）侧向拼缝应严密，钢木混合模板的配板刚度应一致，细长比过大的支撑应增设剪刀撑。

3）应对模板、支撑进行检验合格后，方可浇注混凝土。

（5）梁模板缺陷

【现象】

1）梁模板底板下挠，侧向胀模。圈梁上口宽度不足。

2）底模端部嵌入梁柱间混凝土内，不易拆除。

3）梁柱模板接头处跑模漏浆。

【治理】

1）圈梁木模的上口必须设临时撑头，以保证梁上口宽度。

2）斜撑应与上口横档钉牢，并拉通长直线，保持圈梁上口平直。

3）组合钢模板采用挑扁担支模施工时，枋木或钢管扁担长度为墙厚加2倍梁高。

4）梁底模应按规定起拱。支撑在泥土地面时，应夯实并铺放通长垫木，以确保支撑不沉陷。梁底支撑间距应保证在钢筋混凝土自重和施工荷载作用下不产生变形。当梁高超过600mm，侧模应加设钢管围檩。

2．钢筋工程

（1）钢筋错位

【现象】

柱、梁、板、墙主筋位置及保护层偏差超标。

【治理】

1）钢筋绑扎或焊接必须牢固，固定钢筋措施可靠有效。为使保护层厚度准确，垫块要沿主筋方向摆放，位置、数量准确。对柱头外伸主筋部分要加一道临时箍筋，按图纸位置绑扎好，然后用ϕ8～ϕ10钢筋焊成的井字形铁卡固定。对墙板钢筋应设置可靠的钢筋定位卡。

2）混凝土浇捣过程中应采取措施，尽量不碰撞钢筋，严禁砸压、踩踏钢筋和直接顶撬钢筋。浇捣过程中要有专人随时检查钢筋位置，及时校正。

(2) 焊接接头质量不符合要求

【现象】

接头处轴线弯折或轴线偏心过大，并有烧伤及裂纹。

【治理】

1）焊接前应矫正或切除钢筋端部过于弯折或扭曲的部分，并予以清除干净，钢筋端面应磨平。

2）钢筋加工安装应由持证焊工进行，安装钢筋时要注意钢筋或夹具轴线是否在同一直线上，钢筋是否安装牢固，过长的钢筋安装时应有置于同一水平面的延长架，如机具损坏，特别是焊接夹具垫块损坏应及时修理或更换，经验收合格后方准焊接。

3）根据《钢筋焊接及验收规程》(JGJ 18—96)合理选择焊接参数，正确掌握操作方法。焊接完成后，应视情况保持冷却1～2min后，待接头有足够的强度时再拆除机具或移动。

4）钢筋焊接前，必须根据施工条件进行试焊，合格后方可施焊。

5）焊接完成后必须坚持自检。对接头弯折和偏心超过标准的及未焊透的接头，应切除热影响区后重新焊接或采取补强焊接措施；对脆性断裂的接头应按规定进行复验，不合格的接头应切除热影响区后重新焊接。

(3) 套筒挤压接头质量不符合要求

【现象】

挤压后的套筒有肉眼可见裂纹；挤压后套筒长度达不到原套筒长度的1.10～1.15倍，压痕处套筒的外径波动范围达不到原套筒外径的0.8～0.9倍。

【治理】

1）套筒的材料及几何尺寸应符合相应的技术要求，并应有相应的套筒出厂合格证。

2）套筒在运输和储存时，应按不同规格分别堆放整齐，防止碰撞，避免露天堆放，防止锈蚀沾污。

3）压模、套筒与钢筋应相互配套使用，不得混用。压模上应有相对应的连接钢筋规格标记。钢筋与套筒应进行试套，如钢筋有马蹄、弯折或纵肋尺寸过大者，应预先矫正或用砂轮打磨；对不同直径钢筋的套筒不得相互串用。

4）挤压时务必按标记检查钢筋插入套筒内深度，钢筋端头离套筒长度中心点不宜超过10mm。挤压时挤压机应与钢筋轴线保持垂直，挤压宜从套筒中央开始，并依次向两端挤压。挤压力、压模宽度、压痕直径波动范围以及挤压道次或套筒伸长率应符合规定的技术参数。

5）对挤压后的套筒有肉眼可见的裂纹，以及套筒伸长率和压痕直径波动范围不符合要求的接头，应切除重新挤压。

（4）锥螺纹接头质量不符合要求

【现象】

套丝丝扣有损坏；接头拧紧后外露丝扣超过一个完整扣。

【治理】

1）应用砂轮片切割机下料，以保证钢筋断面与钢筋轴线垂直，不宜用气割切断钢筋。

2）钢筋套丝质量必须逐个用牙形规与卡规检查，经检查合格后，应立即将其一端拧上塑料保护帽，另一端按规定的力矩值，用扭力扳手拧紧连接套。

3）连接之前应检查钢筋锥螺纹及连接套锥螺纹是否完好无损。如发现丝头上有杂物或锈蚀，可用铁刷清除。

同径或异径接头连接时，应采用二次拧紧连接方法；单向可调、双向可调接头连接时，应采用三次拧紧方法。连接水平钢筋时，必须先将钢筋托平对正，用手拧紧；再按规定的力矩值，用力矩扳手拧紧接头。

4）连接完的接头必须立即用油漆做上标记，防止漏拧。

5）对丝扣有损坏的，应将其切除一部分或全部，重新套丝，对外露丝扣超过一个完整扣的接头，应重新拧紧接头或进行加固处理，加固处理方法可采用电弧焊贴角焊缝加以补强。补焊的焊缝高度不得小于5mm，焊条可采用E5015。当连接钢筋为Ⅲ级钢时，必须先做可焊性试验，经试验合格后，方可采用焊接补强方法。

3．混凝土工程

(1) 混凝土坍落度差

【现象】

混凝土坍落度太小，不能满足泵送、振捣成形等施工要求。

【治理】

1）正确进行配合比设计，保证合理的坍落度指标，充分考虑因气候、运输距离、泵送的垂直和水平距离等因素造成的坍落度损失。

2）混凝土搅拌完毕后，及时在浇筑地点取样检测其坍落度值，有问题时，及时由搅拌站进行调整，严禁在浇注时随意加水。

3）所用原材料如砂、石的颗粒级配必须满足设计要求。对于泵送混凝土碎石最大粒径不应大于泵管内径的1/3；细骨料通过0.35mm筛孔的组分应不少于15%；通过0.16mm筛孔的组分应不少于5%。

4）外加剂掺量及其对水泥的适应性应通过试验确定。

(2) 混凝土离析

【现象】

混凝土入模前后产生离析或运输时产生离析。

【治理】

1）通过对混凝土拌和物中砂浆稠度和粗骨料含量的检测，及时掌握并调整配合比，保证混凝土的均匀性。

2）控制运输小车的运送距离，并保持路面的平整畅通，小车卸料后应拌匀后方可入模。

3）浇注竖向结构混凝土时，先在底部浇50～100mm厚与混凝土成分相同的水泥砂浆。竖向落料自由高度不应超过2m，超过时应采用串筒、溜管落料。

4）正确选用振捣器和振捣时间。

(3) 混凝土凝结时间过长

【现象】

混凝土初、终凝时间过长，使得表面压光及养护工作无法及时进行。

【治理】

1）正确设计配比，尽可能采用较小的水灰比，工地上发现混凝土和易性不能满足施工要求时应与搅拌站联系，采取调整措施，严禁任意往混凝土中加水。

2）通过试验确定外加剂的合理掺量，对于高效缓凝型减水剂应事先进行与所用水泥的适应性试验，以确定合理掺量。

(4) 混凝土表面缺陷

【现象】

拆模后混凝土表面出现麻面、蜂窝及孔洞。

【治理】

1）模板使用前应进行表面清理，保持表面清洁光滑，钢模应进行整形，保证边框平直，组合后应使接缝严密，必要时可用胶带加强，浇混凝土前应充分湿润。

2）按规定要求合理布料，分层振捣，防止漏振。

3）对局部配筋或铁件过密处，应事先制定处理方案（如开门子板、后扎等）以保证混凝土拌合物的顺利通过。

(5) 混凝土表面裂缝

【现象】

1）混凝土表面出现有一定规律的裂缝，对于板类构件有的甚至上下裂通。

2）混凝土表面出现无规律的龟裂，且随时间推移不断发展。

3）大体积混凝土纵深裂缝。

【治理】

1）按施工规程及时进行养护，浇注完毕后12h以内加以覆盖和浇水，浇水时间不少于7d(对掺用缓凝型外加剂或有抗渗要求的混凝土不少于14d)。大体积混凝土如初凝后发生表面风干裂纹，应进行二次抹面或压实。

2）所有水泥必须经复检合格后才能使用。

3）对大体积混凝土在浇捣前务必制定妥善的温控方案，控制内外温差在规定值以内。气温变化时应采用必要的防护措施。

4．预应力混凝土工程

(1)螺丝端杆变形、断裂

【现象】

1）变形：端杆与预应力筋焊接后，冷拉或张拉时，端杆螺纹发生塑性变形。

2）断裂：热处理45号钢制作的端杆，在高应力下(张拉过程中或张拉后)突然断裂，断口平整，呈脆性破坏。

【治理】

1）加强原材料检验。

2）选用适当的热处理工艺参数。

3）坚持先对焊、后冷拉的施工顺序。

4）根据变形值的大小更换端杆或通过二次张拉建立设计预应力值，对断裂的端杆必须进行更换。

(2)预应力钢丝张拉时滑丝、断裂

【现象】

在放张锚固过程中，部分钢丝内缩量超过预定值，产生滑丝，有的钢丝出现断裂。

【治理】

1）选用硬度合格的锚夹具。

2）编束时预选钢丝，使同一束中钢丝直径的绝对偏差不大于0.15mm，并将钢丝理顺用钢丝编扎，避免穿束时钢丝错位。

3）浇注混凝土前，应使管道孔和垫板孔垂直对中；张拉时，要使千斤顶与锚环垫板对中。

(3) 钢丝墩头强度低，锚杯断裂

【现象】

墩头强度低于钢丝标准强度的98%，或者张拉后，锚杯突然断裂。

【治理】

1) 钢丝下料时，应保证断口平整，防止墩粗时头部歪斜。

2) 墩头预留长度应控制在(10±0.2)mm以内。

3) 墩头模与夹片同心度偏差应在0.1mm以内。

4) ϕ5碳素钢丝墩头直径控制在7～7.5mm为宜，锚孔尺寸应控制在5.2～5.25mm以内。

5) 锚杯硬度以HB251～283为宜。

6) 锚杯的热处理工艺应合理，退刀槽应加工成大圆弧形，避免应力集中和淬火裂纹，并严格成品验收。

(4) 后张法构件裂缝

【现象】

张拉后在构件锚固区、端面、支座区及预拉区(如吊车梁上翼缘、屋架上弦)产生裂缝。

【治理】

1) 严格控制混凝土配合比，加强混凝土振捣，保证混凝土的密实性和强度。

2) 预应力张拉时，混凝土必须达到规定的强度；同时，应力控制应准确。

3) 严格按设计要求配置适量横向钢筋或螺旋筋，保证混凝土端面有足够的承压强度和安全储备。

4) 认真验算构件张拉阶段预拉区的拉应力，严格控制超张值。

(5) 后张法构件孔道塌陷、堵塞、位置不正和灌浆不密实。

【现象】

1) 预留孔道塌陷或堵塞，预应力筋不能顺利穿过。

2）孔道位置偏移,构件在预加应力时发生侧弯和开裂。

3）灌浆强度低,灌浆不饱满。

【治理】

1）抽管应在混凝土初凝后、终凝前进行,一般以手指按压混凝土表面不显凹痕时为宜。混凝土浇注后每隔1～3min顺同一方向转动钢管;如果是两根对接的管子,其转动方向应相反。

2）芯管应用钢筋"井"字支架支垫,并与钢筋绑扎牢固。采用钢管留孔时,支架间距不应大于100cm;采用胶管时,间距不应大于50cm。

3）浇筑混凝土时,振动棒不得碰振芯管,起拱的构件芯管应同时起拱。

4）灌浆用水泥不低于32.5级,强度不低于20MPa,水灰比应控制在0.4～0.45,泌水率不宜大于2%～3%,应掺入微膨胀剂或木钙。灌浆前用压力水冲洗孔道,灌浆压力以0.3～0.5MPa为宜。对重要构件应采用二次灌浆法。第二次灌浆应在第一次灌浆初凝后进行。

5. 砖砌体工程

(1) 砌筑砂浆强度达不到要求

【现象】

在常用的砂浆中,M5以下水泥砂浆和M2.5混合砂浆(以下简称低强度砂浆)强度易低于设计要求;砂浆强度波动较大,匀质性差。

【治理】

1）砂浆配合比的确定,宜按《砌筑砂浆配合比设计规程》(JGJ 98—2000),并结合现场实际材质情况和施工要求,由试验室试配确定。

2）建立施工用计量器具校验、维修、保管制度。

3）砂浆搅拌时应分两次投料,先加入部分砂子、水和全部塑化材料,通过搅拌,再投入其余的砂和水泥。

4）试块的制作养护和抗压强度取值必须按《砌体工程施工质

量验收规范》(GB 50203—2002)规定执行。

(2) 砖砌体组砌错误

【现象】

砌体组砌方法混乱，砖柱垛采用包心砌法，出现通缝。

【治理】

1) 应使操作者了解砌墙组砌形式：墙体中砖搭接长度不得少于1/4砖长，内外皮砖层最多隔五皮砖就应有一皮丁砖拉结(五顺一丁)。允许使用半砖头，但也应满足1/4砖长的搭接要求，半砖头应分散砌于混水墙中或非承重墙中。

2) 砖柱的组砌方法，应根据砖柱断面和实际使用情况统一考虑，但不得采用包心砌法。

3) 砖柱横、竖向灰缝的砂浆都必须饱满，每砌完一皮砖，都要进行一次竖缝刮浆塞缝工作，以提高砌体强度。

4) 墙体组砌形式的选用，应根据所砌部位的受力性质和砖的规格尺寸误差而定，一般清水墙面常选用一顺一丁和梅花丁组砌方法；在地震地区为增强齿缝受拉强度，可采用骑马缝组砌方法。由于一般砖长度正偏差、宽度负偏差较多，宜采用梅花丁的组砌形式，可使所砌墙面竖缝宽度均匀一致。为了不因砖的规格尺寸误差而经常变动组砌形式，在同一幢号工程中，应尽量使用同一砖厂生产的砖。

(3) 砖缝砂浆不饱满

【现象】

砖层水平灰缝砂浆饱满度低于80%(规范规定)；竖缝内无砂浆(瞎缝或空缝)。

【治理】

1) 改善砂浆和易性是确保灰缝砂浆饱满度和提高粘结强度的关键。如不宜选用标号过高的水泥和过细的砂，可掺水泥量10%～25%的粉煤灰。其掺量必须经试配确定，以达到改善砂浆和易性的目的。

2) 改进砌筑方法。不得采取推尺铺灰法或摆砖砌筑，应推广

“三一砌筑法”或“2381 砌筑法”。

3）严禁用干砖砌墙。冬期施工时，应将砖面适当润湿后再砌筑。

（4）墙体留置阴槎，接槎不严

【现象】

砌筑时随意留槎，且多留置阴槎，槎口部位用断砖砌筑；阴槎部位接槎砂浆不密实，灰缝不顺直。

【治理】

1）在安排施工组织计划时，对施工留槎应作统一考虑。外墙大角应同时砌筑。纵横墙交接处，有条件时也应同时砌筑。如不能同时砌筑，应按施工规范留砌斜槎，如留斜横确有困难时，也可留直槎，且应留阳槎，并按规范规定加设拉结筋。

2）退槎宜采取 18 层退槎砌法，为防止因操作不熟练，使接槎处水平缝不直，可以加小皮数杆。

3）后砌非承重 120mm 的隔墙，宜采取在墙面口留榫式槎的作法，不准留阴槎。接槎时，应在榫式槎洞口内先填塞砂浆，顶层砖的上部灰缝，用大铲或瓦刀将砂浆塞严，以稳固隔墙，减少留槎洞口对墙体的影响。

（5）填充墙砌筑不当

【现象】

框架梁底、柱边出现裂缝；外墙裂缝处渗水。

【治理】

1）柱边（框架柱或构造柱）应设置间距不大于 500mm 的 2ϕ6，且在砌体内锚固长度不小于 1000mm 的拉结筋。若少放、漏放必须在砌筑前补足。

2）填充墙梁下口最后 3 皮砖应在下部墙砌完 3d 后砌筑，并由中间开始向两边斜砌。

3）如为空心砖外墙，里口用半砖斜砌墙；外口先立斗模，再浇注不低于 C10 细石混凝土，终凝拆模后将多余的混凝土凿去。

4）外窗下为空心砖墙时，若设计无要求，应将窗台改为不低于 C10 的细石混凝土，其长度大于窗边 100mm、并在细石混凝土内加 2ϕ6 钢筋。

5）柱与填充墙接触处应设钢丝网片，防止该处粉刷裂缝。

6.2.2.3　装饰工程

1. 一般抹灰工程

(1) 抹灰层空鼓

【现象】

抹灰层空鼓表现为面层与基层，或基层与底层不同程度的空鼓。

【治理】

1）抹灰前必须将脚手眼、支模孔洞填堵密实，对混凝土表面凸出较大的部分要凿平。

2）必须将底层、基层表面清理干净，并于施工前一天将准备抹灰的面浇水润湿。

3）对表面较光滑的混凝土表面，抹底灰前应先凿毛，或用掺 108 胶水泥浆，或用界面处理剂处理。

4）抹灰层之间的材料强度要接近。

(2) 抹灰层裂缝

【现象】

抹灰层裂缝是指非结构性面层的各种裂缝，墙、柱表面的不规则裂缝、龟裂，窗套侧面的裂缝等。

【治理】

1）抹灰用的材料必须符合质量要求，例如水泥的强度与安定性应符合标准；砂不能过细，宜采用中砂，含泥量不大于 3%；石灰要熟透，过滤要认真。

2）基层要分层抹灰，一次抹灰不能厚；各层抹灰间隔时间要视材料与气温不同而合理选定。

3）为防止窗台中间或窗角裂缝，一般可在底层窗台设一道钢筋混凝土梁，或设 3ϕ6 的钢筋砖反梁，伸出窗洞各 330mm。

4）夏季要避免在日光曝晒下进行抹灰，对重要部位与曝晒的部分应在抹灰后的第二天洒水养护7d。

5）对基层由两种以上材料组合拼接部位，在抹灰前应视材料情况，采用粘贴胶带纸、布条，或钉钢丝网或留缝嵌条子等方法处理。

6）对抹灰面积较大的墙、柱、槽口等，要设置分格缝，以防抹灰面积过大而引起收缩裂缝。

(3) 抹灰层不平整

【现象】

抹灰层表面接槎明显，或大面呈波浪形，或明显凹凸不平整。

【治理】

1）基层刮糙前应弹线出柱头或做塌饼，如果刮糙厚度过大，应掌握“去高、填低、取中间”的原则，适当调整柱头或塌饼的厚度。

2）应严格控制基层的平整度，一般可选用大于2m的刮尺，操作时使刮尺作上下、左右方向转动，使抹灰面(层)平整度的允许偏差为最小。

3）纸筋灰墙面，应尽量采用熟化(熟透)的纸筋；抹灰前，须将纸筋灰放入砂浆拌和机中反复搅拌，力求打烂、打细。可先刮一层毛纸筋灰，厚为15mm左右，用铁板抹平，吸水后刮衬光纸筋灰，厚为5～10mm，用铁板反复抹平、压光。

(4) 阴阳角不方正

【现象】

外墙大角，内墙阴角，特别是平顶与墙面的阴角四周不平顺、不方正；窗台八字角(仿古建筑例外)。

【治理】

1）抹灰前应在阴阳角处(上部)吊线，以1.5m左右相间做塌饼找方，作为粉阴阳角的“基准点”；附角护角线必须粉成“燕尾形”，其厚度按粉刷要求定，宽度为50～70mm，且小于60°。

2）阴阳角抹灰过程中，必须以基准点或护角线为标准，并用阴阳角器作辅助操作；阳角抹灰时，两边墙的抹灰材料应与护角线紧密吻合，但不得将角线覆盖。

3）水泥砂浆粉门窗套，有的可不粉护角线，直接在两边靠直尺找方，但要在砂浆初凝前运用转角抹面的手法，并用阳角器抽光，以预防阳角线不吻合。

4）平顶粉刷前，应根据弹在墙上的基准线，往上引出平顶四个角的水平基准点，然后拉通线，弹出平顶水平线；以此为标准，对凸出部分应凿掉，对凹进部分应用1∶3水泥砂浆（内掺108胶）先刮平，使平顶大面大致平整，阴角通顺。

2．吊顶工程

（1）整体紧缝吊顶质量缺陷

【现象】

1）接槎明显。

2）吊顶面层裂缝，特别是拼接处裂缝。

3）面层挠度大，不平整，甚至变形。

【治理】

1）接槎明显：

吊杆与主龙骨、主龙骨与次龙骨拼接应平整。

吊顶面层板材拼接也应平整，在拼接处面板边缘如无构造接口，应事先刨去2mm左右，以便接缝处粘贴胶带纸（布）后使接口与大面相平。

批刮腻子须平整，拼接缝处更应精心批刮密实、平整，打砂皮一定要到位，可将砂皮钉在木蟹上做均匀打磨，以确保其平整，消除接槎。

2）面层裂缝：

吊杆与龙骨安装应平整，受力节点结合应严密牢固，可用砂袋等重物试吊，使其受力后不产生位移变形，方能安装面板。

湿度较大的空间不得用吸水率较大的石膏板等作面板；FC板等材料应经收缩相对稳定后方能使用。

使用纸面石膏板时，自攻螺钉与板边或板端的距离不得小于10mm，也不宜大于16mm；板中螺钉的间距不得大于200mm。

整体紧缝平顶其板材拼缝处要统一留缝2mm左右，宜用弹性腻子批嵌,也可用108胶或木工白胶拌白水泥掺入适量石膏粉作腻子批嵌拼缝至密实,并外贴拉结带纸或布条1~2层,拉结带宜用的确良布或编织网带,然后批平顶大面。

3) 面层挠度大,不平整:

吊顶施工应按规程操作,事先以基准线为标准,在四周墙面上弹出水平线;同时在安装吊顶过程中要做到横平、竖直,连接紧密,并按规范起拱。

(2) 分格缝吊顶质量缺陷

【现象】

1) 分格缝不均匀,纵横线条不平直、不光洁

2) 上型分格板块呈锅底状变形,木夹板板块见钉印。

3) 底面不平整,中部下坠。

【治理】

1) 分格缝不均匀,纵横线条不平直:

吊顶安装前应按吊顶平面尺寸统一规划,合理分块,准确分格。

吊顶安装过程中必须纵横拉线与弹线;装钉板块时,应严格按基准线拼缝、分格与找方,竖线以左线为准,横线以上线为准。

吊顶板块必须尺寸统一与方正,周边平直与光洁。

2) ⊥形分格板块呈锅底状变形,夹板板块见钉印:

分格板块材质应符合质量要求,优选变形小的材料。

分格板块必须与环境相适应,如地下室或湿度较大的环境与门厅外大雨篷底均不应采用石膏板等吸水率较大的板材。

分格板块装钉必须牢固,分格面积应视板材的刚度与强度确定。

夹板板块的固定以胶粘结构为宜(可配合用少量钉子);用金属钉(无头钉)时,钉打入夹板深度应大于1mm,且用腻子批嵌,不得显露用钉子的痕迹。

3) 使用可调吊筋,在装分格板前调平并预留起拱。

(3) 扣板式吊顶质量缺陷

【现象】

1）扣板拼缝与接缝明显。

2）板面变形或挠度大，扣板脱落。

【治理】

1）扣板拼缝与接缝明显：

板材裁剪口必须方正、整齐与光洁。

铝合金等扣板接口处如变形，安装时应校正，其接口应紧密。

扣板色泽应一致，拼接与接缝应平顺，拼接要到位。

2）板面变形，扣板脱落：

扣板材质应符合质量要求，须妥善保管，预防变形；铝合金等薄扣板不宜做在室外与雨篷底，否则易变形、脱落。

扣板接缝应保持一定的搭接长度，一般不应小于30mm，其连接应牢固。

扣板吊顶一般跨度不能过大，其跨度应视扣板刚度与强度而合理确定，否则易变形、脱落。

3．隔断墙工程

（1）接槎明显，拼接处裂缝

【现象】

石膏板、FC板等板材配置轻钢龙骨或铝合金龙骨组成的隔断墙，其板材拼接处接槎明显，或出现裂缝，FC板尤为严重。

【治理】

1）板材拼接应选择合理的接点构造。一般有两种做法：一是在板材拼接前先倒角，或沿板边20mm刨去宽40mm厚3mm左右；在拼接时板材间应保持一定的间距，一般以2～3mm为宜，清除缝内杂物，将腻子批嵌至倒角边，待腻子初凝时，再刮一层较稀的厚约1mm的腻子，随即贴布条或贴网状纸带，贴好后应相隔一段时间，待其终凝硬结后再刮一层腻子，将纸带或布条罩住，然后把接缝板面找平；二是在板材拼缝处嵌装饰条或勾嵌缝腻子，用特制小工具把接缝勾成光洁清晰的明缝。

2）选用合适的勾、嵌缝材料。勾、嵌缝材料应与板材成分一致或相近，以减少其收缩变形。

3）采用质量好、制作尺寸准确、收缩变形小、厚薄一致的侧角板材，同时应严格操作程序，确保拼接严密、平整，连接牢固。

4）房屋底层做石膏板隔断墙，在地面上应先砌三皮砖（1/2砖），再安装石膏板，这样既可防潮，又可方便粘贴各类踢脚线。

(2) 门框固定不牢固

【现象】

门框安装后出现松动或镶嵌的灰浆腻子脱落。

【治理】

1）门框安装前，应将槽内杂物清理干净，刷108胶稀溶液1～2道；槽内放小木条以防粘结材料下坠；安装门框后，沿门框高度钉3枚钉子，以防外力碰撞门框导致错位。

2）尽量不采用后塞门框的作法，应先把门框临时固定，龙骨与门框连接，门框边应增设加强筋，固定牢固。

3）为使墙板与结构连接牢固，边龙骨预粘木块时，应控制其厚度不得超过龙骨翼缘；安装边龙骨时，翼缘边部顶端应满涂掺108胶水的水泥砂浆，使其粘结牢固；梁底或楼板底应按墙板放线位置增贴92mm宽石膏垫板，以确保墙面顶端密实。

(3) 细部做法不妥

【现象】

隔断墙与原墙、平顶交接处不顺直，门框与墙板面不交圈，接头不严、不平；装饰压条、贴面制作粗糙，见钉子印。

【治理】

1）施工前质量交底应明确，严格要求操作人员做好装饰细部工程。

2）门框与隔墙板面构造处理应根据墙面厚度而定，墙厚等于门框厚度时，可钉贴面；小于门框厚度时应加压条；贴面与压条应制作精细，切实起到装饰条的作用。

3）为防止墙板边沿翘起，应在墙板四周接缝处加钉盖缝条，或根据不同板材，采取四周留缝的做法，缝宽10mm左右。

4. 饰面砖(板)工程

(1) 粘贴锦砖与条形面砖的质量缺陷

【现象】

1) 粘贴不牢固、空鼓甚至脱落。

2) 排缝不均匀,非整砖、不规范。

3) 勾缝不密实、不光洁、深浅不统一。

4) 面砖不平整、色泽不一致。

5) 无釉面砖表面污染、不洁净。

【治理】

1) 粘结不牢固、空鼓、脱落:

面砖粘贴方法分软贴与硬贴两种。软贴法是将水泥砂浆刮在面砖底上,厚度为3~4mm,粘贴在基层上;硬贴法是用108胶水、水泥与适量水拌合,将水泥浆刮在面砖底上,厚度为2mm,此法适用于面砖尺寸较小的;无论采用哪种贴法,面砖与基层必须粘结牢固。

粘贴砂浆的配合比应准确,稠度适当;对高层建筑或尺寸较大的面砖其粘贴材料应采用专用粘结材料。

外墙面砖的含水率应符合质量标准,粘贴砂浆须饱满,勾缝严实,以防雨水侵蚀与酷暑高温及严寒冰冻胀缩引起空鼓脱落。

2) 排缝不均匀,非整砖不规范:

外墙刮糙应与面砖尺寸事先作统筹考虑,尽量采用整砖模数,其尺寸可在窗宽度与高度上作适当调整。在无法避免非整砖的情况下,应取用大于1/3非整砖。

准确的排砖方法应是"取中",划控制线进行排砖。例如:外墙粘贴平面横或竖向总长度可排80块面砖(面砖+缝宽),其第一控制线应划在总长度的1/2处,即40块的部位;第二控制线应划在40块的1/2处,即20块的部位;第三控制线应划在20块的1/2处,即10块的部位,依此类推。这种方法可基本消除累计误差。

摆门、窗框位置应考虑外门窗套,贴面砖的模数取1~2块面砖的尺寸数,不要机械地摆在墙中,以免割砖的麻烦。

面砖的压向与排水的坡向必须正确。对窗套上滴水线面砖的压向为“大面罩小面”或拼角(45°)两种贴法；墙、柱阳角一般采用拼角(45°)的贴法；作为滴水线的面砖其根部粘贴总厚度应大于1cm，并呈鹰嘴状。女儿墙、阳台栏板压顶应贴成明显向内泛水的坡向；窗台面砖应贴成内高外低2cm，用水泥砂浆勾成小半圆弧形，窗台口再落低2cm作为排水坡向，该尺寸应在排砖时统一考虑，以达到横、竖线条全部贯通的要求。

粘贴面砖时，水平缝以面砖上口为准，竖缝以面砖左边为准。

3) 勾缝不密实、不光洁、深浅不统一：

勾缝必须作为一道工序认真对待，砂浆配合比一般为1:1，稠度适中，砂浆镶嵌应密实，勾缝抽光时间应适当(即初凝前)。

勾缝应自制统一的勾缝工具(视缝宽选定勾缝筋或勾缝条大小)，并应规范操作，其缝深度一般为2mm或面砖小圆角下；缝形状可勾成平缝或微凹缝(半圆弧形)勾缝深度与形状必须统一，勾缝应光洁，特别在“十字路口”应通畅(平顺)。

4) 面砖不平整、色泽不一致：

粘贴面砖操作方法应规范化，随时自查，发现问题，在初凝前纠正，保持面砖粘贴的平整度与垂直度。

粘贴面砖应严格选砖，力求同批产品、同一色泽；可模拟摆砖(将面砖铺在场地上)，有关人员站在一定距离俯视面砖色泽是否一致，若发现色差明显或翘曲变形的面砖，当场就予剔除。

用草绳或色纸盒包装的面砖在运输、保管与施工期间要防止雨淋与受潮，以免污染面砖。

5) 无釉面砖表面污染、不洁净：

无釉面砖在粘贴前，可在其表面先用有机硅(万可涂)涂刷一遍，待其干后再放箱内供粘贴使用。涂刷一道有机硅，其目的是在面砖表面形成一层无色膜(堵塞毛细孔)，砂浆污染在面砖上易清理干净。

无釉面砖粘贴与勾缝中，应尽量减少与避免灰浆污染面砖，面砖勾缝应自上而下进行，一旦污染，应及时清理干净。

(2) 粘贴大理石与花岗岩的质量缺陷

【现象】

1) 大理石或花岗岩固定不牢固。

2) 大理石或花岗岩饰面空鼓。

3) 接缝不平,嵌缝不实。

4) 大理石纹理不顺,花岗岩色泽不一致。

【治理】

1) 粘贴前必须在基层按规定预埋 $\phi 6$ 钢筋接头或打膨胀螺栓与钢筋连接,第一道横筋在地面以上 100mm 上与竖筋扎牢,作为绑扎第一皮板材下口固定铜丝。

2) 在板材上应事先钻孔或开槽,第一皮板材上下两面钻孔(4 个连接点),第二皮及其以上板材只在上面钻孔(2 个连接点),髓脸板材应三面钻孔(6 个连接点),孔位一般距板宽两端 1/4 处,孔径 5mm,深度 12mm,孔位中心距板背面 8mm 为宜。

3) 外墙砌贴(筑)花岗石,必须做到基底灌浆饱满,结顶封口严密。

4) 安装板材前,应将板材背面灰尘用湿布擦净;灌浆前,基层先用水湿润。

5) 灌浆用 1:2.5 水泥砂浆,稠度适中,分层灌浆,每次灌注高度一般为 200mm 左右,每皮板材最后一次灌浆高度要比板材上口低 50～100mm,作为与上皮板材的结合层。

6) 灌浆时,应边灌边用橡皮锤轻击板面或用短钢筋插入轻捣,既要捣密实,又要防止碰撞板材而引起位移与空鼓。

7) 板材安装必须用托线板找垂直、平整,用水平尺找上口平直,用角尺找阴阳角方正;板缝宽为 1～2mm,排缝应用统一垫片,使每皮板材上口保持平直,接缝均匀,用糨糊状熟石膏粘贴在板材接缝处,使其硬化结成整体。

8) 板材全部安装完毕后,须清除表面石膏和残余痕迹,调制与板材颜色相同的色浆,边嵌缝边擦洗干净,使接缝嵌得密实、均匀、颜色一致。

9）对重要装饰面，特别是纹理密集的大理石，必须做好镶贴试拼工作，一般可在地坪上或草坪上进行。应对好颜色，调整花纹，使板与板之间上下左右纹理通顺，色调一致，形成一幅自然花纹与色彩的风景画面（安装饰面应由上至下逐块编制镶贴顺序号）。

10）在安装过程中对色差明显的石材，应及时调整，以体现装饰面的整体效果。

(3) 干挂大理石与花岗岩的质量缺陷

【现象】

1）干挂大理石或花岗岩固定不牢固。

2）接缝不平整，嵌缝不密实、不均匀、不平直。

【治理】

1）干挂大理石或花岗岩前，应事先在基层按规定预埋铁件。

2）根据干挂板材的规格大小，选定竖向与横向组成钢构架的规格与质量，例如：25mm×600mm×1200mm 的板材，可选竖向用 6～8 号槽钢，横向用 3～4 号角钢，竖向按 1200mm 分格，横向按 600mm 分格。

3）板材上、下两端应准确切割连接槽两条，并分别安装不锈钢挂件与其连接。

4）严格按打胶工艺嵌实密封胶。

(4) 砖石饰面泛碱

【现象】

面砖、大理石与花岗岩饰面沿板缝泛白色结晶物，污染饰面。

【治理】

1）如果发现早期粘贴的面砖、大理石、花岗岩饰面泛碱，只要选择一个好天气，即有太阳的晴天，先用草酸将饰面泛碱等污物洗掉，然后用清水冲刷干净，最好晒一天后，在饰面上喷涂有机硅（万可涂）两度，即可收到表面洁净与有光泽的良好效果。

2）新粘贴的饰面待粘结牢固后，将饰面清理干净，采用上述方法喷涂有机硅两度，可以预防饰面泛碱。

5. 涂料工程

(1) 漆膜皱纹与流坠

【现象】

油漆饰面上漆膜干燥后收缩,形成皱纹,出现流坠现象。

【治理】

1) 要重视漆料、催干剂、稀释剂的选择。一般选用含桐油或树脂适量的调合漆;催干剂、稀释剂的掺入要适当,宜采用含锌的催干剂。

2) 要注意施工环境温度和湿度的变化,高温、日光曝晒或寒冷,以及湿度过大一般不宜涂刷油漆;最好在温度15~25℃,相对湿度50%~70%条件下施工。

3) 要严格控制每次涂刷油漆的漆膜厚度,一般油漆为50~70μm,喷涂油漆应比刷漆要薄一些;要避免在长油度漆膜上加涂短油度漆料,或底漆未完全干透的情况下涂刷面漆。

4) 对于黏度较大的漆料,可以适当加入稀释剂;对黏度较大而又不宜稀释的漆料,要选用刷毛短而硬、且弹性好的油刷进行涂刷。

5) 对已产生漆膜皱纹或油漆流坠的现象,应待漆膜完全干燥后,用水砂纸轻轻将皱纹或流坠油漆打磨平整;对皱纹较严重不能磨平的,需在凹陷处刮腻子找平;在油漆流坠面积较大时,应用铲刀铲除干净,修补腻子后打磨平整,然后再分别满刷一遍面漆。

(2) 漆面不光滑,色泽不一致

【现象】

漆面粗糙,漆膜中颗粒较多,色泽深浅不一致。

【治理】

1) 涂刷油漆前,物体表面打磨必须到位并光滑,灰尘、砂粒等应清除干净。

2) 要选用优良的漆料;调制搅拌应均匀,并过筛将混入的杂物滤净;严禁将两种以上不同型号、性能的漆料混合使用。

3) “漆清水”即浅色的物体本色,应事先做好造材工作,力求材料本身色泽一致;否则只能“漆混水”即深色,同时也要制好腻子使色泽一致。

对于高级装饰的油漆,应用水砂纸或砂蜡打磨平整光洁,最后上光蜡或进行抛光,提高漆膜的光滑度与柔和感。

(3) 涂层裂缝、脱皮

【现象】

漆面开裂、脱皮。

【治理】

物体表面特别是木门表面必须用油腻子批嵌,严禁用水性腻子。

(4) 涂层不均匀,刷纹明显

【现象】

涂层厚薄、深浅不均匀,刷纹明显,表面手感不平整,不光洁。

【治理】

1) 遇基层材料差异较大的装饰面,其底层特别要清理干净,批刮腻子厚度要适中;须先做一块样板,力求涂料涂层均匀。

2) 使用涂料时须搅拌均匀,涂料稠度要适中;涂料加水应严格按出厂说明书要求,不得任意加水稀释。

3) 涂料涂层厚度要适中,厚薄一致;毛刷软硬程度应与涂料品种适应;涂刷操作时用力要均匀、顺直,刚中带柔。

(5) 装饰线与分色线不平直、不清晰,涂料污染

【现象】

1) 阳台底面涂料与墙面阴角等相邻不同饰面的分色线不平直,不清晰。

2) 墙面、台垛、踢脚线等不同颜色的装饰线、分色线不平直、不清晰。

3) 不同颜色的涂料分别(先后)涂刷时,污染相邻的不同饰取或部件。

【治理】

1) 必须加强对涂料涂刷人员教育,增强质量意识,提高操作

技术水平,克服涂刷的随意性与涂料污染。

2) 涂料涂刷必须严格执行操作程序与施工规范,采用粘贴胶带纸技术措施,确保装饰线与分色线平直与清晰。

3) 加强对涂料工程各涂刷工序质量交底与质量检查,尽量减少与预防涂料污染,发现涂料污染,立即制止与纠正。

6. 裱糊工程

(1) 裱糊面皱纹、不平整

【现象】

裱糊面未铺平,呈皱纹、麻点与凹凸不平状。

【治理】

1) 基层表面的粉尘与杂物必须清理干净;对表面凹凸不平较严重的基层,首先要大致铲平,然后分层批刮腻子找平,并用砂纸打磨平整、擦净。

2) 选用材质优良与厚度适中的壁纸。

3) 裱糊壁纸时,应用手先将壁纸铺平后,才能用刮板缓慢抹压,用力要均匀;若壁纸尚未铺平整,特别是壁纸已出现皱纹,必须将壁纸轻轻揭起,用手慢慢推平,待无皱纹、切实铺平后方能抹压平整。

(2) 接槎明显,花饰不对称

【现象】

裱糊面层搭接处重叠,接槎明显,纸(布)粘贴花纹不对称。

【治理】

1) 壁纸粘贴前,应先试贴,掌握壁纸收缩性能;粘贴无收缩性的壁纸时,不准搭接,必须与前一张壁纸靠紧而无缝隙;粘贴收缩性较大的壁纸时,可按收缩率适当搭接,以便收缩后,两张纸缝正好吻合。

2) 壁纸粘贴的每一装饰面,均应弹出垂线与直线,一般裱糊 2~3 张壁纸后,就要检查接缝垂直与平直度,发现偏差应及时纠正。

3) 粘贴胶的选择必须根据不同的施工环境温度、基层表面材料及壁纸品种与厚度等确定；粘贴胶必须涂刷均匀，特别在拼缝处，胶液与基层粘结必须牢固，色泽必须一致，花饰与花纹必须对称。

4）壁纸（布）选择必须慎重。一般宜选用易粘贴、且接缝在视觉上不易察觉的壁纸（布）。

7．玻璃工程

（1）油灰及其批嵌不符合规范要求

【现象】

油灰面皱皮、龟裂、脱落；底油灰未批嵌，或不饱满，面油灰棱角不规范。

【治理】

1）市场采购的油灰，质量普遍较差，必须用熟桐油再次加工拌制，使油灰具有较好的塑性，批嵌时不断裂，不出现麻面。

2）油灰批嵌操作要规范，必须座底灰；批嵌油灰时，应将油灰揉匀搓成细条，用拇指嵌入槽内；并用铲刀从一端向另一端刮成45°斜坡，抹嵌光滑平整。

（2）玻璃固定不牢固

【现象】

玻璃安装后，手轻击玻璃声音不洪亮，玻璃松动，固定不牢。

【治理】

1）裁口内铺垫的底油灰必须厚薄适度、均匀。

2）玻璃尺寸裁割准确，保证玻璃每边镶入裁口不少于3/4的裁口。

3）每块玻璃每边钉子（或卡子）不得少于一枚。边长大于40cm，每20cm应钉一枚钉子（或卡子）。钉帽应紧贴玻璃表面且钉牢。

8．地面工程

（1）水泥地面

1）地面起砂

【现象】

地面表面粗糙，不坚固，使用后表面出现水泥灰粉，随走动次数增多，砂粒逐步松动，露出松散的砂子和水泥灰。

【治理】

① 严格控制水灰比，用水泥砂浆作面层时，稠度不应大于35mm，如果用混凝土作面层，其坍落度不应大于30mm。

② 水泥地面的压光一般为三遍：第一遍应随铺随拍实，抹平；第二遍压光，应在水泥初凝后进行（以人踩上去有脚印但不下陷为宜）；第三遍压光要在水泥终凝前完成（以人踩上去脚印不明显为宜）。

③ 面层压光24h后，可用湿锯末或草帘子覆盖，每天洒水2次，养护不少于7d。

④ 面层完成后应避免过早上人走动或堆放重物，严禁在地面上直接搅拌或倾倒砂浆。

⑤ 水泥宜采用硅酸盐水泥和普遍硅酸盐水泥，强度等级一般不应低于32.5级，严禁使用过期水泥或将不同品种、等级的水泥混用；砂子应用粗砂或中砂，含泥量不大于3%。

⑥ 小面积起砂且不严重时，可用磨石子机或手工将起砂部分水磨，磨至露出坚硬表面。也可把松散的水泥灰和砂子冲洗干净，铺刮纯水泥浆1～2mm，然后分三遍压光。

⑦ 对严重起砂的地面，应把面层铲除后，重新铺设水泥砂浆面层。

2）地面、踢脚板空鼓

【现象】

地面与踢脚板产生空鼓，用小锤敲击有空鼓声，严重时会开裂甚至剥落，影响使用。

【治理】

① 做好基层清理工作。认真清除浮灰、白灰砂浆、浆膜等污物，粉刷踢脚板处的墙面前应用钢丝刷清洗干净，地面基层过于光滑的应凿毛或刷界面处理剂。

② 施工前认真洒水湿润，使施工时达到润湿饱和但无积水。

③ 地面和踢脚板施工前应在基层上均匀涂刷素水泥浆结合层,素水泥浆水灰比为0.4~0.5。地面不宜用先撒水泥后浇水的扫浆方法。涂刷素水泥浆应与地面铺设或踢脚板抹灰紧密配合,做到随刷随抹。如果素水泥浆已结硬,一定要铲去重新涂刷。

④ 踢脚板不得用石灰砂浆或混合砂浆抹底灰,一般可用1:3水泥砂浆。

⑤ 踢脚板抹灰应控制分层厚度,每层宜控制在5~7mm。

⑥ 对于空鼓面积不大于400cm^2,且无裂纹,以及人员活动不频繁的房间边、角部位,一般可不做处理。当空鼓超出以上范围应局部翻修,可用混凝土切割机沿空鼓部位四周切割,切割面积稍大于空鼓面积,并切割成较规则的形状。然后剔除空鼓的面层,适当凿毛底层表面,冲洗干净。修补时先在底面及四周刷素水泥浆一遍,随后用与面层相同的拌合物铺设,分三次抹光。如地面有多处大面积空鼓,应将整个面层凿去,重新铺设面层。

⑦ 如踢脚板局部空鼓长度不大于40cm,一般可不做处理。当空鼓长度较长或产生裂缝、剥落时,应凿去空鼓处踢脚板,重新抹灰修整好。

3) 地面不规则裂缝

【现象】

这种裂缝在底层回填土的地面上以及预制板楼地面或整浇板楼地面上都会出现,裂缝的部位不固定,形状也不一,有的为表面裂缝,也有贯穿裂缝。

【治理】

① 室内回填土前要清除积水、淤泥、树根等杂物,选用合格土分层夯实。靠墙边、墙角、柱边等机械夯不到的地方,要人工夯实。

② 面层铺设前,应检查基层表面的平整度,如有高低不平,应先找平,使面层厚薄一致。局部埋设管道时,管道顶面至地面距离不得小于10mm。当多根管道并列埋设时,应铺设钢丝网片,防止面层裂缝。

③ 严格控制面层水泥拌合物用水量,水泥砂浆的稠度不大于

35mm,混凝土坍落度不大于 30mm,如表面水分大,难以压光时,可均匀撒一些 1:1 干水泥砂,不宜撒干水泥。

④ 面层完成 24h 后,及时铺湿草帘或湿锯末,洒水养护 7~10d。

⑤ 面积较大地面应按设计或地面规范要求,设置分格缝。

⑥ 对宽度细小,无空鼓现象的裂缝,如果楼面平时无液体流淌,一般可不做处理。对宽度在 0.5mm 以上的裂缝,可用水泥浆封闭处理。

⑦ 如果裂缝涉及结构变形,应结合结构是否需加固一并考虑处理办法。对于还在继续开展的裂缝,可继续观察,待裂缝稳定后再处理。如已经使用且经常有液体流淌的,可先用柔性密封材料做临时封闭处理。

4）楼梯踏步高度、宽度不一

【现象】

楼梯踏步的高度或宽度不一致,最常发生在梯段的首级或末级。

【治理】

① 加强主体施工中梯段支模、浇制时的尺寸复核,使踏步的每级高度和宽度保持一致。

② 踏步抹面前,应根据平台标高和楼面标高,在楼梯侧面墙上弹一条标准斜线,然后根据踏步级数等分斜线,斜线上的等分点即为踏步抹面阳角位置。对于首级和末级踏步尚应考虑因楼面面层做法不同引起的高差。

③ 如楼梯踏步高度或宽度不一,人行走时感觉明显,可根据情况做如下处理:

如偏差级数较多或偏差值较大,应将面层全部凿除,弹线等分后重新抹面。

当仅有首级或末级偏差时,也可仅凿去有偏差处几级面层,适当修凿偏差大的踏步,然后在这几级中平均等分抹面,这样虽不能使全部踏步高、宽完全一致,但也可减少偏差值,同时避免整个梯段返工损失。

5）散水坡下沉、断裂

【现象】

建筑物四周散水坡沿外墙开裂、下沉，在房屋转角处或较长散水坡的中间断裂。

【治理】

① 基槽、基坑回填土应分层夯实，散水坡垫层也应认真夯实平整。

② 散水坡与外墙相连处应设缝分开，沿散水坡长度方向间距不大于 6m 应设一分格缝，房屋转角处亦应设置缝宽为 20mm 的 45°斜向分格缝。注意不要把分格缝设置在水落口位置。缝内填嵌沥青胶结料。

③ 散水坡浇制完成后，要认真覆盖草帘等浇水养护。

④ 如散水坡有较大下沉或断裂较多，应把下沉和断裂部位凿除，夯实后重新浇制。

⑤ 如仅有少数断裂，可在断裂处凿开一条 20mm 宽、约 20mm 深的槽口，槽内填嵌沥青胶结料。

（2）板块地面（地砖、大理石、花岗石）

1）地面空鼓、脱壳

【现象】

用小锤轻击地面有空鼓声，严重处板块与基层脱离。

【治理】

① 确保基层平整、洁净、湿润。

② 板块应提前浸水，地砖应提前 2～3h 浸水，如背面有灰尘应洗干净，待表面晾干无明水后方可铺贴。

③ 先刷建筑胶水泥浆一遍（水泥、建筑胶、水之比为 1:0.1:0.4），约 15～30min 后，铺 1:2 干硬性水泥砂浆结合层，然后将板块背面刮一层薄水泥砂浆，铺贴时要求板块四角同时下落，用木锤或橡皮锤垫木块轻击，使砂浆振实，并敲至与旁边板块平齐。也可采用粘结剂做结合层。

④ 铺贴大理石、花岗岩时，按前述要求试铺，合适后，将板块掀起检查结合层，如有空隙，则用砂浆补实，再浇一层水灰比为0.45的素水泥浆，板块背面也刮一层素水泥浆，最后正式铺贴。

⑤ 铺好的地面应及时洒水养护，一般不少于7d，在此期间不准上人。

⑥ 地砖空鼓、脱壳严重时，可将地砖掀开，凿除原结合层砂浆，冲洗干净晾干后，按照本条防治措施之③的方法重新铺贴，最后用水泥砂浆灌缝、擦缝。

2）接缝不平，缝口宽度不均

【现象】

相邻板块接缝高差大，板块缝口宽度不一。

【治理】

① 施工前要认真检查板块材料质量是否符合有关标准的规定，不符合标准要求的不能使用。

② 从走廊统一往房间引测标高，并按操作规程进行预排，弹控制线等，铺贴时纵、横接缝宽度应一致，经常用靠尺检查表面平整度。

③ 铺贴大理石、花岗石时，应在房内四边取中，在地面上弹出十字线，先铺设十字线交叉处一块为标准块，用角尺和水平尺仔细校正。然后由房间中间向两侧和后退方向顺序铺设，随时用水平尺和直尺找准。缝口必须拉通长线，板缝宽度一般不大于1mm。

④ 地面铺贴好后，注意成品保护，在养护期内禁止人员通行。

⑤ 对接缝高差过大或接缝宽度严重不一致的地方，应返工重新铺贴。

3）带地漏地面倒泛水

【现象】

地漏处地面偏高，造成地面积水和外流。

【治理】

① 主体工程施工时，卫生间、阳台地面标高一般应比室内地面低20mm。

② 安装地漏应控制好标高，使地漏盖板低于周围地面5mm。

③ 地面施工时，应以地漏为中心向四周辐射冲筋，找好坡度。铺贴前要试水检查找平层坡度，无积水才能铺贴。

④ 对于倒泛水的地面应将面层凿除，拉好坡线，用水泥砂浆重新找坡，然后重新铺贴。如因主体工程施工时楼面未留设高差而无法找坡时，也可在卫生间门口设一拦水坎，以保证地面有一定的泛水坡度。

(3) 木质地面

1) 木板松动或起拱

【现象】

木地板使用后产生松动，踏上去有响声或木地板局部拱起。

【治理】

① 搁栅、毛地板、面层等木材的材质、规格以及含水率应符合设计要求和有关规范的规定。

② 铺设木质面层，应尽量避免在气候潮湿时施工。

③ 木搁栅、地板底面应作防腐防潮处理。

④ 铺钉地板用的钉，其长度应为木板厚度的2～2.5倍。

⑤ 搁栅与墙之间应留出30mm的缝隙，毛地板和木质面层与墙之间应留10～20mm的缝隙，面层与墙的间隙用木踢脚板封盖。

⑥ 当木地板面层严重松动或起拱，影响使用时，应拆除重新铺设。

⑦ 对于面层局部起拱，可卸下起拱的地板，把板刨窄一点，然后铺钉平整。如面层仅有轻度起拱时，可采用表面刨削的办法整治。对局部木板松动，可更换少量木板重新钉牢。

2) 拼缝不严

【现象】

木质板块拼缝不严密，缝隙偏大，影响使用和外观。

【治理】

① 应选用不易变形开裂、经过干燥处理的木材。木搁栅、剪刀撑等木材的含水率不应超过20%，毛地板和面层木地板的含水

率不应大于12%。

② 铺设地板面层时，从墙的一边开始逐块排紧铺钉，板的排紧可在木搁栅上钉扒钉，在扒钉与板之间用对拔楔打紧。然后用钉从侧边斜向钉牢，使木板缝隙严密。

③ 如地面大多数缝隙过大时，需返工重新铺设。

④ 如仅有个别较大缝隙时，也可采用塞缝的办法修理，刨一根与缝隙大小相当的梯形木条，两侧涂胶，小面朝下塞入缝内，待胶干后将高出地板面部分刨平。

⑤ 当有个别小于2mm的缝隙时，可用填刮腻子的办法修理。

(4) 楼地面渗漏

1) 穿楼板管根部渗漏

【现象】

楼面的积水通过厨房、卫生间楼板与管道的接缝处渗漏。

【治理】

① 穿管周围的混凝土填充前要清除酥松的砂、石，并刷洗干净，浇捣要密实，预留10mm×10mm(深×宽)的密封槽，未预留密封槽时，应重新剔槽，用柔性密封胶嵌填。

② 在楼板上面无法处理时，亦可在楼板下面的管根周边凿槽25mm×25mm(深×宽)，用遇水膨胀橡胶条嵌填深20mm，表面再用聚合物砂浆抹平。

③ 蒸汽管穿越楼板的部位应先预埋套管，套管应高出楼地面100mm，套管外侧根部也应设槽，嵌填密封材料。

2) 地面渗漏

【现象】

厨房、卫生间地面的楼板，在板下或板端承载墙面出现渗漏水。地面是钢筋混凝土现浇板时，也会出现渗漏水现象。

【治理】

厨房、卫生间楼板应用整体现浇钢筋混凝土楼板，在板边同时浇筑上翻不小于60mm的挡水板。浇筑混凝土时应用平板振动器振实。

9. 门窗工程

(1) 木门窗工程

木门、窗框变形,木门、窗扇翘曲

【现象】

① 门框不在同一个平面内,门框接触的抹灰层挤裂,或与抹灰层离开,造成开关不灵。

② 门、窗扇不在同一个平面内,关不严。

【治理】

① 用含水率达到规定数值的木材制作。

② 选用树种一般为一、二级杉木、红松,掌握木材的变形规律,合理下锯,不用易变形的木材,对于较长的门框边梃,选用锯割料中靠心材部位。对于较高、较宽的门窗扇,设计时应适当加大断面。

③ 门框边梃、上槛料较宽时,靠墙面边应推凹槽以减少反翘,其边梃的翘曲应将凸面向外,靠墙顶住,使其无法再变形。对于有中贯档、下槛牵制的门框边梃,其翘曲方向应与成品同在一个平面内,以便牵制其变形。

④ 提高门扇制作质量,刮料要方正,打眼不偏斜,榫头肩膀要方正,拼装台要平正,拼装时掌握其偏扭情况,加木楔校正,做到不翘曲,当门扇偏差在 3mm 以内时可在现场修整。

⑤ 门料进场后应及时涂上底子油,安装后应及时涂上油漆,门成品堆放时,应使底面支承在一个平面内,表面要覆盖防雨布,防止发生再次变形。

(2) 塑钢门窗安装工程

1) 门窗框松动,四周边嵌填材料不正确

【现象】

门窗安装后经使用产生松动。

【治理】

① 门窗应预留洞口,框边的固定片位置距离角、中竖框、中横框 150~200mm,固定片之间距离小于或等于 600mm,固定片的安

装位置应与铰链位置一致。门窗框周边与墙体连接件用的螺钉需要穿过衬加的增强型材,以保证门窗的整体稳定性。

② 框与混凝土洞口应采用电锤在墙上打孔装入尼龙膨胀管,当门窗安装校正后,用木螺丝将镀锌连接件固定在膨胀管内,或采用射钉固定。

③ 当门窗框周边是砖墙或轻质墙时,砌墙时可砌入混凝土预制块以便与连接件连接。

④ 推广使用聚氨酯发泡剂填充料(但不得用含沥青的软质材料,以免PVC腐蚀)。

2) 门窗框外形不符合要求

【现象】

门、窗框变形,门、窗扇翘曲。

【治理】

① 门、窗采用的异型材、原材料应符合《门窗框硬聚氯乙烯型材》(GB 8814)等有关国家标准的规定。

② 衬钢材料断面及壁厚应符合设计规定(型材壁厚不低于1.2mm),衬钢应与PVC型材配合,以达到共同组合受力目的,每根构件装配螺钉数量不少于3个,其间距不超过500mm。

③ 四个角应在自动焊机上进行焊接,准确掌握焊接参数和焊接技术,保证节点强度达到要求,做到平整、光洁、不翘曲。

④ 门窗存放时应立放,与地面夹角大于70°,距热源应不少于1m,环境温度低于50℃,每扇门窗应用非金属软质材料隔开。

3) 门窗开启不灵活

【现象】

装配间隙不符合要求,或有下垂等现象,妨碍开启。

【治理】

① 铰链的连接件应穿过PVC腔壁,并要同增强型材连接。

② 窗扇高度、宽度不能超过摩擦铰链所能承受的重量。

③ 门窗框料抄平对中,校正好后用木楔固定,当框与墙体连接牢固后应再次吊线及对角线检查,符合要求后才能进行门窗扇

安装。

4）雨水渗漏

【现象】

使用中门窗出现渗漏。

【治理】

① 密封条质量应符合《塑料门窗用密封条》(GB 12002—89)的有关规定，密封条的装配用小压轮直接嵌入槽中，使用无“抗回缩”的密封条应放宽尺寸，以保证不缩回。

② 玻璃进场应加强检查，不合格者不得使用。

③ 窗框上设有排水孔，同时窗扇上也应设排水孔，窗台处应留有 50mm 空隙，向外做排水坡。

④ 产品进场必须检查抗风压、空气渗透、雨水渗漏三项性能指标，合格后方可安装。

⑤ 框与墙体缝隙应用聚氨酯发泡剂嵌填，以形成弹性连接并嵌填密实。

(3) 玻璃幕墙工程

1）预埋件强度达不到设计要求，预埋件漏放、歪斜、偏移

【现象】

预埋件变形、松动，土建施工时漏埋预埋件，预埋件位置进出不一、偏位。

【治理】

① 预埋件变形、松动：

预埋件应进行承载力计算，一般承载力的取值为计算的 5 倍。

预埋件钢板宜采用热镀锌的 HPB235 号钢，其材质应符合国家有关标准。

旧建筑安装幕墙时，原有房屋的主体结构混凝土强度不宜低于 C30。

② 预埋件漏放：

幕墙施工单位应在主体结构施工前确定。

预埋件必须有设计的预埋件位置图。

旧建筑安装幕墙，不宜全部采用膨胀螺栓与主体结构连接，应每隔3～4层加一层锚固件连接。膨胀螺栓只能作为局部附加连接措施，使用的膨胀螺栓应处于受剪力状态。

③ 预埋件歪斜、偏移：

预埋件焊接固定，应在模板安装结束并通过验收后方可进行。

预埋件安装时，应进行专项技术交底，并有专业人员负责埋设。埋件应牢固，位置准确，并有隐蔽验收记录。

预埋件钢板应紧贴于模板侧面，宜将锚筋点焊在主钢筋上，予以固定。埋件的标高偏差不应大于10mm，埋件位置与设计位置的偏差不应大于20mm。

2）连接件与预埋件之间锚固或焊接不符合要求

【现象】

① 连接件与预埋件节点处理不符合要求。

② 连接件与空心砖砌体及其他轻质墙体连接强度差。

【治理】

① 幕墙设计应由有资质的设计部门承担，或厂家进行二次设计后，经有资质的设计部门进行审核。

② 幕墙设计时，要对各连接部位画出1∶1的节点大样图；对材料的规格、型号、焊缝等要求应注明。

③ 连接件与预埋件之间的锚固或焊接时，应严格按现行规范进行；焊缝应通过计算，焊工应持证上岗，焊接的焊缝应饱满、平整。

④ 施工空心砖砌体及轻质墙体时，宜在连接件部位的墙体现浇埋有预埋钢板的C30混凝土枕头梁，其截面应不小于250mm×500mm，或连接件穿过墙体，在墙体背面加横扁担铁加强。

3）连接件与立柱、立柱与横梁之间未按规范要求安装垫片

【现象】

① 连接件与立柱之间无垫片。

② 立柱与横梁之间未按弹性连接处理。

【治理】

① 为防止不同金属材料相接触产生电化学腐蚀，须在其接触部位设置1mm厚的绝缘耐热硬质有机材料垫片。

② 幕墙立柱与横梁之间为解决横向温度变形和隔声的问题，在连接处宜加设一边有胶一边无胶的弹性橡胶垫片，或尼龙垫；弹性橡胶垫应有20%～35%的压缩性，一般用邵尔A型75～80，有胶的垫片的一面贴于立柱上。

4）芯管安装长度和安装质量不符合要求

【现象】

① 芯管插入长度不规范。

② 伸缩缝处未用胶嵌填。

【治理】

① 芯管节点应有设计大样图和计算书。

② 芯管计算必须满足以下要求：

立柱的惯性矩小于或等于连接芯管的惯性矩。

芯管每端的插入量应大于200mm，且大于或等于$2h$（h为立柱的截面高度）。

立柱与芯管之间应为可动配合；立柱芯管应与下层立柱固定，上端为自由端。

立管与芯管的接触面积应大于80%。

③ 伸缩接头处的缝隙应用密封胶嵌填。

5）幕墙渗漏

【现象】

① 幕墙安装后出现渗漏水。

② 开启窗部位有渗水现象。

【治理】

① 幕墙构件的面板与边框所形成的空腔应采用等压原理设计，可能产生渗漏水和冷凝水的部位应预留泄水通道，集水后由管道排出。

② 注耐候胶前，对胶缝处用二甲苯或丙酮进行两次以上清洁。

③ 二次注耐候胶前，按以上办法进行清洗，使密封胶在长期压力下保持弹性。

④ 严格按设计要求使用泡沫条，以保证耐候胶缝厚度的一致。一般耐候胶宽深比为2:1(不可小于1:1)。胶缝应横平竖直，缝宽均匀。

⑤ 开启窗安装的玻璃应与玻璃幕墙在同一平面。

6) 防火隔层设计安装不符合要求

【现象】

① 幕墙安装后无防火隔层。

② 安装的防火隔层用木质材料封闭。

【治理】

① 在初步设计时，外立面分割应同步考虑防火安全设计，设计应符合现行防火规范要求，并应有1:6大样图和设计要求。

② 幕墙设计时，横梁的布置要与层高相协调，通常每一个楼层都是一个独立的防火分区，所以在楼面处应设横梁，以便设置防火隔层。

③ 玻璃幕墙与每层楼层处、隔墙处的缝隙应用防火棉等不燃烧材料严密填实。但防火层用的隔断材料等不能与幕墙玻璃直接接触，其缝隙用防火保温材料填塞，面缝用密封胶连接密封。

7) 玻璃爆裂

【现象】

玻璃产生爆裂。

【治理】

① 选材：应选用国家定点生产厂家的幕墙玻璃，优先采用特级品和一级品的安全玻璃。

② 玻璃要用磨边机磨边，否则在安装过程中和安装后，易产生应力集中。安装后的钢化玻璃表面不应有伤痕。钢化玻璃应提前加工，让其先通过自爆考验。

③ 立柱安装标高偏差不应大于3mm，轴线前后偏差不应大于2mm，左右偏差不应大于3mm。横梁同高度相邻的两根横向构

件安装在同一高度,其端部允许高差为1mm。

④ 玻璃安装的下构件框槽中应设不少于两块弹性定位橡胶垫块,长度不应小于100mm,以消除变形对玻璃的影响。

8) 幕墙没有防雷体系

【现象】

① 幕墙没有安装防雷体系。

② 安装的防雷体系不符合要求。

【治理】

① 幕墙防雷设计必须与幕墙设计同步进行。幕墙的防雷设计应符合《建筑物防雷设计规范》(GB 50057—94)的有关规定。

② 幕墙应每隔三层设30mm×3mm的扁钢压环的防雷体系,并与主体结构防雷系统相接,使幕墙形成自身的防雷体系。

③ 安装后的垂直防雷通路应保证符合要求,接地电阻不得大于10Ω。

6.2.2.4 屋面防水工程

1. 防水基层

(1) 基层空鼓、裂缝

【现象】

部分空鼓,有规则或不规则裂缝。

【治理】

检查结构层,质量合格后,刮除表面灰疙瘩,扫刷,冲洗干净,用1:3水泥砂浆刮补凹洼与空隙,抹平、压实并湿润养护,湿铺保温层必须留设宽40~60mm的排汽槽,排汽槽纵横间距不大于6m,在十字交叉口上须预埋排汽孔,在保温层上用厚20mm、1:2.5的水泥砂浆找平,随捣随抹,抹平压实,并在排汽槽上用200mm宽的卷材条通长覆盖,单边粘贴。

在未留设排汽槽或分格缝的保温层和找平层基面上,出现较多的空鼓和裂缝时,宜按要求弹线切槽(缝),凿除空鼓部分进行修补和完善。

(2) 基层酥松、起砂、脱壳

【现象】

找平层酥松,表面起砂,影响防水层粘结。

【治理】

找平层施工前,结构层面必须扫刷冲洗干净,应用32.5级普通硅酸盐水泥,中砂的含泥量控制在3%以下,拌制的砂浆按配合比计量,随拌随用。每一分格仓内,需一次铺满砂浆,及时刮平压实,不留施工缝,收水后应二次压实。湿养护不少于7d,冬期做好保温防冻工作。找平层已出现酥松和起砂现象,应采取下述措施进行治理:

1) 因使用劣质水泥或含泥量大的细砂而造成找平层强度低且又酥松时,必须全部铲除,用合格水泥与砂拌制重新铺抹。

2) 因冬期受冻,找平层表面酥松不足3mm时,可用钢丝刷刷除酥松层,扫刷冲洗干净后,用108胶聚合砂浆修补。

(3) 基层平整度差

【现象】

排水不畅,积水深度大于10mm。

【治理】

施工前必须先安装好水落口杯,从杯口面拉线找坡度,确保排水畅通,大面必须用2m刮尺刮平,在天沟或大面上出现凹凸不平的情况,应凿除凸出的部分,用聚合物水泥浆填压凹下的地方和凿除的毛面部分。

2. 卷材防水工程

(1) 卷材防水层空鼓

【现象】

卷材铺贴后即发现鼓泡,一般由小到大,随气温的升高,气泡数量和尺寸增加。

【治理】

基层必须干燥,用简易检验方法测试合格后,方可铺贴;基层要扫刷干净,选用的基层处理剂、粘结剂要和卷材的材性相匹配,经测试合格后方可使用;待涂刷的基层处理剂干燥后,涂刷粘结剂。卷材铺贴时,必须排除下面的空气,滚压密实。也可采用条粘、点粘、空铺的方法,确保排汽道畅通。

有保温层的卷材防水屋面工程,必须设置纵横贯通的排汽槽和穿出防水层的排汽井。

(2) 卷材防水层裂缝

【现象】

防水层出现沿预制屋面板端头裂缝、节点裂缝、不规则裂缝渗漏。

【治理】

1) 选用延伸率大,耐用年限要高于15年的卷材。

2) 在预制屋面板端头缝处设缓冲层,干铺卷材条宽300mm。铺卷材时不宜拉得太紧。夏天施工要放松后铺贴。

在防水卷材已出现裂缝时,沿规则的裂缝弹线,用切割机切割。如基层没有留分格缝,则要切缝,缝宽20mm,缝内嵌填柔性密封膏,面上沿缝空铺一条宽200mm的卷材条作缓冲层,再满粘一条350mm宽的卷材防水层,节点细部裂缝的处理方法同上。

(3) 女儿墙根部漏水

【现象】

防水层沿女儿墙根部阴角空鼓、裂缝,女儿墙砌体裂缝,压顶裂缝,山墙被推出墙面,雨水从缝隙中灌入内墙。

【治理】

施工屋面找平层和刚性防水层时,在女儿墙交接处应留30mm的分格缝,缝中嵌填柔性密封膏;女儿墙根部的阴角粉成圆弧,女儿墙高度大于800mm时,要留凹槽,卷材端部应裁齐压入预留凹槽内,钉牢后用水泥砂浆或密封材料将凹槽嵌填严实。女儿墙高度低于800mm时,卷材端头直接铺贴到女儿墙顶面,再做钢筋混凝土压顶。

屋面找平层或刚性防水层紧靠女儿墙,未留分格缝时,要沿女儿墙边切割出20～30mm宽的槽,扫刷干净,槽内嵌填柔性密封膏,女儿墙体有裂缝,要用灌浆材料修补,如山墙的女儿墙已凸出墙面时，须拆除后重砌，对卷材收头的张口应修补密封严实。

(4) 天沟、檐沟漏水

【现象】

沿沟底或预制檐沟的接头处，屋面与天沟交接处裂缝，沟底渗漏水。

【治理】

沟内防水层施工前，先检查预制天沟的接头和屋面基层结合处的灌缝是否严密和平整，水落口杯要安装好，排水坡度不宜小于1%，沟底阴角要抹成圆弧，转角处阳角要抹成钝角，用与卷材同性质的涂膜做防水增强层，沟与屋面交接处空铺宽为200mm的卷材条，防水卷材必须铺到天沟外邦顶面。

天沟、檐沟出现裂缝，要将裂缝处的防水层割开，将基层裂缝处凿成"V"形槽，上口宽20mm，并扫刷干净，再嵌填柔性密封膏，在缝上空铺宽200mm的卷材条作缓冲层，然后满粘贴宽350mm的卷材防水层。

(5) 变形缝漏水

【现象】

沿变形缝根部裂缝及缝上封盖处漏水。

【治理】

检查抹灰质量和干燥程度，扫刷干净，在根部铺一层附加层，附加卷材宽300mm，卷材上端要粘牢固(其余为空铺)，在立墙和顶面，卷材要满粘贴，墙顶面盖一条与墙面同宽的卷材，贴好一面后，缝中嵌入衬垫材料，再贴好另一面，上面再覆盖一层卷材，卷材比墙外两边宽200mm，覆盖后粘牢，用现浇或预制钢筋混凝土盖板扣压牢固，预制盖板的接缝用密封膏嵌填密实。

变形缝墙根部出现裂缝而渗漏水，要将裂缝处的卷材割开，基层扩缝后，嵌填防水密封膏，空铺卷材条后，再将原防水层修补、加强粘贴好；变形缝墙顶面卷材拉裂或破损时，应将混凝土盖板取下重新修复。

(6) 水落口漏水

【现象】

沿水落口周围漏水,有的水落口面高于防水层而积水,或因水落口小,堵塞而溢水。

【治理】

现浇天沟的直式水落口杯,要先安装在模板上,方可浇筑混凝土,沿杯边捣固密实。预制天沟,水落口杯安装好后要托好杯管周的底模板。用配合比为 1:2:2 的水泥、砂、细石子混凝土灌筑捣实,沿杯壁与天沟结合处上面留 20mm×20mm 的凹槽并嵌填密封材料,水落口杯顶面不应高于天沟找平层。

水落口的附加卷材粘贴方法:裁一条宽大于或等于 250mm,长为水落口内径加 100mm 的卷材卷成圆筒,伸入水落口内 100mm 粘贴牢固,露出水落口外的卷材剪成 30mm 宽的小条外翻,粘贴在水落口外周围的平面上,再剪一块直径比水落口杯内径大 200mm 的卷材,居中按水落口杯内径剪成米字形,涂胶贴牢,将米字条向口内下插贴牢,然后再铺贴大面防水层。

横式穿墙水落口做法:用 1:3 水泥砂浆或细石混凝土,嵌好水落口与墙体之间的空隙,沿水落口周围留 20mm×20mm 的槽,嵌填密封膏,水落口底边不得高于基层,底面和侧面加贴附加层防水卷材,铺贴方法同上。

当水落口杯平面高于基层防水层时,要拆除纠正,水落口周围与结构层之间的空隙没有嵌填密实时,要将酥松处凿除,重新补嵌密实,并留 20mm×20mm 的凹槽,嵌填防水密封膏,做好防水附加层,再补贴好防水层。

3. 涂膜防水工程

(1) 涂膜防水层空鼓

【现象】

防水涂膜空鼓,鼓泡随气温的升降而膨大或缩小,使防水涂膜被不断拉伸,变薄并加快老化。

【治理】

基层必须干燥,清理干净,先涂刷基层处理剂,干燥后涂刷首道防水涂料，等干燥后，经检查无气泡、空鼓后方可涂刷下道涂料。

(2) 涂膜防水层裂缝

【现象】

沿屋面预制板端头的规则裂缝，也有不规则裂缝或龟裂翘皮，导致渗漏。

【治理】

基层要按规定留设分格缝，嵌填柔性密封材料并在分格缝、排气槽面上涂刷宽 300mm 的加强层，严格涂料施工工艺，每道工序检查合格后方可进行下道工序的施工，防水涂料必须经抽样测试合格后方可使用。

在涂膜由于受基层影响而出现裂缝后，沿裂缝切割 20mm × 20mm(宽×深)的槽，扫刷干净，嵌填柔性密封膏，再用涂料进行加宽涂刷加强，和原防水涂膜粘结牢固。涂膜自身出现龟裂现象时，应清除剥落、空鼓的部分，再用涂料修补，对龟裂的地方可采用涂料进行嵌涂两度。

(3) 反挑梁过水洞渗漏水

【现象】

雨水沿洞内及周边的缝隙向下渗漏。

【治理】

过水洞周围的混凝土应浇捣密实，过水洞宜用完好、无接头的预埋管，管两端头应突出反挑梁侧面 10mm，并留设 20mm × 20mm 的槽，用柔性密封膏嵌填，过水洞及周围的防水层应完整，无破损，粘结要牢固，过水洞畅通。

当过水洞出现渗漏时，应检查预埋管是否破裂，无埋管时，应检查洞内及周边的防水层是否完整，并按上面方法更换预埋管，修补完善防水层。

(4) 内水落口漏水

【现象】

水落口杯与构件结合处嵌填不密实，雨水沿缝隙渗漏。

【治理】

水落口杯和水落管在安装前，应检验合格，杯口应低于找平层，周围与混凝土接触处的缝隙必须用1:2:2的细石混凝土或1:2.5水泥砂浆嵌填密实，沿管周留设20mm×20mm的凹槽，槽内嵌填柔性密封材料，先做好杯口及周围的防水增强层，再进行防水层施工。

当水落口杯周围产生渗漏时，应清除其周围的防水层，沿水落口杯周围凿20mm×20mm的槽，清扫干净后，用柔性密封膏嵌填，再做防水涂料增强修补。

4．刚性防水工程

(1) 裂缝

【现象】

产生有规则的纵、横裂缝，或不规则裂缝。

【治理】

1) 水泥施工细石混凝土刚性防水层时宜选用32.5级普通硅酸盐水泥；石子最大粒径不宜大于15mm，级配良好；中砂含泥量不大于1%，根据不同技术要求，选用合适和合格的外加剂。

2) 普通细石混凝土应严格按配合比计量，水灰比不大于0.55，混凝土中最小水泥用量需大于330kg/m^3，含砂率宜为35%～40%之间，灰砂比为1:2～1:2.5。

3) 施工前检查基层，必须有足够的强度和刚度，表面没有裂缝，找坡后的排水要畅通，然后用石灰砂浆或黏土砂浆、纸筋石灰膏等粉抹基层面，做隔离层。

4) 按要求立好分格缝条，扎好钢筋网，确保钢筋网的位置在混凝土板块厚度的居中偏下，严格按配合比计量，将搅拌均匀的混凝土一次铺满一个分格缝并刮平，振捣密实，在分格缝边和细部节点边要拍实拍平。隔12～24h，二次压实抹平抹光。认真湿养护7d。

当刚性防水层出现裂缝等不良现象而渗漏水时，应采取下述措施处理：

1) 对有规则的裂缝，沿裂缝用切割机切开，槽宽20mm，深

20mm，剪断槽内钢筋。局部裂缝，可切开或凿成"V"形槽，上口宽20mm，深度大于15mm。清理干净后，槽内嵌填柔性防水材料。

2）对不规则的裂缝，裂缝宽度小于0.5mm时，可在刚性防水层表面，涂刮两层合格的防水涂料。

3）有裂缝、酥松或破损的板块，需凿除后，按原设计要求重新浇筑刚性防水层。

（2）分格缝漏水

【现象】

沿分格缝位置漏水。

【治理】

施工细石混凝土刚性防水层时，分格条要保持湿润，并涂刷隔离剂，沿分格条边的混凝土滚压时，要拍实抹平，待混凝土干硬后，扫刷干净分格缝的两侧壁，涂刷基层（两侧壁）处理剂，当表干时，缝底填好背衬材料，要选用合格的柔性防水密封材料嵌缝，待固化后嵌批密封膏，检查其粘结是否牢固，如有脱壳现象，须清理掉重新嵌填。

当分格缝出现渗漏水时，凿除缝边不密实的混凝土，扫刷干净，涂刷基层处理剂，再用与嵌缝材料性能一致的密封膏进行嵌填。因用不合格的防水密封膏或密封材料已老化和脱壳时，须铲除后更换嵌填柔性防水密封膏。

6.2.2.5 建筑给水、排水及采暖

1. 室内给水（消防）管道安装

（1）管道支、吊、托架

【现象】

管道支、吊、托架加工形式不符合要求；下料、打孔用气（电）割；安装前不防腐；抱箍与管径不匹配，数量不足；支架不平，吊杆不直等。

【治理】

1）支、吊、托架制作尽量安排统一加工，形式一致；

2）型钢下料不宜采用气（电）割；打孔不得采用气（电）割孔，

必须钻孔;

3) 安装前必须防腐处理,凡未防腐的支、吊、托架均不得安装,必须做到先防腐后安装;

4) 安装位置应正确,埋设应平整牢固,吊杆要垂直于管道。

5) 立管管卡安装,层高小于或等于5m时,每层需安装一个;层高大于5m时,每层不得小于2个。且管卡安装高度,距地面的高度为1.5~1.8m,两个以上的管卡可匀称安装。

6) 支架安装要平,吊杆要直、排列整齐、支架与管子接触紧密,抱箍的大小与管径匹配。

(2) 给水横管坡度问题

【现象】

给水横管坡度不标准,个别出现倒坡等。

【治理】

管道的坡度应符合设计要求,当设计无规定时,给水横管宜有0.002~0.005的坡度坡向泄水装置,严禁有倒坡现象出现。自动喷洒和水幕消防系统的管道应有坡度,充水系统应不小于0.002;充气系统和分支管应不小于0.004。

(3) 管道安装偏差

【现象】

管道安装中,水平管纵横方向弯曲及立管垂直度超标,出现横不平、竖不直、成排管通安装不成一直线,进出不一等。

【治理】

1) 水平管道纵、横方向弯曲(碳素钢管道):管径小于或等于100mm的,每米不超过0.5mm、全长(25m以上)不大于13mm;管径大于100mm的,每米不超过1mm,全长(25m以上)不大于25mm;

2) 立管垂直度:每米小于2mm,全长(5m以上)小于10mm;成排管段在同一直线上允许偏差为3mm;直线部分应当相互平行;

3) 弯曲部分:当管道水平上下并行时,曲率半径应相等;管道水平或垂直并行时,应与直线部分保持等距。

(4) 管道交叉敷设

【现象】

给水管道与其他管道平行和交叉敷设时,其平行和交叉的净距不符合要求,或出现严重无净距现象。

【治理】

1) 给水引入管与排水排出管的水平净距不得小于 1m;室内给水与排水管道平行铺设时,两管间的最小水平净距为 500mm;交叉铺设时,其垂直净距为 150mm,而且给水管应铺在排水管上面,如果给水管必须铺在排水管下面时,则应加套管,套管长度不应小于排水管径的 3 倍;

2) 煤气管道引入管与给水管道及供热管道的水平距离不应小于 1m,与排水管道的水平距离不应小于 1.5m。

(5) 管道水压试验,管道堵塞、漏水等

【现象】

管道水压试验不正规、记录不准确;交付使用前多数未进行吹洗,使用中出现接口漏水,管子堵塞等事故。

【治理】

1) 给水管道试验压力不应小于 0.6MPa;生活饮用水和生产、消防合用的管道,试验压力应为工作压力的 1.5 倍,但不得超过 1MPa。如设计有规定,应严格按设计要求进行压力试验。水压试验时,在 10min 内压力降不大于 0.05MPa,然后将试验压力降至工作压力做外观检查,以不漏、不渗、不变形为合格。

2) 压力试验记录要准确、清晰,并应包括以下内容,试验压力值、保压时间、试验结果及有关人员签证。

3) 给水系统竣工后或交付使用前,必须进行吹洗。采用水吹洗较为经济,水吹洗时应保持连续进行,水介质流速为 1.5m/s,在设计无规定的情况下,只需观察进出口的水透明度,趋向一数,即算吹洗合格,并做好吹洗记录,

(6) 生活给水管使用管材或安装不当

【现象】

生活给水管和生活、消防合用管道出水混浊，水色发黄，有异味，影响饮用。

【治理】

1）生活饮用水管、消防和生活合用管道，必须使用镀锌钢管（热镀管）及其配件；管道系统应进行试压和冲洗，凡安装管材、管件不符合要求的，必须拆除后，按设计或施工规范要求重新安装和冲洗；给水管和饮水管应优先采用铝塑复合管、聚丁烯管、交联聚乙烯管及其配件。

2）给水箱溢水管、排污管应通过排水漏斗接至下水道或污水池，严禁直接与下水道相连。

3）无水箱大便器冲洗管不得直接与大便器相接，中间必须装设防污器。

4）给水箱在使用前，必须经冲洗消毒后使用，并应定期冲洗和排污，并加盖防污器。

（7）给水管道流水不畅或堵塞

【现象】

管道水流不畅，甚至有堵塞。

【治理】

1）管道安装前，必须除尽管内杂物、勾钉和断口毛刺；对已使用过的管道，应绑扎钢丝刷或扎布反复拉拖，清除管内水垢和杂物。

2）螺纹接口用的白漆、麻丝等缠绕要适当，不得堵塞管口或挤入管内；用割刀断管时，应用螺纹钢清除管口毛刺。

3）管道在施工时须及时封堵管口；给水箱安装后，要清除箱内杂物，及时加盖。

4）管道施工完毕后应按规范要求对系统进行水压试验和冲洗。

5）管道堵塞后，用榔头敲打判断堵塞点，拆开疏通；若阀板脱落，拆开阀门修复或更换合格阀门装好。

（8）室内给水管道结露

【现象】

管道通水后,管道周围结露;并往下滴水。

【治理】

重新修整保护层;保证严密封闭。

2. 室内排水管道安装

(1) 排水管道坡度不符合要求

【现象】

排水管道坡度不符合要求,出现无坡度、严重倒坡、所用管件不正确,影响排污效果;立管垂直度超标,影响观感质量。

【治理】

生活污水管道的坡度应符合下表6-1的规定。

生活污水管道的坡度 表6-1

项次	管径(mm)	标准坡度	最小坡度
1	50	0.035	0.025
2	75	0.025	0.015
3	100	0.020	0.012
4	125	0.015	0.010
5	150	0.010	0.007
6	200	0.008	0.005

立管垂直度每米不大于3mm,全长(5m以上)不大于5mm。

(2) 排水管上的检查口或清扫口的设置

【现象】

排水管上的检查口或清扫口的设置数量偏少,方向不当,不利检查和清扫,管子堵塞不便处理。

【治理】

在生活污水管道上设置的检查口或清扫口应符合下列规定:

1) 立管应每两层设置一个检查口,但在最低层和有卫生器具的最高层必须设置。如只有两层建筑,可仅在底层设置立管检查口;如有乙字管,则在该层乙字管的上部设置检查口,其高度由地面至检查口中心一般为1m,允许偏差±20mm,并应当在该层卫生器具上边缘150mm,检查口的朝向应便于检修。暗装立管在检查口处应安检修门。

2) 在连接两个及两个以上大便器或三个及三个以上卫生器具的污水管处,应设置检查口或清扫口。

3) 在转角小于135°的污水横管上,应设置检查口或清扫口。

4) 埋设在地下或地板下的排水管道的检查口,应设在检查井内,井底表面标高应与检查口法兰相平,井底表面应有0.05坡度坡向检查口的法兰。

(3) 排水管道的吊钩、卡箍和管径

【现象】

排水管道的吊钩或卡箍设置不规则,数量偏少;卡箍与管径不匹配;固定方式不符合要求等。

【治理】

1) 排水管道上的吊钩或卡箍应固定在承重结构上;

2) 沿墙敷设的管道卡箍应用水泥固定。固定件间距,横管不得大于2m,立管不得大于3m。层高小于或等于4m,立管可安一个固定件,立管底部的弯管处应设支墩。不论是采用吊钩还是卡箍,均应抱在承插管的承口外,而且卡箍应与管径匹配。严禁利用建筑物吊顶的吊筋当作吊钩的吊杆。

(4) 排水管道交付使用前不按规定做灌水试验

【现象】

排水管道交付前不做灌水试验;管道及吊钩、卡箍不防腐,影响使用及观感质量。

【治理】

1) 排水和雨水管道交付使用前必须做灌水试验,其灌水高度应不低于底层地面高度。雨水管灌水高度必须到每根立管最上部的雨水漏斗;

2) 灌水15min后,再灌满延续5min,液面不降即为合格,做好灌水试验记录;

3）暗装或埋地的排水管道还应办理隐蔽手续方准隐蔽。管道和吊钩或卡箍均应防腐良好。同时，污水管道严禁与其他管道连通。

（5）排水管排水不畅或堵塞

【现象】

排水系统使用后，排水不畅或堵塞，地漏冒水，地面被淹。

【治理】

1）用木槌敲打管道，使堵塞物松动，用压力水把堵塞物冲出，或打开检查口、清扫口、存水弯、丝堵或地漏，用竹片或钢丝疏通管道，也可用手电钻在堵塞处钻孔，用钢丝疏通后在该处攻丝，用螺钉堵住，必要时更换零件。

2）安装前应清除管道、管件内泥砂、毛刺及其他杂物。

3）施工中需及时封严甩口、管口，在立管检查口处设斜插簸箕。

4）排水横管必须按设计坡度施工，严禁倒坡；横管与横管、横管与立管，立管与横管连接时，必须采用"Y"形斜三通或斜四通，严禁使用正三(四)通；支、吊架间距要正确，安装要紧密牢固。

5）立管检查口、横管清扫口和排水池地漏的位置、数量、标高设置要符合规范要求。施工中不得将麻丝、水泥填料、工具等丢入管内；生活污水、废水和雨水管优先采用硬聚氯乙烯塑料管。

6）管道施工完毕，必须按规范要求及时做好灌水、通水和通球试验。

（6）排水管道渗漏

【现象】

排水管附近地面、地面缝隙反潮，墙角、地板渗漏，隔墙潮湿、积水。

【治理】

1）选用配套、合格的管材、管件。

2）管道穿承重墙基础时，管顶留足 150mm 沉陷量，管外壁空隙用黏土填实，并用 M5 水泥砂浆封口。

3）管道用排水铸铁管时，接口须用32.5级以上水泥打紧打实、养护好；组对、预制后不得碰撞，或过早搬运。

4）立管下部必须设置支墩，不得砌筑在松土、冻土上。

5）支吊架间距要符合规范，埋设、固定要牢固，与管子接触紧密；防止"塌腰"产生。

6）做好灌水、通水试验，发现漏水及时修复，或挖开潮湿地面、墙角，拆除破裂管道，重新更换新管、配件。

(7) 排水管道甩口不准，立管坐标超差

【现象】

排水主管甩口不准，立管向上施工时，离墙太近，甚至被抹入墙内。

【治理】

1）挖凿管道甩口周围地面，把排水铸铁管或硬聚氯乙烯塑料管接口剔开，或更换零件、调整位置，若为钢管可改变零件或煨弯方法来调整甩口位置尺寸，重新纠正立管坐标。

2）管道安装后，管底要垫实，甩口固定牢固。

3）编制施工方案时，要全面安排管道施工位置和标高，关键部位应做样板，并进行施工交底。

4）卫生器具的甩口坐标、标高，应根据卫生器具尺寸确定，若器具型号、尺寸有变动，应及时改变管道甩口坐标和标高。

5）管道甩口应根据隔墙厚度、轴线位置、抹灰厚度变化情况及时纠正甩口坐标和标高，与土建搞好配合，共同采取保护措施，防止管道位移、损坏。

(8) 生活污水管内污物、臭气不能正常排放

【现象】

生活污水立管、透气管内污物(水)、臭气排放受阻。

【治理】

如发生以上问题，可剔开接口，更换不符合要求的管件，增设辅助透气管或联通管，使排污、排气正常。在施工中还应注意几点：

1）卫生器具排水管应采用90°斜三通；横管与横管（立管）的连接，应采用45°或90°斜三（四）通，不得用正三（四）通，立管与排出管连接，应采用两个45°弯头或弯曲半径不小于4倍管径的90°弯头。

2）排水横管应直线连接，少拐弯，排水立管应设在靠近杂物最多，及排水量最大的排水点。

3）排水管和透气管尽量采用硬聚氯乙烯管及管件安装，用排水铸铁管时应将管内砂粒、毛刺、杂物除尽。

4）排污立管应每隔两层设一检查口，并在最低层、最高层和乙字弯上部设检查口，其中心距地面为1m，朝向便于清通维修；在连接两个或两个以上大便器或三个卫生器具以上的污水横管时应设置清扫口，当污水管在楼板下悬吊敷设，清扫口应设在上层楼面上。污水管起点设置堵头代替清扫口，与墙面距离不小于400mm。

5）存水弯内壁要光滑，水封深度50～100mm为宜。

6）通气管必须伸出屋顶0.3m以上，并不小于最大积雪厚度，如上人屋面应伸出屋顶1.2m以上。

7）对高层、超高层建筑，排水、排气、排污系统设计比较复杂，必须由熟悉设计和施工规范的技术负责人进行技术交底，认真组织施工，保证施工质量。

3. 卫生洁具的安装

（1）卫生器具安装不稳固

【现象】

卫生器具安装后，不平正，尺寸位置不准确、不稳固，影响使用。

【治理】

1）固定用的螺栓或木砖必须刷好防腐油，在墙上按核对好的位置预埋平整、牢固。严禁采用后凿墙洞再埋螺栓或填木砖、木塞法固定。

2）卫生器具安装前，应把该部分墙、地面找平，并在墙体划出该器具的上沿水平线和十字交叉中心线，再将卫生器具用水平尺找平后安装；固定用的膨胀螺栓、六角螺栓规格应符合国家标准图的规定，并垫上铁垫或橡胶垫，用螺母拧紧牢固。

3）安装卫生器具的支托架结构，尺寸应符合国家标准图集要求，有足够刚度和稳定性；器具与支托架间空隙用白水泥砂浆填补饱满、牢固，并抹平正。

4）在轻质墙上安装固定卫生器具时，尽量采用落地式支架安装，必须在墙上固定时，应用铁件固定或用螺栓锚固。

(2) 蹲式大便器排水出口流水不畅或堵塞

【现象】

蹲式大便器排水出口流水不畅或堵塞，污水从大便器向上返水。

【治理】

1）大便器排水管甩口施工后，应及时封堵，存水弯、丝堵应后安装。

2）排水管承口内抹油灰不宜过多，不得将油灰丢入排水管内，并将溢出接口内外的油灰随即清理干净。

3）防止土建施工厕所或冲洗时将砂浆、灰浆流入、落入大便器排水管内。

4）大便器安装后，随即将出水口堵好，把大便器覆盖保护好。

5）用胶皮碗反复抽吸大便器出水口；或打开蹲式大便器存水弯、丝堵或检查孔，把杂物取出；也可打开排水管检查口或清扫口，敲打堵塞部位，用竹片或疏通器、钢丝疏通。

(3) 坐式大便器进出水接口处渗漏

【现象】

冲洗管两端接头处和大便器出水接口渗漏。

【治理】

1）安装前对低水箱、坐便器、冲洗管、橡皮垫等进行检查，挑选合格品安装。

2）按坐便器实际尺寸，留准排水管甩口，高出地面 10mm。

先安装大便器，使大便器出口与甩口对准，用油灰连接紧密，并用水平尺找平，使大便器进口中心与水箱出口中心成一直线，挂好线、量好尺寸，将水箱、冲洗管与大便器连接紧密。

3）坐便器安装好后，其底部间隙用玻璃胶密封，或底部使用橡胶垫，并将排出口堵好。

4）冲洗管接口偏斜应拆除后重新挂线，水箱上口水平，其中心与大便器中心成一直线，重新安装；锁紧螺母滑丝，橡胶垫、冲洗管有裂纹，应更换新材料；排水管甩口偏离或高度不够，要剔开接口调整管位和管长，重新用油灰做好接口。

(4) 浴盆安装质量缺陷

【现象】

浴盆排水管、溢水管接口渗漏，浴盆排水管与室内排水管连接处漏水；浴盆排水受阻，并从排水栓向盆内冒水；浴盆放水排不尽，盆底有积水。

【治理】

1）浴盆溢水、排水连接位置和尺寸，应根据浴盆或样品确定，量好各部尺寸再下料，排水横管坡向室内排水管甩口。

2）浴盆及配管应按样板卫生间的浴盆质量和尺寸进行安装。

3）浴盆排水栓及溢、排水管接头要用橡皮垫、锁母拧紧，浴盆排水管接至存水弯或多用排水器短管内应有足够的深度，并用油灰将接口打紧抹平。

4）浴盆挡墙砌筑前，灌水试验必须符合要求。

5）浴盆安装后，排水栓应临时封堵，并覆盖浴盆，防止杂物进入。

6）溢水管、排水管或排水栓等接口漏水，应打开浴盆检查门或排水栓接口，修理漏点；若堵塞，应从排水管存水弯检查口（孔）或排水栓口清通；盆底积水，应将浴盆底部抬高，加大浴盆排水坡度，用砂子把凹陷部位填平，排尽盆底积水。

(5) 地漏安装质量通病

【现象】

地漏偏高，地面积水不能排除；地漏周围渗漏。

【治理】

1）找准地面标高，降低地漏高度，重新找坡，使地漏周围地面坡向地漏；并做好防水层。

2）剔开地漏周围漏水的水泥，支好托板，用水冲洗孔隙，再用细石混凝土灌入地漏周围孔隙中，并仔细捣实。

3）根据墙体地面红线，确定地面竣工标高，再根据地面设计坡度，计算出距地漏最远的地面边沿至地漏中心的坡降，使地漏箅子顶面标高低于地漏周围地面 5mm。

4）地面找坡时，严格按基准线和地面设计坡度施工，使地面泛水坡向地漏，严禁倒坡。

5）安装后，用水平尺找平地漏上沿，临时稳固好地漏，在地漏和楼板下支设托板，并用细石混凝土均匀灌入周围孔隙并捣实，再做好地面防水层。

4. 室内采暖、热水管道安装

（1）主管、支管敷设坡度不符合要求

【现象】

主管、支管敷设坡度不符合要求，严重的倒坡影响使用效果等

【治理】

安装管道应有坡度，如设计无要求，可按下列规定执行：

1）热水采暖和热水供应管道及汽、水同向流动的蒸汽和凝结水管道，坡度一般为 0.003，但不得小于 0.002；

2）汽、水逆向流动的蒸汽管道、坡度不得小于 0.005；

3）连接散热器的支管应有坡度，支管全长小于或等于 500mm，坡度值为 5mm；大于 500mm 为 10mm，当一根立管接往两根支管时，任其一根超过 500mm，其坡度值均为 10mm；

4）坡度值要符合设计或上述要求，坡度的正负偏差不应超过规定坡度值的 1/3。

（2）管道穿墙及楼板处问题

【现象】

施工时不按规定设置排气装置与泄水装置，影响使用功能；管

道穿墙及楼板不按规定设置套管，造成饰面层、楼板、墙体拉裂；套管洞不密封造成漏水等。

【治理】

采暖、供热管道从门窗或其他洞口、梁、柱、墙、垛等处绕过，其转角处如高于或低于管道水平走向，在其最高点或最低点应分别安装排气和泄水装置，管道穿过墙壁和楼板，应设置铁皮或钢制套管，安装在楼板内的套管，其顶部应高出地面 20mm，底部应与楼板底面顶棚相平齐；安装在墙壁内的套管，其套管两端应与饰面平齐，套管固定牢固，与楼板洞、墙洞密封，管口齐平，环缝均匀。

(3) 散热器安装

【现象】

散热器安装坐标、标高不符合要求，支、托架设置不按规定，表面不平、安装不直、歪斜、不清洁、影响观感质量等，组装中不按规定进行水压试验。

【治理】

散热器支、托架安装，位置应正确，埋设平正、牢固。各类散热器的支、托架数量如设计无规定，则应符合表 6-2 的规定。

散热器支、托架数量　　**表 6-2**

散热器型号	每组片数	上部托勾或卡架数	下部托勾或卡架数	总计	备注
60 型	1	2	1	3	
	2～4	1	2	3	
	5	2	2	4	
	6	2	3	5	
	7	2	4	6	
M$^{132}_{150}$型	3～8	1	2	3	
	9～12	1	3	4	
	13～16	2	4	6	
	17～24	2	5	7	
	21～24	2	6	8	

续表

散热器型号	每组片数	上部托勾或卡架数	下部托勾或卡架数	总计	备注
柱型	3～8	1	2	3	不带足
	9～12	1	3	4	
	13～16	2	4	6	
	17～20	2	5	7	
	21～24	2	6	8	
圆翼型	1				
	2				
	3				
扁管、板式	1	2	2	4	
串片型	每根长小于1.4m			2	
	长度在1.6～2.4m			3	
	多根串连托勾间距不小于1m				

散热器组装后应作水压试验，其试验压力应符合表6-3规定，并做好记录。

散热器试验压力 表6-3

散热器型号	60型、M $\frac{150}{132}$ 型柱型、圆翼型		扁管型		板式	串片	
工作压力 MPa	≤0.25	>0.25	≤0.25	>0.25	—	≤0.25	>0.25
试验压力 MPa	0.40	0.60	0.60	0.80	0.75	0.40	1.40
要　　求	试验时间2～3min，不渗不漏为合格						

散热器中心与墙表面距离应符合表6-4的规定。

散热器安装各部位允许偏差应符合表6-5的规定。

散热器中心与墙表面距离　　**表 6-4**

<table>
<tr><th rowspan="2">散热器型号</th><th rowspan="2">60 型</th><th rowspan="2">M$\frac{150}{132}$型</th><th rowspan="2">四柱型</th><th rowspan="2">圆翼型</th><th rowspan="2">扁管板式(外)</th><th colspan="2">串片型</th></tr>
<tr><th>平放</th><th>竖放</th></tr>
<tr><td>中心距墙表面距离(mm)</td><td>115</td><td>115</td><td>130</td><td>115</td><td>30</td><td>95</td><td>60</td></tr>
</table>

散热器安装允许偏差　　**表 6-5**

<table>
<tr><th>项 次</th><th colspan="3">项　　目</th><th>允许偏差(mm)</th></tr>
<tr><td rowspan="3">1</td><td rowspan="3">散热器</td><td colspan="2">内表面与墙表面距离</td><td>6</td></tr>
<tr><td colspan="2">与窗口中心线</td><td>20</td></tr>
<tr><td colspan="2">散热器中心线垂直度</td><td>3</td></tr>
<tr><td rowspan="6">2</td><td rowspan="6">铸铁散热器正面全长内的弯曲</td><td rowspan="2">60 型</td><td>2～4</td><td>4</td></tr>
<tr><td>5～7</td><td>6</td></tr>
<tr><td rowspan="2">圆翼型</td><td>2m 以内</td><td>3</td></tr>
<tr><td>3～4m</td><td>4</td></tr>
<tr><td rowspan="2">M$\frac{150}{132}$型、柱型</td><td>3～14 片</td><td>4</td></tr>
<tr><td>15～24 片</td><td>6</td></tr>
<tr><td rowspan="2">3</td><td rowspan="2">钢串片型散热器</td><td rowspan="2"></td><td>2 节以内</td><td>3</td></tr>
<tr><td>3～4 节</td><td>4</td></tr>
</table>

6.2.2.6　建筑电气安装工程

1. 线路敷设

(1) 电线管连接要求

【现象】

电线管连接不符合要求、薄壁电管对接焊，既影响机械强度，亦不能保证穿线安全等。

【治理】

电线管的连接应符合以下规定：

1) 丝扣连接——管端套丝长度不应小于管接头长度的 1/2，在管接头两端视管径大小用 $\phi6 \sim \phi8$ 的元钢焊跨接接地线，焊接长度应符合接地要求；

2）套管连接——该连接方式宜用于暗配管，套管长度为连接管外径的1.5～3倍，连接管的对口处应在套管的中心，焊口应焊接牢固，严密，以不漏水为准，焊接长度不得小于管口的1/3周长；

3）薄壁电管严禁熔焊连接，必须用丝扣连接。

(2) 电线管不进行防腐处理

【现象】

电线管不进行防腐处理或防腐不全，有的还未穿线，管子已锈蚀；严重影响使用寿命，危及用电安全等。

【治理】

电线管应刷防腐漆(埋入混凝土内的电线管除外)，埋入土层内的电线管应刷两度沥青漆或使用镀锌钢管；埋入有腐蚀性土层内的电线管，应按设计规定进行防腐处理；埋入砖墙或其他隔墙内的电线管应刷防锈漆；顶棚内的电线管应刷防锈漆，而且一定要做到先防腐后铺设。

(3) 电线管制作粗糙

【现象】

管口有毛刺、护口不齐全、管子进入箱盒长短不一、方向随意，影响电气器具安装，危及用电安全等。

【治理】

电线管不应有折扁和裂缝，管内无铁屑及毛刺、切断管口应锉平、管口应光滑、护口齐全；箱盒位置正确、固定可靠，管子进入箱(盒)处(灯头箱、开关箱、拉线盒、接线盒及配电箱等)顺直，在箱(盒)内露出的长度小于5mm；用锁紧螺母(纳子)固定的管口，其管子露出锁紧螺母的螺纹为0～2扣；管子与箱(盒)固定方式：薄壁电线管，不论是明配或暗配，均用锁紧螺母固定，过桥焊接地线；厚壁电线管的暗配管可用焊接固定，但焊接成型要好，并及时做好防腐处理，明配管可用锁紧螺母或护圈帽固定，过桥焊接电线。箱(盒)开孔严禁气割孔。

(4) 由于建筑物沉降将电线管及电线拉断

【现象】

穿过变形缝处不按规定设置补偿装置，造成建（构）筑物沉降不均时将电线管及电线拉断，导致安全事故或不必要的停电等。

【治理】

线路在经过建筑物的伸缩缝及沉降缝处，应有补偿装置，在跨越处的两侧应将电线管固定，导线留有适当余量，补偿装置能活动自如，平整、管口光滑、护口牢固，与管子连接可靠。往往在设计图上不反映补偿装置，容易被人们忽略，务请严格执行技术及检验评定标准规定，其补偿装置的形式，可按标准图集规定制作安装。

(5) 导线的连接

【现象】

导线的连接，导线与电气器具的连接不符合要求，造成接触不良、发热、破坏绝缘漏电，最后导致电气事故等。

【治理】

导线连接应符合以下规定：

1）剖开导线绝缘层时，不应损伤芯线；

2）铜（铝）芯导线的中间连接和分支连接应使用熔焊、锱焊，线夹、瓷接头或压接法连接；

3）分支线连接的接头处，干线不应受来自支线的横向拉力；

4）导线截面为 $10mm^2$ 及以下的单股铜芯线，截面为 $2.5mm^2$ 及以下的多股铜芯线和单股铝芯线与电气器具的端子可直接连接，但多股铜芯线的线芯应先拧紧，搪锡后再连接；

5）多股铜芯线和截面超过 $2.5mm^2$ 的多股铜芯线的终端，应焊接或压接端子后再与电气器具的端子连接；

6）使用压接法连接的铜（铝）芯导线时，连接管、连线端子、压膜的规格应与线芯截面相符；

7）绝缘导线的中间和分支接头处，应用绝缘带包缠均匀，严密，并达到（不低于）原有绝缘强度，在接线端子的端部与导线绝缘层的空隙处也应用绝缘带包缠严密。

(6) 厂房及隧道、沟道口的电缆敷设

【现象】

生产厂房内及隧道、沟道口的电缆敷设，其电缆的排列、电缆间距离、电缆与热力管道及其他管道平行和交叉的净距等不符合要求，导致维修困难，甚至造成用电事故。

【治理】

电缆的排列如设计无规定时，应符合以下规定：

1）电力电缆和控制电缆应分开排列；

2）当电力电缆和控制电缆敷设在同一侧支架上时，应将控制电缆放在电力电缆的下面；1kV 及以下的电力电缆应放在 1kV 以上的电力电缆下面；并列敷设的电缆，其相互间的净距应符合设计要求，如设计无规定，其相互间的净距不应小于 100mm；电缆与热力管道，热力设备之间的净距：平行敷设时应不小于 1m，交叉敷设时应不小于 0.5m，如无法达到时，应采取隔热保护措施；与其他管道平行，交叉，均应有不小于 0.5m 的净距，电缆不宜平行敷设于热管道的上部；

3）电缆严禁有绞拧、铠装压扁、护层断裂和表面严重划伤等缺陷，直埋电缆严禁在管道的上面或下面平行敷设。

(7) 电缆敷设部位设置标识

【现象】

电缆敷设不按规定设置标志牌或标志桩，给维修、检修带来不便，甚至造成不必要的机械损伤，影响安全使用等。

【治理】

电缆标志牌，标志桩的装设应符合以下规定：

1）在下列地方，电缆上应装设标志牌：电缆终端头，电缆接头处；隧道及竖井的两端、人孔井内；

2）标志牌上应注明线路编号（当设计无规定时，应写明电缆型号、规格及起迄地点）；并联使用的电缆应有顺序号；字迹应清晰，不易脱落；

3）标志牌的规格宜统一，挂装应牢固，且能防腐；

4）直埋电缆沿线及接头处应有明显的方向标志或牢固的标

志桩。

2. 硬母线安装工程

(1) 母线的搭接

【现象】

母线搭接的接触面处理不平、接触不严密，接触电阻大、发热，造成电气事故；搭接处的螺栓不镀锌，长短不一、配件不全，不同材质母线搭接不按规定处理等。

【治理】

母线搭接(包括与设备的搭接)，其接触面间隙用 0.05mm×10mm 塞尺检查：线接触应塞不进去；面接触的，接触面宽 63mm 及以上时，塞入深度不大于 6mm，接触面宽 56mm 及以下时，塞入深厚不大于 4mm。搭接用的螺栓必须是镀锌的，平垫片，弹簧垫片齐全，螺帽紧固后，其螺杆露出螺帽 2～3 扣为宜；母线与母线，母线与分支线及电气设备搭接连接时，其搭接面的处理应符合以下规定：

1) 铜—铜 在干燥的室内可直接搭接；但室外、高温而且潮湿的或对母线有腐蚀性气体的室内，必须搪锡；

2) 铝—铝 在任何情况下可直接搭接，有条件时宜搪锡；

3) 钢—钢 在任何情况下都必须搪锡或镀锌；

4) 铜—铝 在干燥的室内，铜导体应搪锡，室外或特别潮湿的室内，应使用铜铝过渡板；

5) 钢—铜与铝 在任何情况下，铜塔接而必须搪锡；

6 采用封闭式母线时，其螺栓搭接面应镀银，鉴于目前设备产品质量尚存在一定缺陷的状况，除对硬母线的安装要严格达到上述要求外，对设备本身的母线和分支母线的搭接面也应严格按上述要求检验，目前的高压开关柜、低压开关柜、动力配电柜等出厂时所配母线，其搭接部位，质量不完全达到要求，因此，在安装电气设备前，必须对其设备内的母线搭接质量进行全面检查，如不符合要求，必须要重新进行处理，直至达到要求为止。

(2) 母线的相序无明显标志

【现象】

母线的相序(相位)排列不规则;相色不标准,不该涂刷相色油漆的部位也刷了,不能给人们以明显的标志等。

【治理】

母线的相序(相位)排列,应遵守以下规定(以面对柜或设备正视方向为准):

1) 上下布置的母线——交流 A,B,C 相或直流正、负极应由上向下排列;

2) 水平布置的母线——交流 A,B,C 相或直流正、负极应由内向外排列;

3) 引下线的母线——交流 A,B,C 相或直流正、负极应自左向右排列;

4) 母线应按下列规定涂刷相色油漆:

三相交流母线: A 相—黄色 B 相—绿色 C 相—红色;

单相交流母线与引出相颜色相同,独立的单相母线,一相涂黄色、一相涂红色、排列顺序与三相交流同;

直流母线: 正极—赭色,负极—蓝色;

直流均衡汇流母线及交流中性汇流母线: 不接地者——紫色,接地者——紫色带黑色条纹;

封闭母线: 母线外表面及外壳内表面——无光泽黑色,外壳外表面——无光泽灰色。

5) 母线在下列各处应涂刷相色油漆;

单片母线的所有各面;

多片、槽形、管形母线的所有可见表面;

钢母线所有表面;

封闭母线在两端和中点适当部位涂以相色标志。

6) 母线在下列各处不应涂刷相色油漆:

母线的螺栓搭接及支撑连接处,母线与电器的连接处以及距所有连接处 10mm 以内的地方;

供携带型接地线连接用的接触面上,不刷色部位的长度为母线的宽度或直径,但不应小于50mm,并以宽度为10mm的黑色带与母线相色部分隔开。

3. 电气器具、设备的安装

(1) 电力变压器基础

【现象】

电力变压器本体安装前对基础不验收,不办理交接手续,出现基础的尺寸与变压器本体不符,基础纵横中心线(坐标)与变压器本体纵横中心线严重超标,承重不均;装有气体继电器的变压器不按规定设置坡度,造成轻瓦斯不报警、重瓦斯才跳闸,不能完全起到保护作用,变压器的滚轮不按规定固定等。

【治理】

安装变压器本体前,一定要对基础进行验收,一要见混凝土块试验报告,二是复核几何尺寸。变压器的基础轨道应水平,轨距与轮距应相配合,其中心线偏差不应大于5mm;装有气体继电器的变压器,本体安装后应使其顶盖沿气体继电器气流方向有1%～1.5%的升高坡度(制造厂规定不需安装坡度除外);当变压器与封闭母线连接者,其低压套管中心线应与封闭母线安装中心线相符。

装有滚轮的变压器,滚轮应能灵活转动,在变压器就位后,应将滚轮同能拆卸的制动装置加以固定,不得将滚轮拿掉不用。

(2) 配电柜安装

【现象】

成套配电柜安装与基础型钢焊死,不利检修和维修,安装水平度,垂直度严重超标,盘内接线排列不整齐,回路编号不全,影响其观感质量等。

【治理】

成套配电盘、柜设备与各构件间连接要牢固,主控制盘、继电保护盘、自动装置盘等不宜与基础型钢焊死,应用螺栓固定;其安装垂直度允许偏差每米不大于1.5mm;水平度偏差:相邻两盘顶部不大于2mm,成排盘顶部不大于5mm;盘面平整度偏差:相邻两盘不大于1mm,成排盘面不大于5mm;盘间接缝间隙差不大于

2mm。盘(柜)内的设备及接线应完整齐全,固定牢靠,操纵部分动作灵活、准确;有两个电源的盘(柜),母线的相序(相位)排列一致;相对排列的盘(柜),母线的相序(相位)排列对称,母线色标正确。二次接线排列整齐、回路编号清晰、齐全,采用标准端子头编号,每个端子螺丝上接线不超过两根。盘(柜)的引入、引出线路整齐。

(3) 灯具安装

【现象】

灯具吊杆不直;链条吊灯双链不平行;有木台的不装在木台中心;成排灯具不在一直线等;影响观感质量;灯具固定不牢靠,灯具脱落、螺口灯头不按规定接线,危及用电安全等。

【治理】

灯具吊杆垂直,双链平行、吊具及其支架牢固端正,位置正确,有木台的安装在木台中心,固定灯具用的螺钉或螺栓不少于2个;同一室内成排灯具安装,其中心偏差不大于5mm;螺口灯头相线应接在中心触点的端子上,灯具表面清洁,灯具内外干净明亮。

(4) 开关插座

【现象】

开关插座坐标、标高偏差大;暗插座、暗开关的盖板不贴墙面,四周有缝隙,盖板歪斜,不按规定接线,影响观感质量,危及用电安全等。

【治理】

开关、插座的标高应严格按设计要求安装。如设计无规定,插座的安装高度一般距地面1.3m;车间及试验室的明、暗插座一般距地面的高度不低于0.3m;特殊场所暗装插座一般不低于0.15m,同一室内安装的插座高低差不应大于5mm,成排安装的插座不应大于2mm;拉线开关安装高度一般在2~3m,距门框边为0.15~0.2m,拉线的出口应向下。其他各种开关安装高度一般为1.3m,但托儿所、幼儿园、住宅及小学校等不应低于1.8m,距门框边0.15~0.2m。成排安装的开关高度应一致,高低差不应大于

2mm;暗开关、暗插座的盖板应紧贴墙面,四周无缝隙;开关应切断相线;同样用途的三相插座,接线相序排列应一致;单相插座的接线面对插座,右极接相线,左极接零线;单相三孔、三相四孔插座的接地(接零)线,应接在正上方;插座的接地(接零)线单独敷设,不与工作零线混同。

4. 防雷及接地工程

(1) 接地设备不全

【现象】

应该进行接地的设备、金属构件不接地或接地不全,危及设备与人身安全。

【治理】

所有电气装置中,由于绝缘损坏而可能带电的电气装置,其金属部分及其构架均应有保护接地。应进行保护接地的部分如下:

1) 电机、变压器及其他电器的金属底座和外壳;

2) 电气设备的传动装置;

3) 室内外配电装置的金属或钢筋混凝土构架及靠近带电部分的金属遮栏和金属网门等 ;

4) 配电、控制、保护用的柜、盘、台、箱的框架;

5) 交、直流电力电缆的接线盒、终端盒的金属外壳和电缆的金属护层、穿线的钢管;

6) 电缆桥架、支架和井架;

7) 装有避雷线的电力线路杆塔;

8) 装在配电线路杆上的电器设备;

9) 在非沥青地面的居民区内,无避雷线的小接地电流架空电力线路的金属杆塔和钢筋混凝土杆塔等。

接至电气设备、器具和可拆卸的其他非带电金属部件接地(接零)的分支线,必须直接与接地干线相连,严禁串联连接。

(2) 接地线连接不符合要求

【现象】

接地线的连接不符合要求,一旦发生事故,起不到保护接地作用,其后果不堪设想。

【治理】

根据技术标准GB 50169—92第2.4.2条和《建筑电气工程施工质量验收规范》(GB 50303—2002)规定,接地线的连接应采用搭接焊,其焊接长度必须为:

1) 扁钢——扁钢搭接长度为扁钢宽度的2倍,且至少三面施焊;

2) 圆钢——圆钢及圆钢与扁钢搭接长度为圆钢直径的6倍,且双面施焊;

3) 扁钢——钢管或角钢焊接时,为了连接可靠和保证足够的截面积,除应在紧贴角钢外侧两面,或紧贴3/4钢管表面,上下两侧施焊;

4) 可拆卸部分用螺栓连接,其接触面要平,镀锌螺栓的零件(平、弹簧垫片)要齐全,连接紧密;

5) 除埋设在混凝土中的焊接接头外,有防腐措施。

(3) 屋顶栏杆作避雷带时,对接不符合要求

【现象】

采用屋顶栏杆做避雷带时,管子对接后不再搭接。引下线焊接不符合要求。

【治理】

屋顶栏杆作避雷带时,钢管对接后还应用钢筋搭接,引下线搭接长度必须不小于引下线直径的6倍。

(4) 避雷设施不覆盖整个屋顶部分

【现象】

屋顶避雷带无法保护建筑物全部。

【治理】

建筑物顶部的所有金属物体应与避雷网连成一个整体。

(5) 断接卡设置不符合要求

【现象】

断接卡不易找到,并不好测量,断接卡无保护措施。

【治理】

每个分接地装置均应按设计要求设置,便于分开的断接卡,断接卡应设断接卡子盒保护。

(6) 接地体搭接长度不够

【现象】

接地体搭接长度不够;没有按要求焊接。

【治理】

1) 扁钢搭接长度应是宽度的2倍,焊接两长边、一短边;

2) 圆钢为其直径的6倍,且至少两面焊接;

3) 圆钢与扁钢连接时,其长度为圆钢直径的6倍;

4) 扁钢与钢管、角钢焊接时,除应在其接触部位两侧焊接外,还应由扁钢弯成的弧形(直角形)卡子或直接由扁钢本身弯成弧形(直角形)与钢管或角钢焊接。

(7) 电气设备接地不符合要求

【现象】

电气设备接地不可靠,电阻大,松动。

【治理】

电气设备上的接地线,应用镀锌螺栓连接,并应加平垫片和弹簧垫;软铜线接地时应做接线耳连接。每个设备接地应以单独的接地线与接地干线相连接。

(8) 电缆接地不符合要求

【现象】

利用电缆金属保护层作接地线;电缆金属保护层不接地。

【治理】

电缆金属护层不得作接地线,但电缆金属护层必须可靠接地。

5. 火灾报警工程

(1) 火灾探测器安装位置错误

【现象】

探测器发生误动作或不动作。

【治理】

探测器与其他设备、梁、墙的距离不符合要求,造成误报警;探测器安装距离超出报警范围,产生报警死角。

1) 图纸会审时应认真审核,施工中应注意与其他电器设施和建筑物的距离。

2) 探测器边缘距冷光源灯具边缘最小净距大于或等于0.2m;距离温光源灯具边缘最小净距大于或等于0.5m;距电风扇扇叶边缘大于或等于0.5m;距不凸出扬声器罩大于或等于0.1m;距凸出扬声器边缘大于或等于0.5m。

3) 探测器边缘距墙、梁边缘最小净距大于或等于0.5m。

4) 探测器周围0.5m内不应有遮挡物。

5) 探测器保护面积和保护半径必须遵照规范的要求。

(2) 探测器底座安装不牢固

【现象】

探测器下垂、歪斜。

【治理】

1) 在吊顶上安装探测器,当固定材料强度低时,应采用适当措施加固;

2) 在金属构件上安装探测器,应先固定好接线盒;

(3) 火灾报警用导线不符合要求

【现象】

火灾报警用导线不是耐热导线,其截面和使用电压不符合要求。

【治理】

1) 必须采用耐热导线,尤其在吊顶敷设时;

2) 铜芯绝缘导线、电缆的最小截面和电压应符合表6-6的要求。

火灾报警用导线最小截面和电压　表6-6

导线类型	线芯最小截面(mm^2)	电压(V)
穿管敷设导线	1.00	≥250
线槽内敷设导线	0.75	≥250
多芯电缆	0.50	≥250

6.2.2.7　通风与空调工程

1. 风管及部件制作

(1) 风管板材选用不符合要求

【现象】

风管板材厚度、表面平整度、外形尺寸等不符合要求,板材有锈斑。

【治理】

1) 应按设计要求根据不同的风管管径选用板材厚度;

2) 所使用的风管板材必须具有合格证明书或质量鉴定文件;

3) 当选用的风管板材在设计图纸上未标明时,应按照施工规范实施。

(2) 风管咬口制作不平整

【现象】

风管咬口拼接不平整,咬口缝不紧密。

【治理】

1) 风管板材下料应经过校正后进行;

2) 明确各边的咬口形式,咬口线应平直整齐,工作平台平整、牢固,便于操作;

3) 采用机械咬口加工风管板材的品种和厚度应符合使用要求。

(3) 圆风管不同心,管径变小

【现象】

风管不垂直,两端口平面不平行,管径变小。

【治理】

1) 下料时应用经过校正的方尺找方;

2) 圆风管周长应用计算求出,其计算公式为:圆周长 = π × 直径 + 咬口留量。

3) 应严格保证咬口宽度一致。

(4) 矩形风管对角线不相等

【现象】

风管表面不平,两相邻表面互不垂直,两相对表面互不平行,两端口平面不平行。

【治理】

1) 板材找方划线后,须核查每片长度、宽度及对角线的尺寸,对超过偏差范围的尺寸应予更正;

2) 下料后,风管相对面的两片材料,其尺寸必须校对准确;

3) 操作咬口时,应保证宽度一致,闭合咬口时可先固定两端及中心部位,然后均匀闭合咬口;

4) 用法兰与风管翻边宽度来调整风管两端口平行度及垂直度。

(5) 风管总管与支管连接质量差

【现象】

风管总管与支管随意连接,易漏风。

【治理】

1) 首先在总管上准确划线开孔;

2) 支管一端口伸入总管开孔处应垂直;

3) 相接时,咬口翻边宽度应相等,咬口受力均匀。

(6) 无法兰风管连接不严密

【现象】

风管接口松动、漏风,风管之间中心偏移。

【治理】

1) 应校核风管周长尺寸后下料,保持咬口宽度一致;

2) 加大抱箍松紧调整量,密封垫料接头处应为搭接;

3) 可按连接短管与风管间隙量加衬垫圈或更换连接短管。

(7) 圆形弯头、圆形三通角度不准确

【现象】

圆形弯头、圆形三通角度中心线偏移。

【治理】

1) 展开放样的下料尺寸应校对准确;

2) 各瓣单、双咬口宽度应保持一致,立咬口对称错开,防止各瓣结合点扭转错位；

3）用法兰与风管翻边宽度调整角度。

(8) 矩形弯头、矩形三通角度不准确

【现象】

矩形弯头、矩形三通角度偏移，表面不平，咬口不严。

【治理】

1）用经过校正的角尺找方下料；

2）将带弧度的两平片料重合，检验其外形重合偏差，并按允许偏差进行调整；

3）三通外弧折角处出现的小孔洞，应采用锡焊或密封胶处理；

4）用法兰与矩形弯头、矩形三通翻边宽度调整角度。

2. 风管及部件安装

(1) 风管与法兰配制不一致

【现象】

风管与法兰不垂直，表面不平。

【治理】

1）检验圆、矩形法兰的同心度、对角线及平整度；

2）按设计图纸和施工规范选用法兰；

3）法兰与风管铆接时应在平板上进行校正。

(2) 法兰互换性差

【现象】

法兰表面不平整，螺栓不重合，圆形法兰圆度差，矩形法兰对角线不相等。

【治理】

1）圆形法兰胎具直径偏差不得大于 0.5mm；

2）矩形法兰胎具四边的垂直度、四边收缩量应相等，对角线偏差不得大于 1mm；

3）法兰口缝焊接应先点焊，后满焊；

4）法兰螺栓孔分孔后，将样板按孔的位置依次旋转一周。

(3) 风管安装不直,漏风

【现象】

风管安装不平整,中心偏移,标高不一致;法兰连接处漏风。

【治理】

1) 按标准调整风管支架、吊卡、托架的位置,保证受力均匀;

2) 调整圆形风管法兰的同心度和矩形风管法兰的对角线,控制风管表面平整度;

3) 法兰风管垂直度偏差小时,可加厚法兰垫或控制法兰螺栓松紧度,偏差大时,须对法兰重新找方铆接;

4) 风管翻边宽度应大于或等于 6mm,咬口开裂可用铆钉铆接后,再用锡焊或密封胶处理;

5) 铆钉、螺栓间距应均等,间距不得超过 150mm。

(4) 百叶送风口调节不灵活

【现象】

叶片不平行,固定不稳,安装不平整。

【治理】

1) 轴孔应同心,不同心轴孔须重新钻孔后补焊;

2) 控制好叶片铆接的松紧度,加大预留孔洞尺寸。

(5) 防火阀动作不灵活

【现象】

在极限温度时,防火阀动作延时或失效。

【治理】

1) 按气流方向,正确安装;

2) 按设计要求对易熔片做熔断试验,在使用过程中应定期更换;

3) 调整阀体轴孔同心度。

(6) 风管柔性接管无松紧

【现象】

风管与设备间安装柔性接管间距小。

【治理】

1）根据风管两端口间距尺寸调整好柔性接管长度；

2）按实际情况制作风管异径管，便于调整短管的间距，使之保证两端口的中心线一致。

(7) 风管穿墙孔、穿楼板不符合要求

【现象】

风管穿墙孔、穿楼板硬连接。

【治理】

1）在预留孔洞之前应参照土建图纸一起确定位置；

2）预留的孔洞，应以能穿过风管的法兰及保温层为准；

3）未保温风管，穿过墙孔、楼板时，须预留套管，确保风管的机械强度。

(8) 风管系统漏风

【现象】

空调系统风量减少，净化系统灰尘浓度增加。

【治理】

1）风管咬口缝应涂密封胶，不得有横向拼接缝；

2）应采用密封性能好的胶垫作法兰垫；

3）净化系统风管制作应采取洁净保护措施，风管内零件均应镀锌处理；

4）调节阀轴孔加装密封圈及密封盖。

(9) 风机盘管新风系统风口安装不到位

【现象】

室内新风量减少，空气混浊。

【治理】

1）风管的安装标高、坐标应与设计图纸相符合；

2）风管的管口必须伸入出风口位置，保证风口四周密封；

3）预留的孔洞尺寸应适当加大。

(10) 风管支架制作、安装不符合要求

【现象】

风管安装支架设置不均匀，制作安装随意。

【治理】

1) 应按设计和规范选用合适的材料制作各类支架;

2) 所预埋的支架间距位置应正确,牢固可靠;

3) 悬吊的风管支架在适当间距应设置防止摆动的固定点;

4) 制作安装的支架应采取机械钻孔,悬吊吊杆支架采用螺栓连接时,应采用双螺栓,保温风管的垫木须在支架上固定牢固。

(11)风管安装托架不平,法兰问题

【现象】

风管水平安装托架不平,吊杆不直、垂直安装不直,法兰的垫料不到位,保温层脱落等。

【治理】

风管水平安装,水平度的允许偏差每米不应大于 3mm,总偏差不应大于 20mm;垂直安装,垂直度允许偏差,每米应不大于 2mm,总偏差不应大于 20mm;支、吊、托架宜设在保温层外部,不得损坏保温层;法兰的垫料厚度为 3～5mm,垫料应放在法兰螺栓内侧,但不凸入管内;风管保温应保证不脱壳,600mm 以上的风管保温宜加保温钉。

(12) 风口安装不平

【现象】

风口安装不平不正,影响观感,影响装饰质量。

【治理】

各类风口安装应平整、位置正确。同房间内标高一致,排列整齐,外露部分平整美观;风口水平度偏差不应大于 5mm,垂直度偏差不应大于 2mm,且四周无缝隙。

(13) 风管调节不灵活

【现象】

风管的调节装置不灵活;无标志;柔性短管过紧或过松,空调口的接口法兰与风管法兰错位,影响使用功能。

【治理】

风管的调节装置（多叶阀、蝶阀、插板阀等)应安装在便于操作的部位,操作应灵活,外部要有明显的启闭标志;柔性短管应松紧适度,不得有扭曲和开裂现象;空调器接口法兰与风管法兰要对中,其前后左右位移均不应大于5mm。

6.2.2.8　电梯安装工程

1. 机房设备安装

(1) 机房土建工程缺陷

【现象】

机房门向内开启;机房内无消防设施;夏天室内温度过高;机房连通井道的孔洞没有砌高50mm的台阶,机房内布置与电梯无关的上下水、采暖、蒸汽管道。

【治理】

1) 机房门必须改向外开启,机房增加通风散热措施,拆除机房内与电梯无关的管道,并配备消防设施;

2) 按机房内最终地坪高度,在与井道连通的孔洞四周砌高50mm以上的台阶;

3) 安装单位进场前,要按规范进行验收,不符合规范之处,整改好后开工。

(2) 曳引机、导向轮的固定不可靠、不紧密

【现象】

承重梁螺栓孔用气割开孔或电焊冲孔,开孔过大,损伤工字钢立筋;承重梁斜翼缘上使用平垫圈固定,螺栓与工字钢接触不紧密;当曳引机弹性固定时,两端无压板、挡板。

【治理】

1) 加强对标准、规范的学习,不断提高操作人员的责任心和操作水平。

2) 承重梁位置应根据井道平面布置标准线来确定,以轿厢中心到对重中心的连接线和机器底盘螺栓孔位置来确定,保证在电梯运行时曳引绳不碰承重梁,安装时不损伤承重梁。

3) 当曳引机直接固定在承重梁上时,必须实测螺栓孔,用电钻打眼。对螺栓孔过大的,必须进行加固,对严重损伤工字钢立筋

的应更换承重梁。

4）用与承重梁斜翼缘斜度一致的斜方垫圈固定曳引机，使螺栓与承重梁紧密接触。

5）弹性固定的曳引机，在曳引机的顶端用挡板固定，在后端用压板固定，防止曳引机位移。

(3) 曳引轮、导向轮垂直度、平行度超差

【现象】

曳引轮、导向轮(复绕轮)垂直度超差，两轮端面平行度超差，使曳引绳与曳引轮、导向轮(复绕轮)产生不均匀侧向磨损，引起曳引绳的振动，影响电梯的乘坐舒适感。

【治理】

1）根据曳引绳绕绳形式的不同，先调整好曳引机的位置，注意应按轿厢中心铅垂线与曳引轮的节圆直径铅垂线，调整曳引机的安装位置。

2）曳引机底座与基础座中间用垫片调整，使曳引轮的空载垂直度偏差在 2mm 以内，并有意向满载时曳引轮偏侧的反方向调整，使轿厢在满载时曳引轮的垂直度偏差在 2mm 以内。

3）调整导向轮，使曳引轮与导向轮的不平行度不超过 1mm (在空载时)。

(3) 制动器调整不合格

【现象】

制动器抱闸闸瓦不能紧密地合于制动轮工作表面上。松闸时不能同步离开，其四周间隙不均匀，而且大于 0.7mm。

【治理】

1）安装前应拆卸电磁铁的铁芯，检查电磁铁在铜套中能否灵活运动，可用少量细石墨粉作为铁芯与铜套的润滑剂，调整电磁铁，使其能迅速吸合，并不发生撞芯现象，一般应保持 0.6～1mm 的间隙。

2）修正瓦片闸带，使之能紧贴制动轮，调整手动松闸装置。

3）调整松闸量限位螺钉，使制动带与制动轮工作表面间隙小

于0.7mm，调整时可一边调整后再调另一边；调整制动瓦定位螺钉，使制动瓦上下间隙一致。

4）调紧制动弹簧，使之达到：

在电梯做静载试验时，压紧力应足以克服电梯的差重。

在做超载运行时，压紧力能使电梯可靠制动。

(4) 曳引绳安装缺陷

【现象】

钢绳没有擦洗干净，曳引绳头固定前没有充分松扭；曳引绳头装置紧固后，销钉穿好没有劈开或未穿销钉；各绳张力不均匀，其相互偏差大于5%。

【治理】

1）截绳前，应选择宽敞、清洁的地方，把成卷的曳引绳放开拉直，用柴油将绳擦洗干净，并消除打结扭曲、松股现象。

2）曳引绳头装置紧固后，立即穿好销钉并将其劈开。

3）根据电梯曳引钢绳的长短，用100～300N的弹簧测力计，在轿厢停在井道2/3高度处，测量对重侧每根钢丝绳沿水平方向，以同样的拉开距离时的张力值，并对曳引绳头装置进行调整，调整后需将电梯运行一段时间后再次测量、调整。使张力值满足下式要求：

$$F_{max} - F_{min} \leqslant 0.05F_{avg}$$

式中　F_{max}——张力最大值；

F_{min}——张力最小值；

F_{avg}——张力平均值。

2. 井道

(1) 井道土建工程缺陷

【现象】

井道平面尺寸偏小，垂直度偏差过大，预留孔洞或预埋件相对尺寸偏差过大，各层站中心偏差大，电梯层门安装困难。

【治理】

1）尽早了解土建结构，对尺寸不符合安装要求的地方，及时提出，以便修正；不宜修正的方面，要与建设单位、土建单位和设计单位协商，采取相应的补救措施。

2) 签订合同时，要仔细核对电梯型号、电梯厂提供的土建图与土建施工图。尽量能在土建施工前与建设单位交底，井道的平面尺寸与图纸对照只能偏大，严禁偏小。

(2) 电梯井道铅垂线偏移

【现象】

电梯井道铅垂线在安装过程中发生偏移；施工中铅垂线晃动严重，影响正常施工。

【治理】

1) 制作样板架要选用韧性强、不易变形、并经烘干处理的木材，木料要保证宽度和厚度，并应四面刨平互成直角。提升高度超过 60m 时，应用型钢制作样板架。

2) 样板架变形或移位应重新测量、固定样板架。

3) 铅锤一般应 5kg 重，当提升高度较高时，应用大于 5kg 的铅锤，铅锤线可使用 0.7～1.0mm 的低碳钢丝。

4) 样板架上需要垂线的各处，用薄锯条锯一斜口以固定铅锤线。底坑样板架待铅锤线稳定后，确定其正确位置，用 U 形钉固定铅锤线，并刻以标记，准备铅锤线碰断时重新定锤线用。

(3) 安装标准线误差过大

【现象】

由于安装标准线存在误差，牛腿和墙面修凿工作量增加。两部以上电梯并列安装时，各电梯不协调一致。

【治理】

1) 由于土建井道施工一般垂直误差较大，安装前应在最高层层门口作基准线，进行测量，并根据测量数据，考虑层门及指示灯、按钮盒的安装位置，照顾多数层门地坎位置和牛腿宽度误差，通盘考虑。

2) 除考虑井道内安装位置外，要同时考虑各部电梯层门及门套与建筑物的配合协调，逐步调整样板架放线点，确定电梯安装标准线。

(4) 底坑积水

【现象】

底坑或墙体渗水,底坑积水无法清除。

【治理】

1) 安装前应严格验收,保证底坑不漏水或渗水,有条件时增加排水装置。

2) 在安装导轨支架、缓冲器、栅栏时应注意保护防水层,一旦防水层破坏,应及时修补。

3. 层门、轿箱安装

(1) 层门地坎尺寸超标

【现象】

层门地坎不平、不直、不实,轿门地坎与各层门地坎的距离偏差超标,层门地坎标高超标,影响使用功能。

【治理】

层门地坎的不水平度不应超过 1/1000,并且应装直,以保证轿门地坎至各层层门地坎的距离偏差均不超过 ±1mm,地坎应填实,不应有空鼓,各层门地坎应高出最终地面 2～5mm,以保证安全使用。

(2) 层门地坎安装不符合标准

【现象】

层门地坎水平偏差大于 2/1000,地坎没有高出最终地坪面,且无过渡斜坡,地坎晃动,不稳固。同一楼面的电梯层门地坎不在同一标准平面内。

【治理】

1) 依据土建提供的地坪标准线,一并考虑地面的最终装饰面(包括地毯),确定地坎上平面的标高。

2) 地坎下面的地脚铁上好后,用 C20 以上细石混凝土或同等强度的砂浆浇埋地坎,按标准线及水平标高的位置进行校正稳固,并应注意地坎本身的水平度。地坎浇埋稳固后,要保养 2～3d,方可安装门框等部件。

3) 地坎高出地面2～5mm,并应做1/100～1/50的过渡斜坡。装饰地面(包括地毯)可不做过渡斜坡。

(3) 层门地坎牛腿边外凸

【现象】

地坎边沿的垂直平面、牛腿边及混凝土外凸。

【治理】

牛腿高出地坎边沿的垂直平面位置,应在地坎安装前按标准测量确定后,将高出部位凿去,等地坎安装好后用砂浆找平。

(4) 层门门套与门不垂直,开启不平稳,层门有划伤

【现象】

门与门套不垂直、不平行,开门不稳,有跳动现象,门中与地坎中未对齐,门与门套间隙过大或过小,层门外观有划伤、撞伤。

【治理】

1) 门套安装前,检查门套是否变形,并进行必要的调整。

2) 门套与地坎联结后用方木将门套加固,并测量门套垂直度,要求不大于1/1000,梁的水平度不大于1/1000。

3) 浇灌水泥砂浆时,采用分段浇灌法,以防止门套变形。

4) 在吊挂层门门扇前,先检查门滑轮的转动是否灵活,并应注入润滑脂,清洁层门导轨和地坎导槽。

5) 用等高块垫在层门扇和地坎之间,以保证门扇与地坎面间隙。通过调整门滑轮座与门扇连接垫片来调整门与地坎、门套的间隙。

6) 层门中与地坎中对齐后固定钢丝或杠杆撑杆。注意旁开式门各铰接点间的撑杆长度相等,各固定门的铰链位于一条水平直线上。钢丝绳传动的层门钢丝绳须张紧。

7) 注意保护层门外观,外贴的保护膜在交工前再清除。

(5) 轿顶反绳轮垂直度超差,缺安全防护装置

【现象】

反绳轮垂直度超过1mm,与上梁两侧间隙不一致,反绳轮没

有安装保护罩和挡绳装置。

【治理】

1）轿厢安装后要对反绳轮的垂直度进行测量、调整，并应检查上梁与立柱的联结处是否紧密，有无变形。

2）钢绳安装后立即安装保护罩和挡绳装置。

(6) 各层门指示灯

【现象】

各层门指示灯盒及召唤盒安装不与装饰配合，出现召唤、招示盒歪斜、进出，影响观感质量。

【治理】

层门指示灯盒和召唤盒安装应与装饰工程密切配合，特别是贴大理石的厅门，位置应正确，其面板与墙面贴实，横竖端正，清洁美观，指示信号清晰明亮，动作准确，以增加观感质量。

4．导轨安装

(1) 导轨支架安装问题

【现象】

导轨架不平、焊缝支架间间断焊、单面焊接，影响导轨安装质量。

【治理】

导轨架的不水平度不应超过5mm；安装牢固，横竖端正，焊接时双面焊牢、焊缝饱满，焊波均匀；且随时清除焊渣进行防腐处理。

(2) 导轨接头处组装缝隙大，台阶修光长度不够

【现象】

电梯在接头处晃动，导靴磨耗快。导轨工作面接头处有连续缝隙，或局部缝隙大于0.5mm。导轨接头处有台阶，且大于0.05mm，台阶处修光长度短。

【治理】

1）在地面预组装，先采用装配法，后用锉刀修正接头缝隙处，预组装后将导轨编号安装。

2）导轨校正后进行修光，修磨接头处，用直线度为0.01/300

的平直尺测量,台阶应不大于0.05mm。修光长度应在150mm以上。

(3) 导轨调整垫铁与接头台阶问题

【现象】

导轨调整垫铁不点焊,导轨接头台阶修光长度不够,导致轿厢运行不平稳,增加不舒适感并危及安全运行。

【治理】

导轨校正后应按规定的长度进行修光,其修光长度为150mm以上,导轨工作面接头处台阶应不大于0.15mm。

导轨调整垫铁不应超过三块,并应点焊牢固。

(4) 导轨垂直度超差

【现象】

电梯晃动、抖动,导靴磨耗过快,导轨局部明显弯曲。

【治理】

1) 导轨安装前先检查,对弯曲的导轨要先调直。

2) 用专用校轨卡板自下而上初校,导板与导轨的连接螺栓暂不拧紧,用导轨卡板精调时,逐个拧紧压板螺栓和导轨连接板螺栓。

3) 用螺栓直接固定或焊接固定的导轨,应改用压板固定。

(5) 导轨下端悬空

【现象】

电梯运行后或安全钳动作后,导轨走动。

【治理】

在安装底坑第一根导轨时,先放大导轨座,导轨座应支承在地面,导轨下应放入接油盒。

5. 电梯电器安装

(1) 电线管、线槽敷设混乱,动力、控制线路混敷

【现象】

线管、线槽敷设不平直,不整齐,不牢固,控制线路受静电、电磁感应干扰大,电梯调试和运行时发生误动作。

【治理】

1）应严格按标准规范施工，电线管用管卡固定，固定点不大于3m；电线管管口应装护口，与线槽连接应用锁紧螺母；电线槽每根固定不少于两点，安装后应横平竖直，接口严密，槽盖齐全、平整、无翘角。

2）阅读说明书，动力线与控制线隔离敷设。对有抗干扰要求的线路应按产品要求施工。

3）配线绑扎整齐，并有清晰的接线编号。

（2）电气设备受潮

【现象】

井道地坑不防水，致使电气器具及导线受潮，绝缘降低，危及安全用电。

【治理】

井道地坑从建筑上采取防水措施，以确保地坑干燥、清洁、不积水，确保电气良好的绝缘强度，保证电气使用安全。凡底坑有水或潮湿者，必须进行处理。

（3）限位开关、极限开关进线口不密封

【现象】

限位开关、极限开关等进线口不密封，灰尘进入，时间长久，由于油灰作用，致使开关动作失灵，造成轿厢冲顶或蹲底，危及安全运行。

【治理】

所有限位开关、极限开关、联锁开关等的进线口，均应密封，保证灰尘不进入，确保开关动作灵活、准确，保证电梯安全运行。

（4）整机保护接地系统

【现象】

整机保护接地系统不按规定安装，有的电梯根本未做，危及设备和人身安全。

【治理】

电梯所有电气设备外壳、金属构件及曳引机、轨道等均应良好接地与整个接地系统连成一体,其接地电阻值不应大于 4Ω,接地和接零线应始终分开。

(5) 电缆悬挂不可靠,电缆过短或过长

【现象】

随行电缆两端以及不运动电缆固定不可靠,当轿厢压缩缓冲器后,电缆与底坑和轿厢底边框接触。随行电缆运动时打结或波浪扭曲。

【治理】

1) 将电缆沿径向散开,检查有无外伤、机械变形,测试绝缘性能和检查有无断芯。将电缆自由悬吊于井道,使其充分退扭。

2) 计算电缆长度后再固定。保证电缆不致拉紧或拖地。绑扎随行电缆,其绑扎长度应为 30~70mm,绑扎处应离电缆支架钢管 100~150mm。

3) 轿底电缆支架应与井道电缆支架平行,使随行电缆处于井道底部时能避开缓冲器,并保持一定距离。

4) 多根电缆同时绑扎时,长度应保持一致。

6. 电梯安全装置

(1) 安全钳不能同时动作,轿厢变形

【现象】

安全钳动作时,两侧安全钳不能同时动作,使轿厢发生变形。安全钳动作后,安全钳急停开关未动作,电梯控制电路未切断。

【治理】

1) 安装前先校正垂直拉杆,调节上梁横拉杆的压簧,固定主动杠杆位置,使主动杠杆、垂直拉杆成水平,两侧拉杆提拉高度一致。

2) 调整钳楔块工作面与导轨侧面间的间隙,间隙应均匀一致。

3) 调整急停开关位置,检查电路,先作模拟试验,动作正常后再做正式的安全钳试验。

4) 检查轿厢底水平度,轿厢变形时要重新调整。

(2) 安全保护开关不灵

【现象】

电梯运行过程中安全保护开关误动作,使电梯无故停车。出故障时,安全保护开关不动作。

【治理】

1) 各安全保护开关和支架应用螺栓可靠固定,并有止退措施,严禁用焊接固定。

2) 检查各开关,不能因电梯正常运行时的碰撞和钢绳、钢带、皮带的正常摆动使开关产生位移、损坏和误动作。

3) 对控制柜和控制线路做模拟试验,模拟试验可带电动作,但禁止带动轿厢运行。

4) 模拟试验正常后可以进行慢车试验,试验时所有安全装置应全部接通,一般情况下不能短接。

5) 检查不动作或误动作开关的位置和电路,重新调整。

7. 电梯试运转

(1) 平层不准确

【现象】

电梯平层不准确,尤其是轿厢空载时与满载时平层不准确。

【治理】

1) 平层的调整应在平衡系统调整后及静载试验完成后进行。平层运行速度应符合说明书要求。

2) 在电梯中加 50% 的额定重量,以楼层中层为基准层,调整感应器和铁板位置。

3) 固定调整好感应器后,在调整其他楼层平层时只调整铁板位置(应反复多运行几次进行调整)。

(2) 不做安全钳试验,试验后导轨不修光

【现象】

导轨工作面两侧无试验痕迹,说明没有做安全钳试验试验后导轨工作面不修光,导靴磨耗快。

【治理】

电梯以检修速度运行时，在机房人为操作让限速器动作，试验后应检查擦痕，并立即进行修光和检查轿厢是否变形，调整安全钳间隙。

6.3 施工项目质量事故的分析与处理

6.3.1 施工项目质量事故的定义

凡工程质量不符合建筑安装质量检验评定标准、相关施工及验收规范或设计图纸要求，造成一定经济损失或永久性缺陷的，都是工程质量事故。

工程质量事故分为重大质量事故和一般质量事故。

重大质量事故分为四个等级：

1. 直接经济损失在300万元以上的为一级重大质量事故；

2. 直接经济损失在100万元以上，不满300万元的为二级重大质量事故；

3. 直接经济损失在30万元以上，不满100万元的为三级重大质量事故；

4. 直接经济损失在10万元以上，不满30万元的为四级重大质量事故；

一般质量事故是指直接经济损失在5000元以上，不满10万元的。

直接经济损失在5000元以下的，为质量问题，由企业自行处理。

6.3.2 施工项目质量事故的分析和处理程序

1. 施工项目质量问题分析的目的

(1) 正确分析和妥善处理所发生的质量问题，以创造正常的施工条件；

(2) 保证建筑物、构筑物的安全使用，减少事故的损失；

(3) 总结经验教训，预防事故重复发生；

(4) 了解结构实际工作状态，为正确选择结构计算简图、构造设计，修订规范、规程和有关技术措施提供依据。

2. 施工项目质量问题分析和处理的程序

(1) 施工项目质量问题分析、处理的程序，一般可按图6-1所示进行。

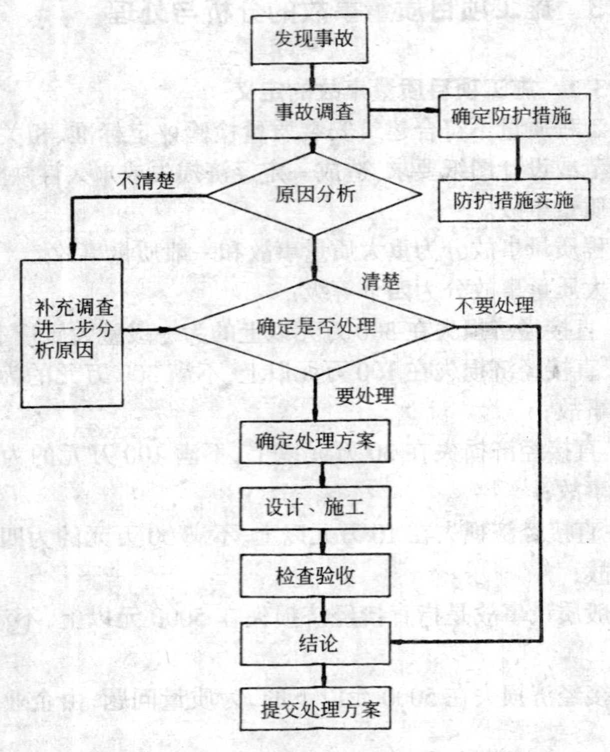

图6-1　质量问题分析、处理程序框图

(2) 事故发生后，应及时组织调查处理。调查的主要目的，是要确定事故的范围、性质、影响和原因等，通过调查为事故的分析与处理提供依据，一定要力求全面、准确、客观。调查结果，要整理撰写成事故调查报告，其内容包括：

1) 工程概况，重点介绍事故有关部分的工程情况；

2) 事故情况，事故发生时间、性质、现状及发展变化的情况；

3）是否需要采取临时应急防护措施；

4）事故调查中的数据、资料；

5）事故原因的初步判断；

6）事故涉及人员与主要责任者的情况等。

事故的原因分析，要建立在事故情况调查的基础上，避免情况不明就主观分析判断事故的原因。尤其是有些事故，其原因错综复杂，往往涉及勘察、设计、施工、材质、使用管理等几方面，只有对调查提供的数据、资料进行详细分析后，才能去伪存真，找到造成事故的主要原因。

事故的处理要建立在原因分析的基础上，对有些事故一时认识不清时，只要事故不致产生严重的恶化，可以继续观察一段时间，做进一步调查分析，不要急于求成，以免造成同一事故多次处理的不良后果。事故处理的基本要求是：安全可靠，不留隐患，满足建筑功能和使用要求；技术可行，经济合理，施工方便。在事故处理中，还必须加强质量检查和验收。对每一个质量事故，无论是否需要处理都要经过分析，做出明确的结论。

6.3.3 施工项目质量事故的处理

1. 质量事故处理的基本要求

（1）处理应达到安全可靠，不留隐患，满足生产、使用要求，施工方便，经济合理的目的；

（2）重视消除事故的原因。这不仅是一种处理方向，也是防止事故重演的重要措施；

（3）注意综合治理。既要防止原有事故的处理引发新的事故；又要注意处理方法的综合应用；

（4）正确确定处理范围。除了直接处理事故发生的部位外，还应检查事故对相邻区域及整个结构的影响，以正确确定处理范围；

（5）正确选择处理时间和方法。发现质量问题后，一般均应及时分析处理；但并非所有质量问题的处理都是越早越好，如裂缝、沉降，变形尚未稳定就匆忙处理，往往不能达到预期的效果，而常会进行重复处理。处理方法的选择,应根据质量问题的特点,综合考虑安全可靠、技术可行、经济合理、施工方便等因素,经分析比较,择优选定;

(6) 加强事故处理的检查验收工作。从施工准备到竣工,均应根据有关规范的规定和设计要求的质量标准进行检查验收;

(7) 认真复查事故的实际情况。在事故处理中若发现事故情况与调查报告中所述的内容差异较大时,应停止施工,待查清问题的实质,采取相应的措施后再继续施工;

(8) 确保事故处理期的安全。事故现场中不安全因素较多,应事先采取可靠的安全技术措施和防护措施,并严格检查、执行。

2. 质量事故处理的鉴定

质量问题处理是否达到预期的目的,是否留有隐患,需要通过检查验收做出结论。事故处理质量检查验收,必需严格按施工验收规范中有关规定进行;必要时,还要通过实测实量、荷载试验、取样试压、仪表检测等方法来获取可靠的数据。这样才可能对事故做出明确的处理结论。

事故处理结论的内容有以下几种:

(1) 事故已排除,可以继续施工;

(2) 隐患已经消除,结构安全可靠;

(3) 经修补处理后,完全满足使用要求;

(4) 基本满足使用要求,但附有限制条件,如限制使用荷载,限制使用条件等;

(5) 对耐久性影响的结论;

(6) 对建筑外观影响的结论;

(7) 对事故责任的结论等。

此外,对一时难以做出结论的事故,还应进一步提出观测检查的要求。

事故处理后,还必须提交完整的事故处理报告,其内容包括:事故调查的原始资料、测试数据;事故的原因分析、论证;事故处理的依据;事故处理方案、方法及技术措施;检查验收记录;事故无需处理的论证;事故处理结论等。

3. 质量事故处理的应急措施

工程中的质量问题具有可变性,往往随时间、环境、施工情况等而发展变化,有的细微裂缝,可能逐步发展成构件断裂;有的局部沉降、变形,可能致使房屋倒塌。为此,在处理质量问题前,应及时对问题的性质进行分析,做出判断,对那些随着时间、温度、湿度,荷载条件变化的变形、裂缝要认真观测记录,寻找变化规律及可能产生的恶果;对那些表面的质量问题,要进一步查明问题的性质是否会转化;对那些可能发展成为构件断裂、房屋倒塌的恶性事故,更要及时采取应急补救措施。

在拟定应急措施时,一般应注意以下事项:

(1) 对危险性较大的质量事故,首先应予以封闭或设立警戒区,只有在确认不可能倒塌或进行可靠支护后,方准许进入现场处理,以免人员伤亡;

(2) 对需要进行部分拆除的事故,应充分考虑事故对相邻区域结构的影响,以免事故进一步扩大,且应制定可靠的安全措施和拆除方案,要严防对原有事故的处理引发新的事故,如托梁换柱,稍有疏忽将会引起整幢房屋的倒塌;

(3) 凡涉及结构安全的,都应对处理阶段的结构强度,刚度和稳定性进行验算,提出可靠的防护措施,并在处理中严密监视结构的稳定性;

(4) 在不卸荷条件下进行结构加固时,要注意加固方法和施工荷载对结构承载力的影响;

(5) 要充分考虑对事故处理中所产生的附加内力对结构的作用,以及由此引起的不安全因素。

4. 质量事故处理的资料和方案

(1) 质量问题处理的资料

一般质量问题的处理,必须具备以下资料:

1) 与事故有关的施工图;

2) 与施工有关的资料,如建筑材料试验报告、施工记录、试块

强度试验报告等;

3）事故调查分析报告,包括:

① 事故情况:出现事故时间、地点;事故的描述;事故观测记录;事故发展变化规律;事故是否已经稳定等;

② 事故性质:应区分居于结构性问题还是一般性缺陷;是表面性的还是实质性的;是否需要及时处理;是否需要采取防护性措施;

③ 事故原因:应阐明所造成事故的重要原因,如结构裂缝,是因地基不均匀沉降,还是温度变形;是因施工振动,还是由于结构本身承载能力不足所造成;

④ 事故评价:阐明事故对建筑功能、使用要求、结构受力性能及施工安全有何影响并应附有实测、验算数据和试验资料;

⑤ 事故涉及人员及主要责任者的情况。

4）设计、施工、使用单位对事故的意见和要求等。

(2) 质量问题处理的方案

根据质量问题的性质,常见的处理方案有:封闭保护、防渗堵漏、复位纠偏、结构卸荷、加固补强、限制使用、拆除重建等。例如,结构裂缝,根据其所在部位和受力情况,有的只需要表面保护,有的需要同时作内部灌浆和表面封闭,有的则需要进行结构补强等。在确定处理方案时,必须掌握事故的情况和变化规律。如裂缝事故,只有待裂缝发展到最宽时,进行处理才最有效。同时,处理方案还应征得有关单位对事故调查和分析的一致意见,避免事故处理后,无法做出一致的结论。

处理方案确定后,还要对方案进行设计,提出施工要求,以便付诸实施。

5. 质量问题处理决策的辅助方法

对质量问题处理的决策,是复杂而重要的工作,它直接关系到工程的质量、费用与工期。所以,要做出对质量问题处理的决定,特别是对需要返工或不做处理的决定,应当慎重对待。在对于某些复杂的质量问题做出处理决定前,可采取以下方法做进一步论证。

(1) 实验验证

即对某些有严重质量缺陷的项目,可采取合同规定的常规试验以外的试验方法进一步进行验证,以便确定缺陷的严重程度。例如混凝土构件的试件强度低于要求的标准不太大(例如10%以下)时,可进行加载试验,以证明其是否满足使用要求;又如公路工程的沥青面层厚度误差超过了规范允许的范围,可采用弯沉试验,检查路面的整体强度等。根据对试验验证检查的分析、论证、再研究处理决策。

(2) 定期观测

有些工程,在发现其质量缺陷时,其状态可能尚未达到稳定,仍会继续发展,在这种情况下,一般不宜过早做出决定,可以对其进行一段时间的观测,然后再根据情况做出决定。属于这类的质量缺陷,如桥墩或其他工程的基础,在施工期间发生沉降超过预计的或规定的标准;混凝土或高填土发生裂缝,并处于发展状态等。有些有缺陷的工程,短期内其影响可能不十分明显,需要较长时间的观测才能得出结论。

(3) 专家论证

对于某些工程缺陷,可能涉及的技术领域比较广泛,则可采取专家论证。采用这种办法时,应事先做好充分准备,尽早为专家提供尽可能详尽的情况和资料,以便使专家能够进行较充分的、全面和细致的分析、研究,提出切实的意见与建议。实践证明,采取这种方法,对重大的质量问题做出恰当处理的决定十分有益。

6. 质量事故不作处理的论证

施工项目的质量问题,并非都要处理,即使有些质量缺陷,虽已超出了国家标准及规范要求,但也可以针对工程的具体情况,经过分析、论证,做出无需处理的结论。无需作处理的质量问题常有以下几种情况:

(1) 不影响结构安全、生产工艺和使用要求;

(2) 检验中的质量问题,经论证后可不作处理。例如,混凝土

试块强度偏低,而实际混凝土强度,经测试论证已达到要求,就可不作处理;

(3) 某些轻微的质量缺陷,通过后续工序可以弥补的,可不处理;

(4) 对出现的质量问题,经复核验算,仍能满足设计要求者,可不作处理。

7　施工项目质量创优

7.1　创优工程概述

随着建筑工程的不断增加，各施工单位、各项目创优热情的不断高涨，如何搞好创优工作是各项目迫切需要详知的问题。本章就《北京市优质工程（长城杯）评选办法》（地方上的评选按各地要求，大致相同）、《中国建筑工程鲁班奖（国家优质工程）评选办法》、《国家优质工程评审办法》做全面说明，以利于各企业做好创优工作。

7.2　创优工程策划

7.2.1　申报创优的各项基本工作

1．制作工程录像带或光盘

内容包括：工程简介；工程各部分的质量状况、主要施工方法和技术措施；采用的新技术、新工艺、新材料、新设备等。录像带和光盘要体现出工程结构和装修施工及竣工后的工程面貌。录像带要注意表现出施工中的过程控制情况；样板间的做法；关键节点部位、重要分部及分项工程的做法等。开始录像之前要求起草一份录像带或光盘的策划文字材料，各部分出现的先后顺序和时间长短等要事先策划好，比如：标准层顶板钢筋绑扎的镜头何时出现，需要几秒钟。要求画面与配音相吻合，要求用普通话配音，语言要求简洁、明快，声音洪亮。

2．编写工程实录

制作一本工程实录，实录以照片为主，辅以简洁的文字介绍。主要内容应包括工程概况；主要平面布置图；技术特点、难点；表现各工序施工过程照片，样板间及工程外貌照片，项目上的一些重要活动等。

3. 项目创优总结

由项目经理部组织有关人员编写项目创优工作总结，总结创优过程中的经验。

4. 扩大工程的社会影响力

(1) 请政府质量监督部门、报社的负责人主持召开一次有业主、监理、施工单位参加的座谈会，听取各方面的意见并刊登一篇关于工程的创优报道。以扩大工程的社会影响力，争取政府部门的支持。

(2) 在集团总公司范围内造成一定影响，为申报工作争取名额。

(3) 请优质工程评审委员会主要领导到工地检查，听取他们的意见并赠送工程实录。

7.2.2 竣工验收工作

1. 完成四方(业主、设计、监理、施工单位)验收工作。

2. 完成政府质量监督部门验收工作。

7.3 创优工程实施与控制

7.3.1 创优工程检查要点

1. 创优工程的质量检查要求

对创优工程质量检查的依据和内容如下：

(1) 工程质量控制要以国家强制性法律、法规、标准规范为依据；

(2) 以地基、基础、主体质量检查为重点；

(3) 工程质量的保证责任包括工程参与的各方，检查也要以参与各方的质量行为为主要内容；

(4) 工程质量必须保证使用安全。

2. 宏观检查要点

对工程质量的宏观检查中要着重于以下几点：

(1) 观察主体是否出现有影响结构安全的变形与裂缝；

(2) 观察工程是否按合同规定的内容完成，是否存在有大量甩项，住宅工程的入住率是否达到40%以上；

(3) 观察地基是否有较大的沉降(含不均匀沉降)，如有沉降是否稳定；

(4) 观察地下室、墙体、卫生间及屋面是否有渗漏；

(5) 观察除结构是否安全外，其他是否存在使用中可能会发生的不安全隐患；

(6) 工程的细部构造是否达到精致细腻的程度；

(7) 观察工程是否存在有性质较严重的质量缺陷或质量问题；

(8) 观察工程质量的匀质性，即土建工程与电气、上下水和采暖煤气管道等工程的质量是否均匀相配。

3. 微观检查要求

(1) 地基基础工程

1) 对工程进行实地查看，观测地基基础有无沉降、沉降量及相对沉降量是多少，首层地面及周边回填土有无回填不实而出现的裂缝变形。

2) 重点查阅以下资料：

① 工程地质勘察报告；

② 桩基静载试验及设计有特殊要求的检测报告(报告内容含单桩承载力及桩体完整性)、桩位平面图、补桩记录、桩基工程质量验收记录(四方签字盖章齐全)；

③ 回填土击实试验报告及土的干密度试验报告；

④ 工程定位测量及高程引进记录；

⑤ 地基工程所使用材料、构配件质量证明及试验报告；

⑥ 沉降观测记录；

⑦ 地基基础分部工程质量的检验评定资料；

⑧ 地基基础(含地下工程)所用的主要材料的检验记录；

⑨ 地基与基础结构验收记录(四方签字盖章齐全)。

(2) 主体工程

1) 对工程进行查看，主体工程中的分部工程有无因地基基础等原因而造成主体工程出现裂缝、变形等情况。

2) 重点查阅以下资料：

① 主体结构所使用的材料，构配件质量检验报告及有关质量证明文件；

② 主体结构中使用的混凝土、砌筑砂浆的强度检验报告和钢结构的焊接质量检验报告(提请注意的是钢筋连接型式检验报告、混凝土碱含量和骨料活性检测报告)；

③ 主体工程重大设计变更洽商记录；

④ 主体工程分项分部质量的检验评定表；

⑤ 主体工程的测量记录(如高层建筑垂直度等)；

⑥ 主体钢结构工程焊接报告、焊接工艺评定、焊缝无损检验报告；

⑦ 主体预应力工程张拉记录；

⑧ 主体结构验收记录(四方签字盖章齐全)；

⑨ 重大隐蔽工程验收记录。

(3) 防水工程

1) 检查屋面、卫生间、墙体及地下室中是否有渗漏情况；

2) 防水工程所使用材料的质量检验报告；

3) 使用的防水材料质量证明资料、材料复试、防水隐蔽检查记录、厕浴间蓄水检查记录及屋面淋水检查记录；

4) 屋面防水层道数是否符合《屋面工程技术规范》要求，防水层有无起鼓、屋面有无积水情况，防水卷材收头处理的准确程度和其他做法是否符合规范。

(4) 门窗工程

1) 查看门窗制作与安装精致程度,是否存在开闭不灵及安装不牢的情况,铝合金与塑钢窗是否被污染或有划痕,打胶是否符合要求和达到细腻程度;

2) 门窗安装位置是否准确;

3) 木门窗的成品保护是否做得好,是否存有污染和变形情况;

4) 门窗和附件质量证明资料及相应检测报告,同时必须有生产厂家的生产许可证。

(5) 地面工程

1) 查看地面的平整度和色泽均匀度,块状地面在铺贴之前是否经过预排,缝子大小的均匀度、平直度是否达到上乘水平,有无在磨光大理石块状地面中有再次加磨的情况(接缝处)。

2) 整体地面的平整度、色泽均匀度、分格条显露等的质量状况,是否存有空鼓、裂缝。

(6) 装饰工程

1) 对装饰工程中,每个分项工程均要显示精致细腻,不仅大面质量上乘,一些细部构造也是上乘的。

2) 装饰抹灰或饰面均能保持色泽一致,无空鼓开裂且令人感到美观。

3) 观察外墙饰面板是采用何法粘结,如采用湿作业是否采取有效措施而且避免出现花脸情况;如采用干挂法,接缝打胶是否符合要求,干挂石材是否有隐蔽检查记录。

4) 对顶棚和墙面采用石膏板是否有裂缝,以及上人吊顶的隐蔽检查记录。

5) 对外墙大面积采用饰面砖的工程,其粘结强度和排砖效果均要检查。

6) 涂料的色泽是否一致,基层有无开裂,喷涂压光是否均匀。

7) 块状饰材在镶贴之前是否经过预排或装饰施工设计,墙面平整度、洁净度(未污染)及缝子均匀度(大小及深浅)的精致程度。

8) 室内装饰工程有无交叉污染状况。

9）细木工程(含油漆)是否均达到细腻要求。

10）装饰工程所使用材料的质量证明资料。

11）抽查分项分部工程检验评定记录。

12）装饰材料所含有害物质(苯、甲醛等)是否超标。

13）对玻璃幕墙工程重点查看以下内容：

① 承建设计及施工单位有无承建玻璃幕墙工程资质(含等级是否对应)以及设计计算书、幕墙专项施工方案；

② 使用材料的质量证明资料(提请注意的是结构硅酮密封胶相容性检验报告)；

③ 幕墙制作出厂合格证；

④ 幕墙框架与主体连接方法是否符合设计与有关规范要求及幕墙隐蔽检查记录；

⑤ 已安装幕墙的水密性实际情况及幕墙整体性能试验(风压变形性能、雨水渗透性能、空气渗透性能等)；

⑥ 幕墙安装质量检验评定资料；

⑦ 幕墙防火是否符合规范要求。

(7) 水、暖、燃气设备安装

1）检查安装质量是否达到标准施工，检查安装质量的细腻程度。

2）查阅所用材料、部件的质量检验报告或证明文件。

3）查看所有管道、阀门、卫生洁具等处是否有渗漏。

4）查看上水、暖气、燃气的打压试验记录，下水道通水(通球)试验记录；严密性试验、吹冲洗、设备试运转记录等。

5）观察卫生器具安装质量。

6）使用PVC管道的配件配套是否符合有关规定要求。

7）抽查水暖、煤气各分项及分部工程检验评定记录。

(8) 电气工程

1）仔细检查电气安装是否存有不安全的隐患，安装质量是否达到标准，保证使用安全，运行可靠。

2）电气工程安装质量的细腻程度。

3）查看电气工程所用的材料、部件、设备是否符合电气安全的有关规定要求，同时查看重要材料质量的检验报告和证明文件。

4）查看电气管线是否存在线路不清和混用、不接地等情况。

5）查看弱电，包括电话、电视、烟感器等。

6）抽查电气分项分部工程检验评定记录。

7）查看绝缘接地、电阻测试记录、安装和调试试验、运转记录。

(9）通风空调工程

管道试验记录、调试记录。

(10）电梯安装工程

重点查阅以下资料：

1）电梯检测报告、电梯调试及调整记录、绝缘、接地电阻测试记录、电梯隐蔽检查记录。

2）电梯安全技术检验报告书、电梯安全使用许可证及电梯安装工程质量监督核定证书。

4．工程资料检查重点

(1）执行规范、规程、标准要求

1）必须符合国家相关规范、行业规定和标准；

2）必须按照北京市城乡建设委员会颁发的“北京市建筑安装工程施工技术资料管理规定”及企业单位编制的“建筑工程施工技术资料管理实用手册”内容进行检查和归类整理。

(2）创北京市“结构长城杯”资料检查重点

除满足上述第(1)条要求外，应另做一套满足“结构长城杯”检查，重点是过程控制把关资料：

1）原材料分类明确、每种材料应编制子目录；

2）每份质量证明应附对应的复试报告；

3）每次浇注预拌混凝土，要对应将各种原材试配、复试报告、混凝土配合比通知单、浇灌申请单、开盘鉴定、预拌混凝土合格证等资料整理齐全；

4）设计有抗震要求的工程，所使用的受力钢筋复试要求进行强屈比计算；

5) 钢筋连接必须有型式检验报告；

6) 混凝土必须按规定做碱骨料活性检测及碱含量计算。

(3) 创鲁班奖(国优)工程资料检查重点

评鲁班奖工程资料除必须满足上述所有要求外，还应重点突出“新”、“优”两大特点：

1) 要“新”，即要突出新技术、新材料、新工艺、新设备资料。

2) 要“优”，即各级验收和各类评审均达到优良等级，每次验收结果签字、盖章必须齐全。

评鲁班(国优)奖工程施工技术资料的收集整理划分为三大类：

① 施工技术、管理重要资料及竣工图；

② 质量保证技术资料；

③ 施工管理资料及质量评定。

5. 单位工程 A、B、C 类施工技术资料重点检查内容

(1) A类。施工技术、管理重要资料及竣工图

A－0　目录

A－1　工程概况

A－2　建设工程开工审批表

A－3　建设工程规划许可证及规划图

A－4　建设工程开工证

A－5　工程地质勘探报告

A－6　设计图纸交底会议纪要

A－7　桩基工程验收记录

A－8　工程定位测量及高程引进记录

A－9　基础工程验收记录

A－10　主体工程验收记录

A－11　结构吊装验收记录

A－12　预应力工程验收记录

A－13　钢结构(钢网架)工程验收记录

A－14 幕墙工程验收记录
A－15 隐蔽工程检查记录
A－16 建(构)筑物沉降观测成果
A－17 设计变更洽商记录
A－18 单位工程质量综合评定表
A－19 单位工程验收记录
A－20 人防工程验收单
A－21 电梯安装工程验收单
A－22 消防工程验收单
A－23 工程质量竣工核定证书
A－24 北京市建设工程质量合格证书
A－25 工程质量一般事故报告表
A－26 重大工程质量事故报告表
A－27 竣工图纸(包括桩位验收竣工图)

(2) B类。质量保证技术资料

B－0 目录
B－1 桩基检测报告、桩基施工记录及补桩记录
B－2 地基钎探记录及钎探点布置图
B－3 砂浆强度试验报告及强度统计评定
B－4 混凝土碱含量检测报告
B－5 混凝土坍落度测定报告及强度报告
B－6 其他混凝土强度报告
B－7 混凝土回弹强度报告
B－8 混凝土强度统计评定
B－9 土的击实试验报告及土的干密度试验报告
B－10 厕浴间二次蓄水记录及屋面淋水记录
B－11 预应力锚夹具型式检验报告及复试、预应力张拉记录
B－12 钢筋焊(连)接试验报告及钢筋连接型式检验报告
B－13 粗、细骨料合格证及试验报告

B－14　混凝土(钢)构件合格证

B－15　门窗合格证及其他质量证明

B－16　幕墙用材料质量证明材料

B－17　幕墙性能试验报告

B－18　幕墙用密封胶合格证及试验报告

B－19　结构硅酮密封胶合格证及相容性试验报告

B－20　钢结构用钢材、高强螺栓、涂料合格证及检测报告

B－21　钢结构焊接工艺评定和焊接试验报告

B－22　无损探伤检测报告

B－23　土建材料合格证、试验报告等(水泥、钢筋、砂、石、砖、外加剂、掺合料、防水材料)

B－24　装修材料质量证明资料(金属构件、木制品、饰面材料、涂料)

B－25　安装材料、设备合格证及质量证明资料

B－26　材料/构配件/设备报验单

(3) C类。施工管理资料及质量评定

C1卷:施工组织设计及施工方案

C1－0　施工组织设计审批表

C1－1　各专项施工方案

C1－2　技术交底

C2卷:施工管理

C2－1　分部/分项工程报验单

C2—2　施工日记

C2—3　施工总结

C2—4　商品混凝土供应记录单

C2—5　大体积混凝土浇灌令

C2—6　沉桩(挖土)工程开工令

C2—7　沉桩(挖土)工程开工申请书

C2—8　砂浆及混凝土配合比通知单

C2—9　卫生器具盛水记录表

C2—10 排污水管道通球试验记录表

C2—11 试水检查记录表

C2—12 安全阀、减压阀试验检查记录表

C2—13 水箱、排污水、雨水管道灌水试验记录

C2—14 试气、试压记录表

C2—15 电气(安装)工程线路、电机绝缘、接地电阻测试记录表

C2—16 单机试车检查记录表

C2—17 通水试验记录表

C2—18 电缆敷设施工检查记录表

C2—19 接电装置施工检查记录表

C2—20 管道脱脂吹洗检查记录表

C2—21 通风空调系统调试报告

C2—22 设备、管道保温施工检查记录表

C2—23 配管及配线安装检查记录表

C2—24 屋面天沟蓄水试验检查记录表

C2—25 标准、规范中规定的其他试验检查记录

C2—26 工程质量问题来往函件及整改回复单

C3 卷:质量评定

C3—0 目录

C3—1 单位工程质量综合评定表

C3—2 单位工程质量保证资料核查表

C3—3 单位工程观感质量评定表

C3—4 地基及基础分部质量评定表

C3—5 主体工程分部工程质量评定表

C3—6 地面与楼面分部工程质量评定表

C3—7 门窗工程分部质量评定表

C3—8 屋面工程分部质量评定表

C3—9 装饰工程分部质量评定表

C3—10 采暖卫生与安装工程分部质量评定表

C3—11　建筑电气安装工程分部质量评定表
C3—12　通风与空调工程分部质量评定表
C3—13　电梯安装工程分部质量评定表
C3—14　工程质量班组自检互检表
C3—15　各分部工程中的分项工程质量检验评定表
C3—16　分包装饰工程质量综合评定表
C3—17　分包装饰工程质量保证资料核查表
C3—18　分包装饰工程观感质量评定表
C3—19　钢结构制作工程质量综合评定表
C3—20　钢结构安装工程质量综合评定表
C3—21　钢结构制作工程质量保证资料核查表
C3—22　钢结构制作工程观感质量评定表
C3—23　钢结构安装工程质量保证资料核查表
C3—24　钢结构安装工程观感质量评定表

7.3.2　创优工程检查常见问题

1. 施工组织设计、方案、技术交底

(1) 施工组织设计

1) 施工组织设计审批手续不全。

2) 施工组织设计与方案、交底矛盾。

3) 施工总平面图中周围环境、循环道路相互间无尺寸关系，施工平面图无指北针，施工总平面图的图幅太小，周围建筑物相互间尺寸和标高未标注。

4) 施工组织设计中未明确拆模依据。

5) 方案中用词不规范，如出现"混凝土的标号"等用词。

6) 施工组织设计总平面图中群塔施工未注明每个塔吊的高度，群塔的施工原则亦未说明。

(2) 施工方案

1) 施工中明显的技术难点未在方案中重点体现。

2) 混凝土泵的验算、计算欠认真，混凝土泵送管路的固定、出口、水平及拐弯等处固定及支托措施未说明。

3）方案中模板背楞间距未精确到毫米。

（3）技术交底

1）技术交底太笼统，未分阶段、分季节进行交底。

2）技术人员对施工方案的层次和作用理解不充分，方案不具有针对性、可操作性。

3）三级技术交底中缺乏顶板75%、梁100%拆模强度的要求。

4）冬期施工交底中没提柱头保温。

5）未能正确理解验收标准，要求不严格，如技术交底中出现“钢筋缺扣、漏扣不超过绑扣的10%”等错误。

6）技术交底中模板起拱没明确，技术交底中模板的清理维护工作不详细。

2. 结构工程

（1）钢筋工程

1）钢筋竖向、横向间距有误差。

2）钢筋保护层厚度不准确。

3）梁、柱箍筋135°弯钩不准确，平直长度一长一短。

4）梁、柱箍筋绑扎不到位。

5）现场进行气压焊的钢筋断面用气焊切割。

6）墙体、柱竖向钢筋在混凝土浇注时出现位置偏移，保护层或钢筋间距偏差大。

7）墙体、柱竖向钢筋相邻接头位置未按规定错开，错开间距不符合相关规范的要求。

8）梁、柱钢筋气压焊接头出现偏心，墩粗、墩长超差，环向裂纹，烧伤等质量问题。

9）爬梯筋端头未刷防锈漆，爬梯筋做主筋用。

10）钢筋绑扣丝端头朝外。

（2）模板工程

1）模板有胀模现象，框架梁施工缝支模不严，有漏浆现象。墙柱阴阳角模拼接处漏浆，墙、柱下口接缝不严，混凝土浇注时漏浆,出现烂根现象。

2）楼梯间模板接槎控制不严格。

3）门窗洞口模板混凝土浇注后移位、变形严重,影响施工的整体质量。

4）模板脱模剂涂刷不均匀,造成粘模现象;混凝土颜色偏差大,气泡较多。

5）梁板模板的起拱高度不规范。

6）试块抗压报告在后,拆模在前。

7）墙模板定位钢筋直接焊在受力筋上,减少了受力钢筋的截面。

8）楼板在正常施工时,楼板支撑立杆无卸载措施,造成下层楼板受力不均匀,影响结构安全。

9）墙体模板的穿墙螺栓孔大于穿墙螺栓直径,造成该处漏浆。

(3）混凝土工程

1）混凝土小票未按总分目录整理,小票无浇注时间和完成时间。

2）泵送混凝土外加剂有的没有生产厂家的试验报告(合格证不能代替)。

3）楼面堆放施工材料过多,荷载过大。

4）楼地面混凝土浮浆清理不干净、不及时。

5）混凝土施工缝较明显,或因保护层偏小而在墙体上出现道痕。

6）混凝土部分有冷缝,分层振捣控制不好,有漏振、欠振现象。

7）施工缝处的处理不符合要求。

8）采用商品混凝土时,对混凝土搅拌站的技术要求不明确,商品混凝土的合同中技术参数要求简单,无法保证进场后混凝土的质量。

9）同条件试块养护与该部位混凝土的养护条件不一致。

10）标养室内温度、湿度不稳定，达不到标养要求。

11）混凝土楼板表面处理未充分考虑装修要求。

12）楼面局部处理不好，局部有脚印。

13）水泥砂浆地面颜色不均匀，起砂且成品保护不好，造成地面损坏。

14）楼梯踏步水泥砂浆面层成品保护不好，造成面层损坏。

3．装修工程

（1）门窗工程

1）局部铝合金窗与墙之间未打密封胶。

2）局部玻璃安装不牢，底灰不满，有破损。

3）局部窗（铝合金）框与墙连接处打胶欠严密。

4）木门门缝不够均匀，个别缝隙超偏差。

（2）吊顶工程

1）部分吊顶吊筋太细，且无硬支撑。

2）石膏板吊顶局部接缝处有裂缝。

3）局部吊顶被用户破坏，矿棉板有变形、接缝不严等现象。

（3）墙面工程

1）外墙面砖、卫生间面砖空鼓、裂纹。

2）抹灰裂缝、空鼓。

3）外墙干挂花岗石有污染、有挂灰，局部勾缝脱落；陶瓷锦砖个别部位有裂缝和空鼓。室内花岗石地面局部有色差，个别处有污染。

4）局部木隔断、木墙裙变形。

5）外墙花岗石和内墙大理石有空鼓。

6）卫生间浴盆下预留洞（30～40cm）未补孔，管道穿墙也未堵洞。

7）木饰和软包布未做防火。

8）外檐干挂花岗岩墙面石板材规格欠一致，横竖缝宽度不一，个别接缝高低差明显，还混有少量掉棱缺角的板材；正面圆柱花岗石贴面也有类似情况。

(4) 地面工程

1) 水磨石地面局部有破坏。

2) 花岗石地面个别处有色差，个别处有磨边。

3) 卫生间地面和走廊连接处无高差，地下室局部水泥地面有微小裂缝。

4) 地下室水泥砂浆整体面层有裂缝并伴空鼓；实木板地面开始显露收缩变形。

(5) 屋面工程

1) 大面积屋顶刚性保护层无分格缝，有起鼓和开裂现象。

2) 屋面刚性保护层(预制混凝土块)局部不平；屋面卷材上细砂保护层已大部脱落

3) 屋面泛水油毡收口不严，局部粘结不牢，油毡脱落。

4. 机电安装工程

(1) 电气实体

1) 屋面避雷带搭接方法未使用下托钢筋法，部分支架缺弹簧垫。

2) 防雷测试点标志未画。

3) 瓷砖墙面上插座、开关与瓷砖面的配合不佳。

4) 配电箱内空气断路器未贴上回路标识，配电开关箱内的电线进出口部分未加护套。

5) 电缆标识牌上未写明电缆规格、型号。

6) 电机、屋面风机的接线未用防液型包塑软管。

7) 个别明露吊杆不顺直。

8) 车库荧光灯未用线槽。

9) 竖井内线槽封堵未加盖板。

10) 个别吸顶日光灯与吊顶缝隙较大。

11) 屋面铸铁管接地未焊接，楼梯扶手、天线底座未与避雷带可靠焊接。

12) 成排开关、插座部分观感不好。

13) 防雷测试点未安装在专用铁制箱体内，箱门未采用白色并未设置黑色接地标记。

14）电线有分色不清现象，软包厢上安装开关，插入导线贴在墙上，开关板没安在盒上。

（2）暖卫实体

1）给水支管卡件小，不合口。

2）泵房管道抱箍用扁钢型号太小，消声喉处管道不直。

3）采暖支管离墙距离远，地下室有个别倒坡。

4）屋顶水箱间泄水管反弯。

5）集气罐放风阀门高度小于2.2m。

6）顶层消火栓根部麻头未清、未刷防锈漆；水龙带未对头折叠。

7）管道井内管道根部保温不到位。

8）泵房减震喉、法兰部位做了保温。

9）小便斗固定螺栓根部未加橡胶垫。

10）机房压力表安装未按标准图集做。

11）检修门的设置与管道检修口未对齐。

5. 技术资料存在的问题

（1）原材、半成品、成品技术数据

厂名、数量、规格、型号、使用部位等不详细。有的质量证明资料由生产厂家提供后经层层转售、层层复印已无法分析能否反映真实情况。

（2）材料取样复试

1）水泥不能按同品种、同强度、同出厂日期和代表批量为一取样单位。

2）钢筋超过检验批量仅做了一次复试，缺超过检验批量钢筋的复试。

3）混凝土用外加剂未按规范要求做复试。

4）其他原材砖、砂、石、预制构件等存在未按代表数量做复试的情况。

5）原材复试所执行的标准滞后于现行标准。

6）回填土试验：回填土取点示意图表示不清楚。

(3) 施工日记

书写不够规范，不能准确、及时反映施工状况，尤其是施工检查和验收情况未做详细记录。

(4) 机电技术资料存在问题

1）电气技术资料

① 绝缘摇测记录中个别摇表型号填写有误；

② 消防电缆没有检测报告和进京许可证；

③ 污水泵试运行时间只有 2h；

④ 接地电阻未考虑季节系数；

⑤ 电缆、电线的长城认证书、阻燃、耐火电缆没有进京消防许可证；

⑥ 英文资料译文未用钢笔写；

⑦ 阻燃、耐火电缆的合格证、安全认证、消防许可证、检测报告不齐全；

⑧ 防雷引下线未做隐检说明；

⑨ 复印件没有厂家签字或盖章，并未注明原件存放地；

⑩ 配电箱与开关、插座的质量评定未整理在一起。

2）暖卫技术资料

① 个别资料签字不全；

② 水泵试运行记录未写明水泵流量、扬程及噪声、电机温升等数据；

③ 材料复印件未写明原件存放地；

④ 水泵试运行数据不齐全；

⑤ 相同型号的水泵每台均未做单机试运行记录；

⑥ 进场设备检验记录表中附件栏未填写清楚。

3）施工组织设计、方案太简单，无指导性与可操作性

(5) 土建技术资料存在问题

1）隐蔽工程检查记录的设计一栏存在漏签字的情况，设计不签字也未办设计委托书。

2) 隐蔽工程检查记录的签字有代签字的现象。

3) 材质证明复印件上未补盖红章。

4) 材质证明复印件的背面未盖原件保存地章。

5) 框架结构梁的纵向受力钢筋没有计算强屈比和屈标比。

6) 个别技术资料上有涂改,但未在涂改的部位签字或盖章。

7) 玻璃幕墙埋件虽然做了拉拔试验,但没有委托法定的检测机构进行检测,而只是厂家自行检测。

8) 缺装修和保修期阶段的沉降观测记录。

9)单位工程的质量评定中,缺电梯安装的质量评定。

10)技术资料上存在漏签字的。

11)技术资料的整理归档没有按照单位工程进行,而把几个单位工程放在一起。

12)施工组织设计审批表使用混乱。

7.4 创优工程的验收(评选办法)

见附件 1,附件 2,附件 3。

附件

附件1　中国建筑工程鲁班奖(国家优质工程)评选办法
附件2　国家优质工程评审办法
附件3　北京市建筑长城杯工程评审管理办法
附件4　建筑工程质量管理条例
附件5　某住宅工程质量计划
附件6　质量检验计划
附件7　工程质量有关报表
附件8　中华人民共和国国家标准质量管理体系——要求

附件1

中国建筑工程鲁班奖(国家优质工程)评选办法

第一章　总　　则

第一条　为推动我国建设工程质量水平的提高,决定在全行业开展创建国家优质工程评选活动,奖名定为中国建筑工程鲁班奖(国家优质工程)(以下称鲁班奖)。

第二条　鲁班奖是我国建筑行业工程质量的最高荣誉奖。评选对象为我国建筑施工企业在我国境内承包,已经建成并投入使用的各类工程,获奖单位分为主要承建单位和主要参建单位。鲁班奖的评选工作由中国建筑业协会组织实施。

第三条　鲁班奖工程经省、自治区、直辖市建筑业协会和国务院有关部门(总公司)建设协会择优推荐后进行评选,质量应达到国内一流水平。

第四条　鲁班奖每年评选一次,获奖工程数额为80个。获奖工程的类别原则上按下述比例掌握:公共建筑工程占获奖总数的45%;工业、交通、水利工程占35%;住宅工程占12%;市政园林工程占8%。

第二章　评选工程范围

第五条　公共建筑为3万座以上的体育场;5000座以上的体育馆;1500座以上(或多功能)的影剧院;300间以上客房的饭店、宾馆;建筑面积2万m^2以上的办公楼、写字楼、综合楼、营业楼、候机楼、铁路站房、教学楼、图书馆、地铁车站等。住宅工程为建筑面积5万m^2以上(含)的住宅小区或住宅小区组团;非住宅小区内的建筑面积为2万m^2以上(含)的单体高层住宅。

第六条　下列工程不列入评选工程范围:我国建筑施工企业承建的境外工程;境外企业在我国境内承包并进行施工管理的工程;竣工后被隐蔽难以检查的工程;保密工程;有质量隐患的工程;已参加过鲁班奖评选而未被评选上的工程。

第三章　申　报　条　件

第七条　申报鲁班奖的工程应具备以下条件:(一)工程设计先进、合理,符合国家和行业设计标准、规范。(二)工程施工符合国家和行业施工技术规范及有关技术标准要求,质量(包括土建和设备安装)优良,达到国内同类型工程先进水平。(三)建设单位已对工程进行验收。(四)工程竣工后经过一年以上的使用检验,没有发现质量问题和隐患。(五)住宅小区工程除符合本条(一)至(四)款要求外,还应具备以下条件:1.小区总体设计符合城市规划和环境保护等有关标准、规定的要求;2.公共配套设施均已建成;3.所有单位工程质量全部达到优良。(六)住宅工程应达到基本入住条件,且入住率在40%以上。

第八条　申报鲁班奖的主要承建单位,应具备以下条件:(一)在安装工程为主体的工业建设项目中,承担了主要生产设备和管线、仪器、仪表的安装;在以土建工程为主体的工业建设项目中,承担主厂房和其他与生产相关的主要建筑物、构筑物的施工。(二)在公共建筑和住宅工程中,承担了主体结构和部分装修装饰的施工。

第九条　一项工程允许有三家建筑施工企业申请作为鲁班奖的主要参建单位。主要参建单位应具备以下条件:(一)与总承包企业签订了分包合同。(二)完成的工作量占工程总量的10%以上。(三)完成的单位工程或分部工程的质量全部达到优良。

第十条　两家以上建筑施工企业联合承包一项工程,并签订有联合承包合同,可以联合申报鲁班奖。住宅小区或小区组团如果由多家建筑施工企业共同完成,应由完成工作量最多的企业申报。如果多家企业完成的工作量相同,可由小区开发单位申报。

第十一条 一家建筑施工企业在一年内只可申报一项鲁班奖工程。

第十二条 发生过重大质量事故,受到省、部级主管部门通报批评或资质降级处罚的建筑施工企业,三年内不允许申报鲁班奖。

第四章 申 报 程 序

第十三条 国务院各有关部门(总公司)所属建筑施工企业向主管部门建设协会申报;申报鲁班奖的主要参建单位,由主要承建单位一同申报;国务院各有关部门(总公司)所属建筑施工企业申报的工程,应征求工程所在省、自治区、直辖市建筑业协会的意见;国务院各有关部门建设协会依据本办法对企业申报鲁班奖的有关资料进行审查(包括有无主要参建单位),并在《鲁班奖申报表》中签署对工程质量的具体评价意见,加盖公章,正式向中国建筑业协会推荐,推荐二项以上(含)工程时,应在有关文件中注明被推荐工程的次序;国务院各有关部门建设协会应在《鲁班奖申报表》中相应栏内签署对工程质量的具体意见,并加盖公章。

第十四条 中国建筑业协会依据本办法对被推荐工程的申报资料进行初审,并将没有通过初审的工程告知推荐单位。

第十五条 申报资料的内容和要求:(一)内容:1.申报资料总目录,并注明各种资料的份数;2.《鲁班奖申报表》一式两份;3.工程项目计划任务书的复印件1份;4.工程设计水平合理、先进的证明文件(原件)或证书复印件1份;5.工程概况和施工质量情况的文字资料一式两份;6.评选为省、部级优质工程或省、部范围内质量最优工程的证件复印件一份;7.工程竣工验收资料复印件一份;8.总承包合同或施工合同书复印件1份;9.主要参建单位的分包合同和主要分部工程质量等级和验资料复印件各一份;10.反映工程概貌并附文字说明的工程各部位彩照和反转片各1份;11.有解说词的工程录像带一盒(或多媒体光盘)。(二)要求:1.必须使用由中国建筑业协会统一印制的《鲁班奖申报表》,复印的《鲁班奖申报表》无效。表内签署意见的各栏,必须写明对工程质量的具体评价意见。对未签署具体评价意见的,视为无效;2.申报资料中提供的文件、证明和印章等必须清晰,容易辨认;3.申报资料必须准确、真实,并涵盖所申报工程的全部内容。资料中涉及建设地点、投资规模、建筑面积、结构类型、质量评定、工程性质和用途等数据和文字必须与工程一致。如有差异,要有相应的变更手续和文件说明;4.工程录像带的内容应包括:工程全貌,工程竣工后的各主要功能部位,工程施工中的基坑开挖、基础施工、结构施工、门窗安装、屋面防水、管线敷设、设备安装、室内外装修的质量水平介绍,以及能反映主要施工方法和体现新技术、新工艺、新材料、新设备的措施等。

第五章 工 程 复 查

第十六条 被推荐工程经初审合格后进行现场复查。根据工程类别和数量,组织若干个复查小组。复查小组由专业技术人员4~5人组成,被查工程所属地区建筑业协会或部门建设协会选派1人配合工作。

第十七条 工程复查的内容和要求:(一)听取承建单位对工程施工和质量的情况介绍。主要介绍工程特点、难点,施工技术及质量保证措施,各分部分项工程质量水平和质量评定结果。(二)实地查验工程质量水平。凡是复查小组要求查看的工程内容和部位,都必须予以满足,不得以任何理由回避或拒绝。(三)听取使用单位对工程质量的评价意见。复查小组与使用单位座谈时,主要承建单位和主要参建单位的有关人员应当回避。(四)查阅工程有关的内业资料:1.立项审批资料,包括工程立项报告、有关部门的审批文件、工程报建批复文件等(上述资料应是原件)。2.全部技术与质量资料;3.全部管理资料。有关技术、质量和管理资料中,按照有关规定,应该是原件的必须提供原件。(五)复查小组对工程复查的有关情况进行现场讲评。(六)复查小组向评审委员会提交书面复查报告。

附件2

国家优质工程评审办法

第一章 申 报 要 求

第一条 申报国家优质工程按申报表的内容填写，申报表要一式五份。每个项目应附工程彩色照片10张(其中工程全貌1～2张，结构施工1～2张，主体设备安装照片1～2张，竣工后2～4张，工程重要和独具特色的部位2张以上)，照片装入28.5cm×24.5cm相册(自备)，每张相片须附简要说明。

主体工程光盘(15min)一盘，包括工程全貌，施工阶段(包括基础、结构和设备安装)及主体工程的重要部位施工技术、质量保证措施、工程特色及经济、社会效益等。其中民用建筑工程必须有:外檐、屋面、地下室、卫生间、公共楼梯及消防疏散楼梯、电梯厅、走廊、主要功能的房间、管道井及吊顶内部、机电设备等，并应有一定的特写镜头。对于有玻璃幕墙或干挂石材的工程还应有幕墙的主要受力结点、石材打孔及挂件等关键部位的录像。

第二条 申报表统一在国家工程建设质量奖审定委员会办公室领取。

第三条 除申报表外，需装订申报资料一份，装订尺寸为B5纸规格，可以是复印件。其中装订顺序及内容如下:

1. 省部级以上工程质量奖证明;
2. 国家或省部级优秀设计证明;
3. 国家或省部级重点工程立项文件;
4. 工程报建批复文件(规划许可证、土地使用证、施工许可证);
5. 工程竣工验收证书;
6. 工程质量监督部门对工程质量等级核验证书。

第二章 评 选 范 围

第四条 国家优质工程必须是列入国家或省、自治区、直辖市及计划单列城市投资建设计划的重点工程,正式报建并具有独立生产能力和使用功能的新建工程及国家立项投资的大型技改工程。主要包括:

一、工业和国防军工大中型建设项目的主体建筑工程和主体设备安装工程。

评选的建筑工程必须包括工业设备安装;评选工业设备安装工程必须含有建筑工程。

大中型建设项目的划分标准,依据国家计委规定。

二、大中型交通、邮电工程,规模的划分标准,依据国家计委规定,对规模未明确的工程,按下列要求进行:

1. 大型公共建设工程的规模按以下规定:3万座以上的体育场;5000座以上的体育馆;3000座以上的游泳馆;1500座以上(或多功能)的影剧院;300间以上客房的饭店、宾馆;建筑面积2万m^2以上的办公楼、写字楼、综合楼、营业楼、候机楼、铁路站房、教学楼、图书馆;

2. 住宅小区工程。评选工程的规模为建筑面积10万m^2以上、公建公路设施设施配套、庭院绿化等已完成的住宅小区。

3. 技改工程。由国家立项投资的大型技改工程,投资额应在1亿元人民币以上。

4. 其他工程。未具体列出规模标准的工程,其建筑安装工作量应在8000万元以上。

5. 对于施工工艺新颖,科技含量高,在国内有一定影响的工程,也可申报。

第五条 以下工程不列入评选范围:

一、国内外使、领馆工程;

二、由我国勘察设计与施工的对外经济援助工程;

三、外国和台、港、澳地区建筑施工企业总承包并进行施工管理的工程;

四、竣工后被隐蔽的工程或保密工程;

五、在原工程基础上进行改造的工程;

六、由于设计、施工原因存在质量隐患的工程。

第三章 评 选 条 件

第六条 评选的国家优质工程金质奖的项目,一般应获得国家级优秀设计奖,评选的国家优质工程银质奖的项目,一般应获得国家级优秀设计或省、部级优秀设计。

从国外引进技术装置的工程项目和中外合资建设的工程项目,其国外设计部分,需经项目主管部门(各部门、省、自治区、直辖市或计划单列城市的主管部门)审定,确认达到了国际先进水平。

第七条 评选的国家优质工程,必须按照国家颁发的标准,验评和核定工程质量。国家尚未颁发的标准可按行业标准进行验评和核定。

评选国家优质工程,如系一个单位工程项目,工程质量必须优良;如系多个单位工程组成,单位工程质量必须全部合格,主体工程必须达到优良。其中评选金质奖的项目,优良率达90%以上,评选银质奖的项目优良率达80%以上。工程质量必须经过工程质量监督机构核定。

第八条 各部门主管的工业交通项目,不得超过概算(包括修正概算)和建设标准,在建设中没有发生过三级(含三级)以上重大事故。

第九条 评选的国家优质工程,必须按规定通过竣工验收,达到设计能力,并投入使用一年以上。

第十条 评选的国家优质工程,自竣工验收到申报的时限,大中型建设项目不超过五年,其他工程项目不超过三年。评选的国家优质工程工业安装项目观感得分必须在88分以上,其中民用市政工程观感得分必须在92分以上。

第十一条 住宅小区还应同时具备以下条件：

一、所有建设项目都按照标准小区的规划、设计要求全部建成，满足使用要求；

二、小区内各类房屋建筑的平面布置、立面造型以及配套设施等，都符合城市规划、设计和规范标准的要求；

三、小区的住宅建筑和公共配套设施的单位工程质量必须全部优良，其他基础配套设施的单位工程的施工质量优良。

第十二条 评选国家优质工程旨在鼓励直接进行工程施工的企业，所指的主要工程的总包企业、工程的主承建企业，一个工程由一个主要企业申报。

第十三条 国家优质工程申报程序：

一、各有关部门(总公司)所属施工企业向有关部门(总公司)协会申报，地区所属施工企业向省、自治区、直辖市协会申报。

二、各部门、各地区、直辖市建设(建筑)企业协会根据施工企业申报材料进行审查，并应该分别征求工程用户和施工企业主管意见，有关部门(总公司)所属的施工企业申报属于各部门归口管理的专业性(包括市政)工程，需征示有关部门(总公司)建筑主管或协会的意见。

三、各部门、各地区、直辖市建设(建筑)企轻业协会应在国优质工程申报表中签署对工程的具体意见并加盖公章，出具正式文件向国家工程建设质量奖审定委员会办公室申报。推荐两项(含)以上工程时，应在文件中说明推荐申报评选次序和具体意见。

第四章 评审组织和程序

第十四条 国家工程建设质量奖审定委员下设办公室，并设有原材、能源、农林水利、交通、化轻、民用与市政、机电与国防等专业工程专家组。

专业工程专家组员由国家工程建设质量奖审定委员会办公室

推荐,国家工程建设质量奖审定委员会聘任。

第十五条　国家优质工程的评审工作,按下列程序进行:

一、国家工程建设质量奖审定委员会办公室负责审查《国家优质工程申报表》及申报材料,对符合申报评选条件的交专业工程专家组进行现场复查。

二、各专业工程专家组对所负责的专业工程项目,逐个到现场进行核验与评定,并写出复查报告,提出推荐意见。

第十六条　国家工程建设质量奖审定委员会根据《国家优质工程申报表》及专家组的复查报告及推荐意见进行评议,以无记名投票方式评出国家优质工程金质奖、银质奖。

附件3

北京市建筑长城杯工程评审管理办法

第一章　总　　则

第一条　为贯彻落实国家《建筑法》和《建设工程质量管理条例》,坚持"质量第一、预防为主"的方针,引导和激励企业加强质量管理,提高工程质量,开展创建筑长城杯工程活动。依据《北京市优质工程评审管理办法》和《北京市优质工程评审管理办法实施细则》,结合本市实际情况,制定本办法。

第二条　本办法适用在本市行政区域内,新建的建筑工程,组织评审结构和竣工金、银质长城杯奖工程。金质长城杯为本市建设工程质量最高荣誉奖。

第三条　本市开展和评审建筑长城杯工程活动,是在北京市建设委员会(以下简称市建委)主管下的行业活动行为。北京市工程建设质量管理协会(以下简称市建质协)负责组织全市建筑长城杯工程评审。并成立市建筑长城杯工程评审委员会(以下简称市建筑评委会)。在市建质协设立市长城杯评审办公室(以下简称市建筑评审办公室)负责市建筑长城杯工程评审具体工作。

北京市建筑业联合会(以下简称市联合会),负责国家优质工程、鲁班奖工程评选推荐工作。

申报参评国优、鲁班奖工程,由市联合会从获金质长城杯工程中择优评选推荐。并对于经推荐未当选的工程设立国优、鲁班奖工程提名奖。由市建委对提名工程的施工单位给予表彰。

第四条　申报参评建筑长城杯工程,坚持企业自愿,并经工程建设单位(业主)、监理单位和施工单位共同认可。

第五条　本市每年对当年完成的建筑结构工程和上两年度完成的建筑竣工工程组织评审一次长城杯工程,评审工作要坚持实事求是,高标准、严要求和公正、公平、公开的原则。

年评审结构和竣工长城杯工程奖项数量,原则上应按市评优立项审批数量控制。金质从银质长城杯工程中择优评选,金质数量宜占评选总数的1/3左右。

第六条　评审长城杯工程的质量标准,必须符合国家工程建设标准强制性条文和现行规范、标准及设计要求,并结合本市质量管理和工程质量实际水平的发展,要高于国家标准,严于规范、规程,有量化和定性的明确要求。但要实事求是,高、严适度,既要体现技术先进性和可行性,又要兼顾经济合理性和成本可行性。

第七条　结构长城杯工程,必须保证地基基础坚固、稳定,主体结构安全、耐久,确保抗震烈度设防和耐火等级。是内坚外美的精品结构工程。

竣工长城杯工程(简称长城杯工程,下同),必须在保证主体结构优质的前提下,确保使用功能,装修质量和环境质量。并有技术创新,消除质量通病,能经受微观检查和时间考验。是确保合理使用寿命的精品工程。

第八条　本市开展争创和评审长城杯活动,是以施工企业为主体的行业活动行为。企业要立足提高整体素质和质量总体水平,重在加强科学管理,严格过程控制,推动科技进步,实现一次成优。要创质量高、成本低、经济效益好的精品工程,向质量效益型发展。

第二章 评 审 机 构

第九条 本市建筑长城杯工程评审机构的初评推荐工作分工如下:

一、市建筑长城杯工程评委会,下设结构、竣工工程初评小组,负责初评检查推荐具体工作。

二、区、县优质工程评审机构(可委托相关专业协会承担),负责本区、县创优评奖工作和向市评审机构推荐申报建筑长城杯工程。

三、市属建筑集团总公司评审机构,负责本企业创优评奖工作和向市评审机构推荐申报建筑长城杯工程。

四、建筑工程创优片组评审机构,由市建筑评审办公室与有关部门协商,在原有创优片组的基础上进行调整,选定组长单位负责片组建筑长城杯工程初评推荐工作。

第十条 评审机构的主要任务:

一、依据本办法和有关规定,结合本评审机构的专业特点,引导创优活动深入发展,为企业加强质量管理、提高工程质量服务。

二、审核申报工程项目,组织初评检查,完成年度评审和推荐工作,抓典型、树样板,总结交流经验。

三、加强评审机构自身建设,对参加评审工作人员组织业务培训考核。

四、初评小组按照初评计划核准的申报工程,依据有关规定进行初评检查评价,提出推荐意见和初评资料,为评审机构提供评审依据。

五、市建筑评委会负责对全市有关建筑评审机构进行业务指导和统一培训考核。并负责编制建筑结构和竣工长城杯工程质量评审标准。

第十一条 评审机构,应以具有高级工程师的专业工程技术人员为主组成。初评人员，应具有专业技术知识和施工经验，熟悉规范、标准，公正廉洁。

评审机构必须建立评审工作专家名单库，实行轮换制或对初评检查项目抽签定位制。

第三章 评审范围

第十二条 在本市行政区域内符合国家、市有关建设管理程序及合法审批手续，并具有独立使用功能和生产的建筑工程，申报长城杯工程(含结构)相应奖项，应符合以下范围和规模：

一、住宅建筑工程：

1. 单位住宅工程建筑面积在 5000m^2 以上(金质长城杯住宅工程，应在 8000m^2 以上)；

2. 群体住宅工程，建筑面积在 50000m^2 以上，其中：多层住宅在 5 栋以上；高层住宅在 3 栋以上；

3. 住宅小区工程，建筑面积在 100000m^2 以上(含配套工程)。

二、公共建筑工程：建筑面积在 8000m^2 以上；

三、古建筑重建工程(不含仿古建筑)，建筑面积在 1000m^2 以上。

四、工业建筑工程(含单层、多层工业厂房、变电、油、气站，仓储等工程)，建筑面积在 15000m^2 以上(不含生产设备安装)。

五、其他未列入评审范围和规模的新型建筑结构体系的建筑工程或构筑物，设计新颖、技术先进，符合国家墙体改革和节能政策、质量水平高，社会效益好者，可由市建筑评委会决定评审。

第十三条 下列工程不列入评审范围：

一、本市行政区域以外施工的建筑工程；

二、原有建筑物扩建、改建的工程；

三、未竣工验收或验收备案手续不齐备的工程；

四、住宅工程现浇混凝土外墙、室内顶板等进行抹灰的工程。室内潮湿环境墙面使用非耐水材料的建筑装修工程。

五、使用国家、市明令淘汰的建筑材料、构配件、设备、产品、卫生器具的工程和对环境有毒害污染的工程。

六、上年度以前申报被评审落选的工程。

七、竣工后被隐蔽的工程和保密工程。

八、在申报或评审过程因施工质量问题有投诉、举报的工程。

第四章　申　报　条　件

第十四条　凡符合本办法评审范围和申报条件的建筑工程均可申报长城杯工程。申报工程项目,均应设计合理、先进,符合规范、标准,有工程质量目标和保证措施,确保材料、构配件、设备产品质量,精心组织、严格管理,工程资料齐全、可靠。

第十五条　申报建筑结构长城杯工程,应具备以下条件:

一、申报工程项目的地基与基础工程和主体结构工程,应为申报单位总承包自行组织施工的结构工程。

二、建筑结构工程开工前,申报单位应直接向市建筑评审办公室申报。

三、申报群体结构长城杯工程,可按组团开工申报;申报小区结构长城杯工程,应包括配套设施结构工程。

四、混凝土结构、钢结构,空心砌块、多孔砖砌体结构均可申报。其他新型建筑结构体系,经鉴定符合规范和有规程标准者可申报。

第十六条　申报长城杯工程(竣工),应具备以下条件:

一、申报工程属于纳入评审结构长城杯工程范围者,应为获得结构长城杯奖项的竣工工程。尚未纳入结构长城杯评审范围的其他类别建筑结构工程,应按本办法有关规定经申报项目施工单位所属区、县,或市集团总公司,创优片组评审机构组织初评检查评价,达到相应结构长城杯质量水平者方可推荐申报。

二、申报工程的电梯、燃气、电器、防雷、消防、人防等设备安装系统和环境质量,应按规定经专业检测验收合格。工程竣工验收备案手续完备，工程资料齐全。

三、工程从竣工验收之日起，须经过一年或一个雨季(冬季)考验期方可申报。住宅工程可在竣工验收当年申报，外墙外保温的住宅工程需经过一年考验观察期。

四、住宅初装修工程，外立面、外墙、外窗、屋面工程和公共部位(门厅、走道、楼、电梯)及公用设施、设备等必须一次设计施工到位。户内初装修、顶棚、墙面刮耐水腻子(含隔墙)、水泥地面压光、户门到位，厨、厕间和其他部位符合施工验收条件，且技术有创新，质量突出好者，可申报参评银质长城杯住宅工程。

五、申报群体长城杯工程项目，单位工程获结构长城杯的栋数应不少于群体总栋数的70%；其余单位工程结构质量均为优质。申报小区长城杯工程项目，单位工程获结构长城杯的栋数应不少于小区总栋数的60%；其余单位工程结构质量均为优质。

第五章 申报程序

第十七条 申报长城杯工程，由工程总承包或主承建施工单位申报；群体或小区住宅工程，由多家主承建单位施工者可由建设单位(开发企业)申报。申报程序如下：

一、申报建筑结构长城杯工程，按本办法第十五条规定申报。

二、申报建筑长城杯工程(竣工)，施工单位应先向其企业隶属评审机构申请，经该评审机构依据本办法第十六条规定组织初评，符合长城杯工程申报条件后，向市建筑评审办公室择优推荐申报。特殊情况者，施工单位可直接向市建筑评审办公室申报。

第十八条 申报单位应按程序履行申报手续和交附有关资料；

一、申报建筑结构长城杯工程，应填报《北京市建筑结构长城杯工程申报表》，按该表栏目填写签章后，报送市建筑评审办公室，并附工程质量目标计划和质量保证预控措施(复印件)。

二、申报建筑长城杯工程，应填报《北京市建筑长城杯工程

(竣工)申报表》,按该表栏目填写签章后,报送市建筑评审办公室。并附以下文件资料(复印件):

(一) 工程质量目标计划和质量保证措施;

(二) 工程竣工验收文件和验收备案证明;

(三) 拟申报国优、鲁班奖工程者应附工程介绍录像带或光盘1盘(播放10min左右)。

三、申报建筑小区、群体长城杯工程,应填报《北京市建筑(小区、群体)长城杯工程申报表》,按该表栏目填写签章后,并参照本条"二"款附有关文件资料(复印件):

市评审机构经对《申报表》和所附资料审核符合评审范围和申报条件者,列入初评计划。不符合者,应向申报单位说明,并退还其申报所附文件资料。

第六章　评　审　内　容

第十九条　建筑工程质量,是工程建设相关各方管理的综合反映。长城杯工程的评审内容,涵盖工程施工过程的管理工作质量,建材、设备产品质量,施工操作质量、环境质量和工程实物质量。评审内容的范围应大于和严于国家规范、规程、标准,要突出重点,注重使用功能和关键项目部位。

第二十条　结构长城杯工程是随施工进度进行随机抽查初评,评审内容应依据工程结构特点和设计要求,按照结构长城杯工程质量评审标准进行初评检查评价,注重施工过程控制。各类结构工程均评审五项主要内容:

一、混凝土结构工程的主要评审内容:

(一) 混凝土结构施工项目管理;

(二) 模板工程;

(三) 钢筋工程;

(四) 混凝土工程;

(五) 施工资料。

二、钢结构工程的主要评审内容:

(一)钢结构施工项目管理;

(二)钢结构材料;

(三)钢结构件制作;

(四)钢结构安装;

(五)施工资料。

三、砌体结构工程主要评审内容:

(一)砌体结构施工项目管理;

(二)砌体工程材料;

(三)砌体砌筑工程;

(四)砌体工程;

(五)施工资料。

第二十一条　评审长城杯工程是工程竣工验收达到设计和使用要求之后,评审工作滞后于工程施工过程。评审内容按照长城杯工程质量评审标准,并依据工程特点和设计使用功能要求进行评审。建筑长城杯工程,主要评审五项内容:

一、施工项目管理;

二、土建工程(含结构、防水、装修工程等);

三、电气设备安装工程(含强电、弱电、防雷、接地、电梯等);

四、建筑设备安装工程(含水、暖、卫、燃气、通风、空调、消防等);

五、工程资料。

第七章　评　审　方　法

第二十二条　评审建筑长城杯工程(含结构)的基本方法:

一是通过初评小组组织初评检查推荐,二是市建筑评委会评审表决。初评检查是评审工作的基础和主要依据。

第二十三条　建筑结构长城杯工程初评检查方法:

一、依据本办法第十五条规定,市建筑评委会对每项结构工

程随施工进度,组织初评检查两次(规模大、结构类型和技术特别复杂的结构工程可增加一次):

第一次,多层结构工程初评检查地基基础、地下室到地上三层以内的结构(高层结构工程可到地上五层以内);

第二次,多层结构工程初评检查地上三层以上至结构封顶以下主体结构工程(高层结构工程可从地上五层至结构封顶)。

二、在初评检查过程,可视以下情况增加或减免初评检查次数:

(一) 施工企业或项目部,有健全质量体系,严格过程控制,结构工程质量精,保持稳定,且有连年创出结构长城杯工程管理基础好的,被初评单位可提出申请减、免初评检查次数,并附有质量保证措施,经市建筑评审办公室核准后,可减、免初评检查次数。

(二) 每次初评检查,发现质量体系不健全、过程控制不严、结构质量不稳定,评价较低,可由初评小组决定增加初评检查一次或抽查。

(三) 核准减免初评检查次数或已结束初评检查次数的结构工程,市建筑评审办公室和初评小组可随机进行抽查或复查,发现结构质量水平降低者,即取消其参评推荐资格。

三、初评检查工作,是在结构工程正常施工过程进行抽查。混凝土结构工程应拆除模板后保持原貌,且未经剔凿修补处理过的结构工程。钢结构、砌体结构和施工资料,依照结构长城杯工程质量评审标准实施。否则,不予初评检查。

第二十四条　结构长城杯工程初评检查小组的工作程序:

结构初评小组,由 4~5 人组成,设组长、副组长各 1 人。初评检查工作程序:

一、初评小组进场会:

初评小组和被评单位双方参评人员到会,相互简要介绍情况。初评小组随机指定抽查工程部位和路线。

二、组织检查:

一般是先检查外业，抽查现场各项管理贯彻实施和工程质量状况；后抽查内业，分专业抽查管理文件和施工资料。

三、组织座谈讲评：

初评小组根据检查情况，针对发现的问题，提出改进建议。下次检查或抽查重复发生者，降低评价，严重者取消参评资料。讲评会议，力求简短，务求实效。

四、初评小组评议评价：

初评小组每次初评检查后，依照结构长城杯质量评审标准，组织小组共同评议评价，提出推荐意见。

五、结构长城杯工程，实行初评检查过程淘汰制。每次初评检查或抽查结构工程综合评价为一般者，即行淘汰，取消其参评推荐资格。

第二十五条　长城杯工程(竣工)初评检查方法：

每项申报工程，组织初评检查一次。

初评检查工作，依据规范、规程、标准和设计要求及有关规定。抽查工程资料与抽查工程质量相结合，观感质量与重点抽测相结合。注重使用功能安全可靠、环境质量无毒害、重要部位构造做法和细部质量。

第二十六条　长城杯工程初评检查小组的工作程序：

初评小组，由5～6人组成，设组长、副组长各1人。初评检查工作程序：

一、初评小组进场会：

初评小组与被评单位双方参评人员到会。相互简要介绍情况。初评小组随机指定抽查工程部位和路线。一般检查工作路线：

先检查屋面→顶层→中间层→首层→地下室→外檐(也可逆向检查)

二、组织检查：

一般先分专业检查工程质量，后抽查工程资料。也可按初评小组分工，对工程质量和工程资料同时抽查。

工程资料，在现场是重点抽查，待工程经初评纳入推荐项目后，再调工程资料综合复查。有望推荐申报鲁班奖或国家优质工程项目，还应重点复查工程资料和光盘。

在复查工程资料中，发现不合格或有造假行为者，取消该工程参评推荐资格。

三、组织座谈讲评：

初评小组根据检查情况，针对发现的问题，提出改进建议，需要返修部位限期纠正。也可组织复评。

四、初评小组评议评价：

初评小组，依据长城杯工程质量评审标准，组织小组共同评议评价，提出推荐意见。

第二十七条　长城杯工程初评检查的主要部位和抽查数量：

一、抽查工程主要部位的基本规定：

工程外檐和屋面全数检查；地下室、首层、顶层必查；楼层和房间（含附属用房和厅、道）。按其代表性抽查不少于10%。

二、抽查室内工程一般规定：

（一）高层住宅工程，随机抽查标准层不少于两层；多层住宅抽查不少于两个单元户室。

（二）群体住宅工程，随机抽查总栋数的三分之一。其中：高层住宅每栋抽查不少于两层户室；多屋住宅每栋抽查不少于两个单元户室。

（三）高层公建工程，设备层必查，标准层抽查不少于两层，其余不同功能、不同装修标准的厅、室、场、所全数检查。

（四）多层公建工程，一般抽查两层，不同功能、不同装修标准的用房全数检查。

（五）工业建筑工程，单层或多层工业厂房（不含专项生产设备），抽查部位和数量，参照本条（三）、（四）款执行。

（六）建筑工程附属的变电站、锅炉房、供气、供热站等配套工程（含设备安装），会同建筑工程合项初评检查，不予独立初评。符合工业建筑评审规模和条件的独立工程，可单项工程初评（含设备安装)。

第二十八条　长城杯工程(含结构)初评检查综合评价,划分为“精、良、一般”三个质量评价等级。

一、精:为初评推荐金质长城杯工程的质量评价等级;

二、良:为初评推荐银质长城杯工程的质量评价等级;

三、一般:为不予推荐即行淘汰。

第二十九条　初评检查评价方法和评价标准,依照建筑长城杯工程质量评审标准规定进行综合评价。

对于单位工程规模大,体量大(建筑面积在 50000m^2 以上),建筑造型复杂、施工难度大(高层住宅结构工程,高级装修建筑)和采用新材料、新工艺、新技术、科技含量高的工程,在与其他工程综合评价等同条件下,优先推荐。技术创新,质量高、成本低,经济效益或综合效益突出好的工程,优先推荐为金质长城杯工程。

第八章　评　审　程　序

第三十条　市建筑评委会在组织评审时,应完成评审工作的时限:

一、建筑结构长城杯工程评审工作,在 3 月底以前完成。

二、建筑长城杯工程(竣工)评审工作,在 6 月底以前完成。

三、区、县,市集团总公司、创优片组评审机构的初评推荐工作,均应按推荐申报奖项类别,以不延误市初评检查和评审为原则,及时初评推荐。

第三十一条　建筑长城杯工程评审工作程序:

一、组织初评:初评小组在组织初评检查、评价的基础上,提出初评推荐意见;

二、组织审议:市建筑评审办公室依据初评推荐意见进行综合审议,提出推荐评审方案;

三、组织评审:市建筑评委会评审表决。

市建筑评委会委员出席五分之四以上有效;同意票数占出席人数三分之二以上的工程当选。

四、呈报审批:市建质协将评审结果上报市建委审批和公布。并向市联合会备案。

市建委审批公布前,通过新闻媒体向社会公示无异议后公布。

第三十二条　市建筑评委会评审工作程序:

一、初评汇报:由市建筑评审办公室汇报申报和初评情况;

二、质询审议:评委会委员进行质询审议;

三、投票表决:评委会无记名投票表决。先表决银质长城杯工程,再从中择优投票表决金质长城杯工程;

四、通过评审结果:评委会依据投票统计,通过表决评审结果。

第九章　表　彰　奖　励

第三十三条　市建委对获奖工程的总承包和主参建单位授予奖杯和证书:

一、授予工程总承包或主承建单位金、银质长城杯和《证书》;

二、授予建设单位、监理单位相应奖项《证书》;

三、授予由总承包或主承建单位按照分包合同,推荐的主要参建分包安装、装修的施工单位(各一家),相应奖项的《证书》。

四、授予获奖工程项目部的项目经理、技术、质量负责人,相应奖项《荣誉证书》,作为个人业绩考核依据。

五、获奖的群体或住宅小区工程,由两个以上主承建单位分别共建者,可分别授予相应奖项的长城杯和《证书》。其中,有个别主承建单位工程质量未达到相应奖项标准者,不授予长城杯,只授予相应奖项《证书》。

第三十四条　为鼓励企业积极创长城杯工程,建议有关部门把企业创优业绩纳入企业资质动态考核管理。提倡建设单位(业主)及其招投标代理机构鼓励企业创长城杯工程。

第三十五条 评审结果公布后,发现严重质量问题,经核实,撤消其荣誉称号,收回奖杯和《证书》,并向市主管单位备案。

第十章 评审纪律

第三十六条 申报单位要坚持实事求是,不得弄虚作假。在对工程初评检查时,不得搞形式化或以临时停工待查等方式应付初评检查工作。

接待初评检查一切从简,不得超标准接待和赠送礼品、礼金。

有违反者,视其情节轻重给予批评,直至撤消其申报参评资格。

第三十七条 评审人员,要秉公办事,廉洁自律,保守机密,公平、公正。不得牟私利收取礼品、礼金。有违反者,视其情节轻重给予批评,直至撤消其参加评审工作资格。

评审机构及评审人员要接受被评单位和公众监督,评审人员要对初评本企业系统工程进行回避。对工程初评评价结果,初评小组及其人员不得自行对外公布。

第三十八条 任何单位和个人不得复制奖杯、证书;并在评审结果未公布之前,不得以获长城杯工程的荣誉进行宣传。否则,追究单位责任,并通报全市。

第十一章 附则

第三十九条 各建筑工程评审机构可根据本办法结合实际情况,制定具体办法。

第四十条 本办法由北京市工程建设质量管理协会负责解

释。自公布之日起实施。

附件 4

建设工程质量管理条例

（中华人民共和国国务院令第 279 号）

第一章　总　　则

第一条　为了加强对建设工程质量的管理，保证建设工程质量，保护人民生命和财产安全，根据《中华人民共和国建筑法》，制定本条例。

第二条　凡在中华人民共和国境内从事建设工程的新建、扩建、改建等有关活动及实施对建设工程质量监督管理的，必须遵守本条例。

本条例所称建设工程，是指土木工程、建筑工程、线路管道和设备安装工程及装修工程。

第三条　建设单位、勘察单位、设计单位、施工单位、工程监理单位依法对建设工程质量负责。

第四条　县级以上人民政府建设行政主管部门和其他有关部门应当加强对建设工程质量的监督管理。

第五条　从事建设工程活动，必须严格执行基本建设程序，坚持先勘察、后设计、再施工的原则。

县级以上人民政府及其有关部门不得超越权限审批建设项目或者擅自简化基本建设程序。

第六条　国家鼓励采用先进的科学技术和管理方法，提高建设工程质量。

第二章　建设单位的质量责任和义务

第七条　建设单位应当将工程发包给具有相应资质等级的单

位。

建设单位不得将建设工程肢解发包。

第八条　建设单位应当依法对工程建设项目的勘察、设计、施工、监理以及与工程建设有关的重要设备、材料等的采购进行招标。

第九条　建设单位必须向有关的勘察、设计、施工、工程监理等单位提供与建设工程有关的原始资料。

原始资料必须真实、准确、齐全。

第十条　建设工程发包单位不得迫使承包方以低于成本的价格竞标,不得任意压缩合理工期。

建设单位不得明示或者暗示设计单位或者施工单位违反工程建设强制性标准,降低建设工程质量。

第十一条　建设单位应当将施工图设计文件报县级以上人民政府建设行政主管部门或者其他有关部门审查。施工图设计文件审查的具体办法,由国务院建设行政主管部门会同国务院其他有关部门制定。

施工图设计文件未经审查批准的,不得使用。

第十二条　实行监理的建设工程,建设单位应当委托具有相应资质等级的工程监理单位进行监理,也可以委托具有工程监理相应资质等级并与被监理工程的施工承包单位没有隶属关系或者其他利害关系的该工程的设计单位进行监理。

下列建设工程必须实行监理:

(一) 国家重点建设工程;

(二) 大中型公用事业工程;

(三) 成片开发建设的住宅小区工程;

(四) 利用外国政府或者国际组织贷款、援助资金的工程;

(五) 国家规定必须实行监理的其他工程。

第十三条　建设单位在领取施工许可证或者开工报告前,应当按照国家有关规定办理工程质量监督手续。

第十四条　按照合同约定,由建设单位采购建筑材料、建筑构配件和设备的，建设单位应当保证建筑材料、建筑构配件和设备符合设计文件和合同要求。

建设单位不得明示或者暗示施工单位使用不合格的建筑材料、建筑构配件和设备。

第十五条 涉及建筑主体和承重结构变动的装修工程，建设单位应当在施工前委托原设计单位或者具有相应资质等级的设计单位提出设计方案；没有设计方案的，不得施工。

房屋建筑使用者在装修过程中，不得擅自变动房屋建筑主体和承重结构。

第十六条 建设单位收到建设工程竣工报告后，应当组织设计、施工、工程监理等有关单位进行竣工验收。

建设工程竣工验收应当具备下列条件：

（一）完成建设工程设计和合同约定的各项内容；

（二）有完整的技术档案和施工管理资料；

（三）有工程使用的主要建筑材料、建筑构配件和设备的进场试验报告；

（四）有勘察、设计、施工、工程监理等单位分别签署的质量合格文件；

（五）有施工单位签署的工程保修书。

建设工程经验收合格的，方可交付使用。

第十七条 建设单位应当严格按照国家有关档案管理的规定，及时收集、整理建设项目各环节的文件资料，建立健全建设项目档案，并在建设工程竣工验收后，及时向建设行政主管部门或者其他有关部门移交建设项目档案。

第三章 勘察、设计单位的质量责任和义务

第十八条 从事建设工程勘察、设计的单位应当依法取得相应等级的资质证书，并在其资质等级许可的范围内承揽工程。

禁止勘察、设计单位超越其资质等级许可的范围或者以其他勘察、设计单位的名义承揽工程。禁止勘察、设计单位允许其他单位或者个人以本单位的名义承揽工程。

勘察、设计单位不得转包或者违法分包所承揽的工程。

第十九条　勘察、设计单位必须按照工程建设强制性标准进行勘察、设计,并对其勘察、设计的质量负责。

注册建筑师、注册结构工程师等注册执业人员应当在设计文件上签字,对设计文件负责。

第二十条　勘察单位提供的地质、测量、水文等勘察成果必须真实、准确。

第二十一条　设计单位应当根据勘察成果文件进行建设工程设计。

设计文件应当符合国家规定的设计深度要求,注明工程合理使用年限。

第二十二条　设计单位在设计文件中选用的建筑材料、建筑构配件和设备,应当注明规格、型号、性能等技术指标,其质量要求必须符合国家规定的标准。

除有特殊要求的建筑材料、专用设备、工艺生产线等外,设计单位不得指定生产厂、供应商。

第二十三条　设计单位应当就审查合格的施工图设计文件向施工单位做出详细说明。

第二十四条　设计单位应当参与建设工程质量事故分析,并对因设计造成的质量事故,提出相应的技术处理方案

第四章　施工单位的质量责任和义务

第二十五条　施工单位应当依法取得相应等级的资质证书,并在其资质等级许可的范围内承揽工程。

禁止施工单位超越本单位资质等级许可的业务范围或者以其他施工单位的名义承揽工程。禁止施工单位允许其他单位或者个

人以本单位的名义承揽工程。

施工单位不得转包或者违法分包工程。

第二十六条 施工单位对建设工程的施工质量负责。

施工单位应当建立质量责任制，确定工程项目的项目经理、技术负责人和施工管理负责人。

建设工程实行总承包的，总承包单位应当对全部建设工程质量负责；建设工程勘察、设计、施工、设备采购的一项或者多项实行总承包的，总承包单位应当对其承包的建设工程或者采购的设备的质量负责。

第二十七条 总承包单位依法将建设工程分包给其他单位的，分包单位应当按照分包合同的约定对其分包工程的质量向总承包单位负责，总承包单位对分包工程的质量承担连带责任。

第二十八条 施工单位必须按照工程设计图纸和施工技术标准施工，不得擅自修改工程设计，不得偷工减料。

施工单位在施工过程中发现设计文件和图纸有差错的，应当及时提出意见和建议。

第二十九条 施工单位必须按照工程设计要求、施工技术标准和合同约定，对建筑材料、建筑构配件、设备和商品混凝土进行检验，检验应当有书面记录和专人签字；未经检验或者检验不合格的，不得使用。

第三十条 施工单位必须建立、健全施工质量的检验制度，严格工序管理，做好隐蔽工程的质量检查和记录。隐蔽工程在隐蔽前，施工单位应当通知建设单位和建设工程质量监督机构。

第三十一条 施工人员对涉及结构安全的试块、试件以及有关材料，应当在建设单位或者工程监理单位监督下现场取样，并送具有相应资质等级的质量检测单位进行检测。

第三十二条 施工单位对施工中出现质量问题的建设工程或者竣工验收不合格的建设工程，应当负责返修。

第三十三条 施工单位应当建立、健全教育培训制度，加强对职工的教育培训；未经教育培训或者考核不合格的人员，不得上岗作业。

第五章 工程监理单位的质量责任和义务

第三十四条 工程监理单位应当依法取得相应等级的资质证书,并在其资质等级许可的范围内承担工程监理业务。

禁止工程监理单位超越本单位资质等级许可的范围或者以其他工程监理单位的名义承担工程监理业务。禁止工程监理单位允许其他单位或者个人以本单位的名义承担工程监理业务。

工程监理单位不得转让工程监理业务。

第三十五条 工程监理单位与被监理工程的施工承包单位以及建筑材料、建筑构配件和设备供应单位不得有隶属关系或者其他利害关系的,不得承担该项建设工程的监理业务。

第三十六条 工程监理单位应当依照法律、法规以及有关技术标准、设计文件和建设工程承包合同,代表建设单位对施工质量实施监理,并对施工质量承担监理责任。

第三十七条 工程监理单位应当选派具备相应资格的总监理工程师和监理工程师进驻施工现场。

未经监理工程师签字,建筑材料、建筑构配件和设备不得在工程上使用或者安装,施工单位不得进行下一道工序的施工。未经总监理工程师签字,建设单位不拨付工程款,不进行竣工验收。

第三十八条 监理工程师应当按照工程监理规范的要求,采取旁站、巡视和平行检验等形式,对建设工程实施监理。

第六章 建设工程质量保修

第三十九条 建设工程实行质量保修制度。

建设工程承包单位在向建设单位提交工程竣工验收报告时,应当向建设单位出具质量保修书。质量保修书中应当明确建设工程的保修范围、保修期限和保修责任等。

第四十条　在正常使用条件下,建设工程的最低保修期限为:

(一)基础设施工程、房屋建筑的地基基础工程和主体结构工程,为设计文件规定的该工程的合理使用年限;

(二)屋面防水工程、有防水要求的卫生间、房间和外墙面的防渗漏,为5年;

(三)供热与供冷系统,为2个采暖期、供冷期;

(四)电气管线、给排水管道、设备安装和装修工程,为2年。

其他项目的保修期限由发包方与承包方约定。

建设工程的保修期,自竣工验收合格之日起计算。

第四十一条　建设工程在保修范围和保修期限内发生质量问题的,施工单位应当履行保修义务,并对造成的损失承担赔偿责任。

第四十二条　建设工程在超过合理使用年限后需要继续使用的,产权所有人应当委托具有相应资质等级的勘察、设计单位鉴定,并根据鉴定结果采取加固、维修等措施,重新界定使用期。

第七章　监　督　管　理

第四十三条　国家实行建设工程质量监督管理制度。

国务院建设行政主管部门对全国的建设工程质量实施统一监督管理。国务院铁路、交通、水利等有关部门按照国务院规定的职责分工,负责对全国的有关专业建设工程质量的监督管理。

县级以上地方人民政府建设行政主管部门对本行政区域内的建设工程质量实施监督管理。县级以上地方人民政府交通、水利等有关部门在各自的职责范围内,负责对本行政区域内的专业建设工程质量的监督管理。

第四十四条　国务院建设行政主管部门和国务院铁路、交通、水利等有关部门应当加强对有关建设工程质量的法律、法规和强制性标准执行情况的监督检查。

第四十五条　国务院发展计划部门按照国务院规定的职责,

组织稽察特派员,对国家出资的重大建设项目实施监督检查。

国务院经济贸易主管部门按照国务院规定的职责,对国家重大技术改造项目实施监督检查。

第四十六条 建设工程质量监督管理,可由建设行政主管部门或者其他有关部门委托的建设工程质量监督机构具体实施。

从事房屋建筑工程和市政基础设施工程质量监督的机构,必须按照国家有关规定经国务院建设行政主管部门或者省、自治区、直辖市人民政府建设行政主管部门考核;从事专业建设工程质量监督的机构,必须按照国家有关规定经国务院有关部门或者省、自治区、直辖市人民政府有关部门考核。经考核合格后,方可实施质量监督。

第四十七条 县级以上地方人民政府建设行政主管部门和其他有关部门应当加强对有关建设工程质量的法律、法规和强制性标准执行情况的监督检查。

第四十八条 县级以上人民政府建设行政主管部门和其他有关部门履行监督检查职责时,有权采取下列措施:

(一) 要求被检查的单位提供有关工程质量的文件和资料;

(二) 进入被检查单位的施工现场进行检查;

(三) 发现有影响工程质量的问题时,责令改正。

第四十九条 建设单位应当自建设工程竣工验收合格之日起15日内,将建设工程竣工验收报告和规划、公安消防、环保等部门出具的认可文件或者准许使用文件报建设行政主管部门或者其他有关部门备案。

建设行政主管部门或者其他有关部门发现建设单位在竣工验收过程中有违反国家有关建设工程质量管理规定行为的,责令停止使用,重新组织竣工验收。

第五十条 有关单位和个人对县级以上人民政府建设行政主管部门和其他有关部门进行的监督检查应当支持与配合,不得拒绝或者阻碍建设工程质量监督检查人员依法执行职务。

第五十一条 供水、供电、供气、公安消防等部门或者单位不得明示或者暗示建设单位、施工单位购买其指定的生产供应单位的建筑材料、建筑构配件和设备。

第五十二条　建设工程发生质量事故，有关单位应当在 24h 内向当地建设行政主管部门和其他有关部门报告。对重大质量事故，事故发生地的建设行政主管部门和其他有关部门应当按照事故类别和等级向当地人民政府和上级建设行政主管部门和其他有关部门报告。

特别重大质量事故的调查程序按照国务院有关规定办理。

第五十三条　任何单位和个人对建设工程的质量事故、质量缺陷都有权检举、控告、投诉。

第八章　罚　　则

第五十四条　违反本条例规定，建设单位将建设工程发包给不具有相应资质等级的勘察、设计、施工单位或者委托给不具有相应资质等级的工程监理单位的，责令改正，处 50 万元以上 100 万元以下的罚款。

第五十五条　违反本条例规定，建设单位将建设工程肢解发包的，责令改正，处工程合同价款 0.5% 以上 1% 以下的罚款；对全部或者部分使用国有资金的项目，并可以暂停项目执行或者暂停资金拨付。

第五十六条　违反本条例规定，建设单位有下列行为之一的，责令改正，处 20 万元以上 50 万元以下的罚款：

（一）迫使承包方以低于成本的价格竞标的；

（二）任意压缩合理工期的；

（三）明示或者暗示设计单位或者施工单位违反工程建设强制性标准，降低工程质量的；

（四）施工图设计文件未经审查或者审查不合格，擅自施工的；

（五）建设项目必须实行工程监理而未实行工程监理的；

（六）未按照国家规定办理工程质量监督手续的；

（七）明示或者暗示施工单位使用不合格的建筑材料、建筑构配件和设备的；

（八）未按照国家规定将竣工验收报告、有关认可文件或者准许使用文件报送备案的。

第五十七条　违反本条例规定，建设单位未取得施工许可证或者开工报告未经批准，擅自施工的，责令停止施工，限期改正，处工程合同价款1%以上2%以下的罚款。

第五十八条　违反本条例规定，建设单位有下列行为之一的，责令改正，处工程合同价款2%以上4%以下的罚款；造成损失的，依法承担赔偿责任：

（一）未组织竣工验收，擅自交付使用的；

（二）验收不合格，擅自交付使用的；

（三）对不合格的建设工程按照合格工程验收的。

第五十九条　违反本条例规定，建设工程竣工验收后，建设单位未向建设行政主管部门或者其他有关部门移交建设项目档案的，责令改正，处1万元以上10万元以下的罚款。

第六十条　违反本条例规定，勘察、设计、施工、工程监理单位超越本单位资质等级承揽工程的，责令停止违法行为，对勘察、设计单位或者工程监理单位处合同约定的勘察费、设计费或者监理酬金1倍以上2倍以下的罚款；对施工单位处工程合同价款2%以上4%以下的罚款，可以责令停业整顿，降低资质等级；情节严重的，吊销资质证书；有违法所得的，予以没收。

未取得资质证书承揽工程的，予以取缔，依照前款规定处以罚款；有违法所得的，予以没收。

以欺骗手段取得资质证书承揽工程的，吊销资质证书，依照本条第一款规定处以罚款；有违法所得的，予以没收。

第六十一条　违反本条例规定，勘察、设计、施工、工程监理单位允许其他单位或者个人以本单位名义承揽工程的，责令改正，没收违法所得，对勘察、设计单位和工程监理单位处合同约定的勘察费、设计费和监理酬金1倍以上2倍以下的罚款;对施工单位处工程合同价款2%以上4%以下的罚款;可以责令停业整顿,降低资质等级;情节严重的,吊销资质证书。

第六十二条 违反本条例规定,承包单位将承包的工程转包或者违法分包的,责令改正,没收违法所得,对勘察、设计单位处合同约定的勘察费、设计费25%以上50%以下的罚款;对施工单位处工程合同价款0.5%以上1%以下的罚款;可以责令停业整顿,降低资质等级;情节严重的,吊销资质证书。

工程监理单位转让工程监理业务的,责令改正,没收违法所得,处合同约定的监理酬金25%以上50%以下的罚款;可以责令停业整顿,降低资质等级;情节严重的,吊销资质证书。

第六十三条 违反本条例规定,有下列行为之一的,责令改正,处10万元以上30万元以下的罚款:

(一)勘察单位未按照工程建设强制性标准进行勘察的;

(二)设计单位未根据勘察成果文件进行工程设计的;

(三)设计单位指定建筑材料、建筑构配件的生产厂、供应商的;

(四)设计单位未按照工程建设强制性标准进行设计的。

有前款所列行为,造成重大工程质量事故的,责令停业整顿,降低资质等级;情节严重的,吊销资质证书;造成损失的,依法承担赔偿责任。

第六十四条 违反本条例规定,施工单位在施工中偷工减料的,使用不合格的建筑材料、建筑构配件和设备的,或者有不按照工程设计图纸或者施工技术标准施工的其他行为的,责令改正,处工程合同价款2%以上4%以下的罚款;造成建设工程质量不符合规定的质量标准的,负责返工、修理,并赔偿因此造成的损失;情节严重的,责令停业整顿,降低资质等级或者吊销资质证书。

第六十五条 违反本条例规定,施工单位未对建筑材料、建筑构配件、设备和商品混凝土进行检验,或者未对涉及结构安全的试块、试件以及有关材料取样检测的,责令改正,处10万元以上20

万元以下的罚款;情节严重的,责令停业整顿,降低资质等级或者吊销资质证书;造成损失的,依法承担赔偿责任。

第六十六条 违反本条例规定,施工单位不履行保修义务或者拖延履行保修义务的,责令改正,处10万元以上20万元以下的罚款,并对在保修期内因质量缺陷造成的损失承担赔偿责任。

第六十七条 工程监理单位有下列行为之一的,责令改正,处50万元以上100万元以下的罚款,降低资质等级或者吊销资质证书;有违法所得的,予以没收;造成损失的,承担连带赔偿责任:

(一)与建设单位或者施工单位串通,弄虚作假、降低工程质量的;

(二)将不合格的建设工程、建筑材料、建筑构配件和设备按照合格签字的。

第六十八条 违反本条例规定,工程监理单位与被监理工程的施工承包单位以及建筑材料、建筑构配件和设备供应单位有隶属关系或者其他利害关系承担该项建设工程的监理业务的,责令改正,处5万元以上10万元以下的罚款,降低资质等级或者吊销资质证书;有违法所得的,予以没收。

第六十九条 违反本条例规定,涉及建筑主体或者承重结构变动的装修工程,没有设计方案擅自施工的,责令改正,处50万元以上100万元以下的罚款;房屋建筑使用者在装修过程中擅自变动房屋建筑主体和承重结构的,责令改正,处5万元以上10万元以下的罚款。

有前款所列行为,造成损失的,依法承担赔偿责任。

第七十条 发生重大工程质量事故隐瞒不报、谎报或者拖延报告期限的,对直接负责的主管人员和其他责任人员依法给予行政处分。

第七十一条 违反本条例规定,供水、供电、供气、公安消防等部门或者单位明示或者暗示建设单位或者施工单位购买其指定的生产供应单位的建筑材料、建筑构配件和设备的,责令改正。

第七十二条 违反本条例规定,注册建筑师、注册结构工程师、监理工程师等注册执业人员因过错造成质量事故的,责令停止执业1年;造成重大质量事故的,吊销执业资格证书,5年以内不予注册;情节特别恶劣的,终身不予注册。

第七十三条　依照本条例规定,给予单位罚款处罚的,对单位直接负责的主管人员和其他直接责任人员处单位罚款数额5%以上10%以下的罚款。

第七十四条　建设单位、设计单位、施工单位、工程监理单位违反国家规定,降低工程质量标准,造成重大安全事故,构成犯罪的,对直接责任人员依法追究刑事责任。

第七十五条　本条例规定的责令停业整顿,降低资质等级和吊销资质证书的行政处罚,由颁发资质证书的机关决定;其他行政处罚,由建设行政主管部门或者其他有关部门依照法定职权决定。

依照本条例规定被吊销资质证书的,由工商行政管理部门吊销其营业执照。

第七十六条　国家机关工作人员在建设工程质量监督管理工作中玩忽职守、滥用职权、徇私舞弊,构成犯罪的,依法追究刑事责任;尚不构成犯罪的,依法给予行政处分。

第七十七条　建设、勘察、设计、施工、工程监理单位的工作人员因调动工作、退休等原因离开该单位后,被发现在该单位工作期间违反国家有关建设工程质量管理规定,造成重大工程质量事故的,仍应当依法追究法律责任。

第九章　附　　则

第七十八条　本条例所称肢解发包,是指建设单位将应当由一个承包单位完成的建设工程分解成若干部分发包给不同的承包单位的行为。

本条例所称违法分包,是指下列行为:

(一) 总承包单位将建设工程分包给不具备相应资质条件的单位的;

(二) 建设工程总承包合同中未有约定,又未经建设单位认可,承包单位将其承包的部分建设工程交由其他单位完成的;

(三) 施工总承包单位将建设工程主体结构的施工分包给其他单位的；

(四) 分包单位将其承包的建设工程再分包的。

本条例所称转包，是指承包单位承包建设工程，不履行合同约定的责任和义务，将其承包的全部建设工程转给他人或者将其承包的全部建设工程肢解以后以分包的名义分别转给其他单位承包的行为。

第七十九条　本条例规定的罚款和没收的违法所得，必须全部上缴国库。

第八十条　抢险救灾及其他临时性房屋建筑和农民自建低层住宅的建设活动，不适用本条例。

第八十一条　军事建设工程的管理，按照中央军事委员会的有关规定执行。

第八十二条　本条例自2000年1月30日起施行。

附　刑法有关条款

第一百三十七条　建设单位、设计单位、施工单位、工程监理单位违反国家规定，降低工程质量标准，造成重大安全事故的，对直接责任人员处五年以下有期徒刑或者拘役，并处罚金；后果特别严重的，处五年以上十年以下有期徒刑，并处罚金。

附件5

某住宅工程质量计划

目录

4. 质量体系要素

4.1 组织机构和岗位职责

4.2 质量体系

4.3 合同评审

4.4 设计控制(本计划不采用此要素,把相关设计控制放入过程控制中)

4.5 文件和资料控制

4.6 采购

4.7 过程控制

4.8 检验和试验

4.9 检验、测量和试验设备的控制

4.10 不合格品控制

4.11 纠正和预防措施

4.12 培训

4.13 服务

4.14 统计技术

工程概况

某工程位于北京市,是以住宅为主,包括商场等配套设施组成的建筑群体。该建筑群体由10栋高层建筑和2栋多层建筑组成,总建筑面积约19.3万m^2,是国家立项的北京市重点工程。

公司承建其中的*A*号、*B*号两栋独立的高层住宅和*C*号、*D*号两栋多层住宅,*A*号住宅地下两层,地上二十层;*B*号住宅地下2层,地上18层,两栋高层住宅结构形式为全现浇钢筋混凝土剪力墙结构,基础为箱形基础,最大建筑高度66.70m。*C*号多层住宅为地下1层,地上6层,结构形式为内浇外砌;*D*号多层住宅为地下1层,地上9层,结构形式为全现浇钢筋混凝土结构。4栋住宅总建筑面积约为4.64万m^2。

该工程是由某研究院设计,由公司承担施工任务(工程的重要性根据实际情况编写)。

本工程计划工期为×天，自×年×月×日至×年×月×日完成。各栋施工计划工期见附表5-1。

各栋施工计划工期 附表5-1

序号	建筑物名称	占地面积 m^2	建筑面积 m^2	地下	地上	层高 m	计划工期
1	*A*号	704	15474.08	2	20	2.7	
2	*B*号	704	14283.38	2	18	2.7	
3	*C*号	1500	7626.6	1	6	2.7	
4	*D*号	1500	11479.4	1	9	2.7	

工程管理体系

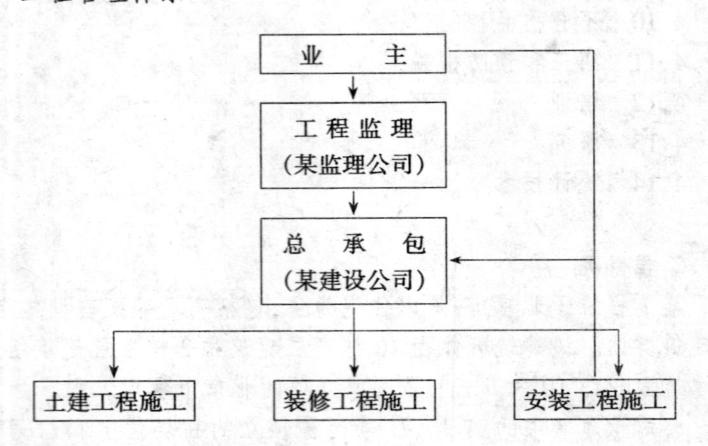

项目质量方针和质量目标

质量方针：(略)

质量目标：

在*A*号、*B*号、*C*号、*D*号楼工程过程中，*A*号、*B*号楼争“结构长城杯”，*C*号、*D*号楼创“北京市优质工程”。

分项工程优良率为90%，合格率为100%

不合格点控制在6%以内

单位工程评定等级为优良

各项技术资料达到竣工资料要求

现场管理目标:创“北京市文明施工样板工地”

项目管理模式:作为×工程的总承包单位,公司组成了专门的项目经理部代表公司履约,并对业主全面负责,对工程实行全方位管理,实施以项目合同管理,质量、成本、进度控制为主要内容,以先进的施工技术为龙头,以科学的系统管理和先进的施工工艺为手段的总承包管理体制。同时,项目经理部在公司总部领导下充分发挥企业整体优势,高效组织和优化社会要素,建立以ISO 9002质量保证体系为核心的运行机制和质量管理程序,使全体人员明确目标,严格分工,落实责任,最终使工程达到预期质量目标。

1 主体内容和适用范围

在×工程施工过程中,为确保项目质量方针自始至终地得以认真地贯彻执行,确保本项目质量计划目标的顺利实现及合同的履约,特编制本“质量计划”。

“质量计划”中对×工程的质量方针和质量目标做出具体规定,并描述了质量职能各要素,适用于×工程施工全过程。

2 采用的标准和定义

2.1 编制依据

2.1.1 合同、招标文件、投标文件

2.1.2 设计图纸

2.1.3 国家现行规范:《现行建筑施工规范大全》

2.1.4 公司“质量保证手册”、“程序文件”及其实施细则、“项目管理手册”以及公司其他相关文件。

2.2 定义

2.2.1 本“质量计划”采用GB/T 6583—1994IDT ISO 8402:1994标准定义

2.2.2 专业定义

1. 特殊过程:气压焊。

2. 关键过程:防水工程、商品混凝土工程、整体大钢模施工。

3. “一案三工序”管理:一案指施工组织设计及各专项施工方

案;三工序为检查上道工序,保证本工序,服务下道工序,以确保过程施工质量。

4. 物资分类:以其质量的影响程度分为A、B、C三类。

A类:钢材、水泥、砂、石、砖、构件、混凝土外加剂、防水材料、精密仪器设备。

B类:工程设备、水电材料、木材、模板、焊接材料、保温材料。

C类:机械配件、工具及低值易耗品等。

3 质量计划的管理

3.1 "质量计划"由项目总工程师负责组织编写,报公司质量部审核后,由项目经理批准签发实施。质量计划由项目总工程师负责解释。

3.2 "质量计划"由项目行政办公室负责统一管理(包括编号、打印、发放、保管等),并对"质量计划"的保管和使用情况实施监控。

3.3 质量计划的发放范围

"质量计划"由行政办公室统一编号,分发给公司质量部、项目管理部、项目领导班子成员和各部门经理。

3.4 "质量计划"不得遗失、拆页,"质量计划"持有者调离工作岗位按规定办理归还手续。

3.5 质量计划的使用

3.5.1 项目各级领导和全体员工都要认真学习和理解"质量计划"内容,并应在项目质量管理活动中贯彻始终。

3.5.2 为了更好贯彻实施"质量计划",各职能部门可根据需要制定相应的质量管理文件,其内容必须满足"质量计划"的要求。

3.5.3 "质量计划"只限于本项目使用,不得复制和转借外单位或其他个人,确需外借的,须经行政办公室同意,并按规定办理有关借阅手续,借阅人必须按时归还,并负责保管好"质量计划"。

3.5.4 "质量计划"在执行过程中发生的问题由项目总工程师协调解决,重大问题请示公司有关部门或领导处理。

3.5.5 "质量计划"按受控文件管理,换版、更改由项目总工程师负责记录。

3.5.6 “质量计划”新版本颁发后立即收回旧版本,并在旧版本上盖“作废”章。

3.5.7 项目经理部解体时由项目行政办公室统一收回。

4 质量体系要素

4.1 组织机构和岗位职责

4.1.1 组织机构(略)

4.1.2 岗位职责

项目经理:

① 项目经理是公司法人在项目上的授权代理,是本项目的质量第一责任人,代表公司履行与业主合同及分包合同相关的责任。

② 执行公司质量方针、质量体系文件;项目质量目标的制定与贯彻实施。

③ 依据项目管理手册进行组织机构设置、人员聘任和质量职能分配及制定项目人员留置计划。

④ 领导项目经理部全面管理工作。

⑤ 领导编制项目制造成本实施计划,对项目成本支出审核签字。

⑥ 领导与组织项目编制施工组织设计、质量计划、质量阶段预控计划、质量管理文件。

⑦ 领导项目安全生产与质量管理工作,是质量、安全的第一责任人。

⑧ 负责项目各类经济合同的审核签字。

总工程师:

① 贯彻执行质量方针、项目质量计划与科技发展规划的引进及推广应用工作,负责审核项目物资计划及工程物资需要计划,对工程质量负有第一技术责任。

② 具体负责组织相关人员编制施工组织设计、质量计划、质量阶段预控计划、质量管理文件;组织编制并审核专项施工方案、技术措施,负责分包提交技术方案的审批。

③ 领导项目计量设备管理工作。

④ 领导材料的选型、报批与控制。负责引进有实用价值的新工艺、新技术、新材料。

⑤ 参加工程主体结构验收及竣工验收工作;参加工程质量事故的调查与处理。

⑥ 贯彻执行技术法规、规程、规范和涉及工程质量方面的有关规定。

⑦ 负责组织图纸会审及各专业问题技术处理,审定设计洽商和变更工作。

⑧ 领导做好各项施工技术总结工作;参与项目制造成本实施计划的编制与分析工作。

⑨ 领导与组织质量体系的运行,通过加强全过程的质量管理,确保项目质量目标的实现。

现场经理:

① 现场经理是施工生产的指挥者,对各分项、分部的施工质量负直接领导责任。

② 组织责任工程师认真贯彻执行项目的各类生产计划、施工方案,并定期进行检查;负责落实项目的质量计划和质量目标的执行。

③ 负责协调各工程专业、各分包单位在施工生产中工序交叉及相互配合工作,负责对公司内部专业公司的机械调配工作。

④ 领导组织工程各阶段的验收工作,具体领导与落实工程质量管理工作,领导组织开展 QC 小组活动。

⑤ 负责安排和指导施工现场的安全文明施工及 CI 形象管理工作。

⑥ 参与项目制造成本实施计划的编制与分析工作。

⑦ 对施工工期负直接领导责任,负责与总包方确定总工期计划,编制月进度计划,监督落实项目工程进度计划的执行和完成情况,负责审定、考核分包单位月、周计划。

⑧ 领导现场试验站工作。

⑨ 领导做好施工技术资料的管理工作。

⑩“一案三工序”的监督、落实。

商务经理：

① 贯彻执行公司质量方针和项目规划，熟悉合同中用户对产品的质量要求，并传达至项目相关职能部门。负责组织项目人员对项目合同学习和交底工作。

② 具体领导项目各类经济合同的起草、确定、评审。

③ 负责项目经营报价、进度款结算及工程结算，负责编制对总包方的清款单、分包商的结算单。

④ 负责与分包洽谈，为项目提供可靠的分承包方或制造商，负责材料供应商的报价审核。

⑤ 负责项目的成本管理工作。

⑥ 负责组织编制和办理工程款结算，经济索赔等工作。

安装工程副经理：

① 参与制定和执行项目管理大纲，主持和执行项目水电方面的施工组织设计。

② 配合现场经理工作，主管安装施工工作，负责安装工程管理部的管理工作。

③ 负责对机电分包单位的管理工作。

部门职责

工程管理部：

① 负责项目施工生产的管理、协调与质量管理工作。

② 执行项目施工组织设计及施工方案，并及时反馈管理信息。

③ 负责根据项目月度计划分解成周作业计划，控制分包单位的施工进度安排。

④ 负责对分包商进行技术及安全交底，审核分包商班组的交底，且各项交底必须以书面形式进行，手续齐全。

⑤ 负责各个项目施工、管理、技术、质量资料的搜集管理工

作。

⑥ 负责各项目施工管理日报、记录的填写工作。

⑦ 负责施工中一般技术问题的处理,并将结果反馈技术管理部。

⑧ 协助安全部门对现场人员定期进行安全教育,并随时对现场的安全设施及防护进行检查,负责现场文明施工的管理。

⑨ 协助物资部对进场材料、构配件的检查、验收及保护。

⑩ 负责安全管理的复查工作,现场安全工作的评定工作,并做好记录。

质量总监:

① 编制项目“质量检验管理办法”,增加施工预控能力和过程中的检查,使质量问题消除在萌芽之中。参与技术方案的编制,加强预控和过程中的质量控制把关,严格按照项目质量计划和质量评定标准、国家规范进行监督、检查。

② 负责项目质量检查与监督工作,监督和指导分包质量体系的有效运行,定期组织分包单位管理人员进行规范和评定标准的学习。结合工程实际情况制定质量通病预防措施;负责工程的隐、预检,分部分项工程质量评定的审核和质量评定资料的收集工作。

③ 严格“一案三工序”的检查,组织分包单位做好工序、分项工程的检查验收工作。

④ 负责事故的调查和分析,根据处理方案监督和指导责任单位的修复。

⑤ 具体负责项目质量检查验证与监督工作,协调好与业主、监理、分包的关系,为工程顺利报验创造条件。

⑥ 具体领导项目质量监控部工作,监督施工过程,材料的检验与验证。

⑦ 负责制定过程检验计划,定期进行工程质量分析,并提出改进措施,监督整改情况。

⑧ 负责对项目全体人员进行质量意识教育,提高全员质量意识,指定关键部位的质量要求和检验管理点。

⑨ 负责合格产品控制检验状态管理。

⑩ 负责制定项目标识管理计划;负责制定项目质量成本数据库。

安全总监:

① 执行公司要求的有关规章制度,结合工程特点制定安全活动计划,做好安全宣传工作。

② 负责项目安全生产目标及安全技术措施的审定,并监督分包方组织实施。

③ 负责分包方安全生产、文明施工的监督管理工作,检查安全规章制度的执行情况。对进场工人进行三级教育、特殊工种培训、考核工作,并及时做好安全记录。

④ 及时对现场的平面布置及施工现场的不安全因素进行检查、监督、制止、处罚、下达整改、复查。

⑤ 负责现场文明施工的监督检查,并做好检查记录。

⑥ 组织现场特殊设施(如塔吊、外用电梯、外爬架)的验收,并建立特殊工种台账。

技术管理部:

① 编写施工组织设计、施工技术方案及技术措施,监督技术方案的执行情况。

② 负责对分包单位施工方案的审核工作。

③ 组织施工方案和重要部位施工的技术交底。

④ 负责施工技术保证资料的汇总及管理。北京市418号文件和城建档案管理规定。

⑤ 工艺技术准备:施工技术审核管理;项目专项技术措施管理,编制过程控制计划,纠正和预防措施;编制和审定材料的送审计划和需用计划,组织材料送审。

⑥ 对本工程所使用的新技术、新工艺、新材料、新设备与研究成果推广应用;编制推广应用计划和推广措施方案,并及时总结改进。

⑦ 负责计量器具的台账管理,进行标识、审核。

⑧ 负责图纸及施工技术书籍的管理;与总包方进行图纸问题

的联络、确认;设计变更、洽商的管理。

⑨ 负责现场试验及抽样试验工作。

⑩ 影像资料管理的策划、组织和实施。

物资管理部:

① 负责项目物资的统一管理工作。

② 需编制采购计划,依据程序及采购计划购买,确保施工生产顺利进行。

③ 监督各分包方进场材料的验证、复试,并记录存档。

④ 及时组织自供材料的选择、送审,并跟踪及时将审定结果报技术管理部及经营管理部。

⑤ 负责对实施项目限额领料的管理,对项目材料成本核算负责。

⑥ 负责对项目主要材料进场时间、进场计划的安排。

⑦ 负责进场物资库存计划的制定和物资管理办法,做好各类物资的标识。

⑧ 负责进场物资的报验及在使用过程中的监督工作。

⑨ 协助保安负责对进场供应车辆的记录出门条的开放,在场时间的记录等工作。

⑩ 对场内各类物资的装车、卸车的计划时间确定及统计。

经营管理部:

① 管理项目经营目标与具体实施,分解年季月经营目标。

② 负责组织对分承包方合同签订前的评审工作,参与相关的公司组织的合同评审工作。

③ 负责项目经营合同管理,包括对分承包方、专业分公司以及其他零星分包合同的管理工作。

④ 参与分承包合同履约中的协调与结算管理。

⑤ 做好工程预、决算及项目制造成本管理工作。

⑥ 负责向业主、监理申报清款单及分包付款单工作。

⑦ 负责计划与统计报量工作。

财务部:

① 负责项目成本管理工作。

② 负责项目成本台账的建立与归档。

③ 建立项目质量成本的归纳、统计、分析,并报项目经理。

④ 负责项目劳资管理工作。

⑤ 严格执行国家和企业的各项财经纪律。

行政办公室:

① 负责对项目及分包单位全体人员的思想教育及各项法规的宣传工作。

② 领导现场的消防保卫工作,维护现场的正常施工秩序。

③ 按公司文件控制程序实施文件资料控制。

④ 编制人员培训计划并组织实施。

⑤ 建立培训与考核记录。

⑥ 负责工会管理工作。

⑦ 负责外来文函收发、交接及保管工作。

⑧ 负责项目的后勤保障工作。

⑨ 负责施工现场CI形象;主抓施工现场文明;组织劳动竞赛。

4.2 质量体系

4.2.1 项目文件化质量体系

1. 质量计划及其运行记录。
2. 施工组织设计、专项施工方案、工程进度计划等。
3. 施工图纸、标准图集。
4. 施工规范、规程、验收标准等。

4.2.2 质量措施方案

(1) 施工组织总设计(项目总工程师组织编制)

(2) 土方施工方案 (技术管理部编制)

(3) 模板施工方案 (技术管理部编制)

(4) 外爬架及钢管脚手架方案 (技术管理部编制)

(5) 防水施工方案 (技术管理部编制)

(6) 冬期施工方案 (技术管理部编制)

(7) 雨期施工方案 (技术管理部编制)
(8) 塔吊安装、拆除方案 (机械租赁分公司编制)
(9) 安全施工方案 (技术管理部编制)
(10) 物资管理施工方案 (技术管理部编制)
(11) 工程管理施工方案 (技术管理部编制)
(12) 测量施工方案 (测量分公司编制)
(13) 混凝土施工方案 (技术管理部编制)
(14) 钢筋施工方案 (技术管理部编制)
(15) 消防施工方案 (技术管理部编制)
(16) 降水施工方案 (×降水公司编制)
(17) CFG 桩基础施工方案 (×基础公司编制)
(18) 临水、临电施工方案 (技术管理部编制)
(19) 回填土施工方案 (技术管理部编制)

4.2.3 分承包管理系列文件

(1) 分包方质量管理规定
(2) 分包方安全与文明施工管理规定
(3) 分包方物资管理规定
(4) 其他

4.3 合同评审

4.3.1 总包合同管理

1. 合同签订前的评审

项目经理、商务经理参加公司投标部组织的合同评审会,并就其中的工期目标、质量目标、创优目标、经营策略等重点内容明确记录下来,为项目内部合同交底做准备。

2. 合同签订后的交底

项目经理部主要管理人员参加公司投标部组织的合同交底会。

3. 项目合同交底

由项目经营管理部将合同中与各部门有关的内容分别筛选、汇总、打印成合同交底书,就其中的重要事项予以明确交代,保证合同的顺利执行。对各部门以合同交底书的形式进行合同交底，记录并保存。

4. 合同更改

合同发生修订，若不影响原定施工方案时，由项目组织协调评审，并执行公司合同评审程序。

(1) 一般的更改可通过洽商和书面签证的方式进行。

(2) 重大更改应按4.3.1.1条款进行评审，经评审就有关问题由项目经理签订书面的协议对合同条文进行修改，签署生效，在合同及更改的协议评审中应充分考虑更改后对技术满足顾客要求的可行性；更改后对成本的影响；更改后对工程质量、工程工期的影响；更改后对材料供应、施工设备及其他现场条件的影响。

4.3.2 分包合同管理

1. 分承包方评定按照公司“分承包方评定程序”项目经理参与，由工程协力公司组织的分承包方评定和选择，明确分承包方的必备条件。

2. 分包合同签订过程管理

(1) 草拟工程分包合同：由公司项目管理部合约组组织项目合同部根据已确定的分包方式、分包价、分包合同条件、分包价计取原则和工程分包合同标准文本草拟工程分包合同。

(2) 分包合同谈判：由项目经理主持、公司项目管理部合约组组织项目经理部主要人员参与谈判。

(3) 分包合同评审：项目经理部合同部组织项目各部门进行项目内部合同评审；需进行公司级合同评审时，交送公司项目管理部合约组进行公司级评审。

(4) 分包合同签订：合同管理员将修改后的分包合同文本送有签字权的经理批准签字后，送公司合约部审定加盖公司合同专用章，待分承包方签字加盖单位公章后，分包合同正式生效。

3. 分包合同交底：

项目经营管理部将合同中与各部门有关的内容分别挑出来，分别汇总、打印成合同交底书，对各部门以合同交底书的形式进行合同交底,记录并保存。

4.3.3 分承包方考核:

项目经理部各部门负责人负责每季度对分承包的工期、质量、安全、资料等方面进行考核,填写考核表格,并将项目考核意见由行政办公室及时送交工程协力公司。

4.4 设计控制

设计控制本计划不采用,有关设计的现场控制列入过程控制实施。

4.5 文件和资料控制

4.5.1 文件的管理

1. 文件制定:

根据需要由项目各部门负责人编制有关的技术类文件、管理办法等文件,并负责解释与督促文件的实施。

2. 文件审批:

由项目主管领导审批签署主管部门编制的文件。

3. 文件发放:

由项目行政办公室负责对文件进行打印、收发、复印、登记工作,保证文件处于受控状态及有效。

4. 文件修改、换版:

由原文件编制各部门负责人进行修改,项目主管领导审批及换版文件的签发,行政办公室负责修改、换版文件的通知登记发放。

5. 年度文件资料清单:

项目行政办公室负责将项目各部门的文件资料清单汇总,编制成项目年度文件资料清单。

6. 项目结束后文件资料的处理:

项目结束,由项目各部门负责人根据公司总部职能部门对资料管理的要求,对项目文件资料进行处理,并保证受控文件的及时回收。

本项目受控文件包括:

设计图纸;

现行国家施工规范；

验收标准、工艺标准、材料标准、标准图；

各类施工方案、施工组织设计、技术交底、图纸会审记录；

工程变更、设计洽商；

项目质量计划、工程质量记录、公司质量体系文件。

各文件和资料的编制、审核和批准见附表5-2。

文件和资料的编制、审核和批准 附表5-2

文件名称	编　制	审　核	批准(签发)
项目质量计划	经理部各部门	项目主任工程师	项目经理
施工组织总设计	技术管理部	项目主任工程师	公司总工程师
施工方案	技术管理部	技术管理部经理	项目总工程师
文函	各部门	各部门经理	主管领导
合同	经营管理部	商务经理	项目经理
采购文件	物资管理部	物资管理部经理	项目总工程师

4.5.2 质量记录的管理

1. 项目部技术管理部以及质量监控部严格按照公司项目管理部的统一规定执行，对质量记录进行控制见附表5-3。

质量记录管理 附表5-3

项　目	资料内容	提供者	收集整理
1. 技术资料	详见北京市418号文件中具体规定	分承包方 分供方	技术管理部 质量监控部
2. 监理要求	详见北京市412号文件中的具体规定	技术管理部 质量监控部	技术管理部 质量监控部
3. 工程质量评定	结构类 装修类	质量监控部	质量监控部
4. 培训记录	公司要求内容	质量监控部	质量监控部
5. 合同评审	评审记录 分承包方考核记录	经营管理部	经营管理部

续表

项　　目	资料内容	提供者	收集整理
6. 过程控制资料	图纸、图纸会审记录，施工方案设计变更、技术交底，施工日记，施工组织总设计，会议纪要、安全交底	技术管理部 工程管理部	技术管理部
7. 质量体系	自检记录	质量监控部	质量监控部
8. 其他	各有关单位	各部门	技术管理部

所有资料记录字迹清楚、内容完整，记录应标明日期并经相关责任人签字认可。

2. 质量体系自检

(1) 项目经理部质量监控部制定内部质量自检计划。

(2) 对自检中发现的问题向有关部门下达整改通知，限期整改，并由质量监控部负责跟踪管理。

(3) 质量监控部负责内部质量体系自检工作，保存质量体系自检记录。

3. 常用的工程质量记录：

①主要原材料、成品、半成品、构配件、设备出厂证明、试验报告见附表 5-4。

主要原材料、成品、半成品、构配件、设备出厂证明、试验报告　　**附表 5-4**

名　　称	出厂合格证	检测报告	准用证	复试报告	三方鉴证取样
防水材料	√	√	√	√	√
商品混凝土	√			√	√
钢筋(焊接)	√	√		√	√
水　　泥	√	√	√	√	
砂　　子				√	
石　　子				√	
黏 土 砖	√	√	√	√	
预制构件	√	√			

② 施工试验记录

素土回填:取样平面图、试验报告。

混凝土:试配申请单、配比申请单、抗压强度报告、强度统计、强度评定。

钢筋连接:气压焊试验报告。

③ 施工记录

定位放线记录;

混凝土浇灌申请记录、混凝土开盘鉴定;

施工测温记录:大体积混凝土测温记录、测点布置图。

④ 预检记录

工程定位测量记录;

基槽验线;

模板;

楼层放线:1m 标高线、轴线竖向投测控制线;

混凝土施工缝留置方法、位置、接槎的处理;

预留洞口位置、设备基础。

⑤ 隐检记录

钢筋隐检;

地下室外墙施工缝、止水带隐检;

过墙套管隐检;

防水基层、防水层隐检;

基槽回填基层隐检。

⑥ 工程质量检验评定

分项工程质量检验评定;

分部工程质量检验评定。

⑦ 基础、结构验收记录

⑧ 图纸会审记录、技术交底记录

⑨ 设计变更洽商

⑩ 计量管理记录

4. 合同评审记录由公司总部提供,经营管理部保存合同评审记录副本及工程合同副本。

5. 质量体系运行记录:包括纠正与预防措施记录、人员培训考核记录、分承包方评价和有关质量体系运行考核记录、内外审记录、文件和资料记录、统计技术的应用记录等。

4.5.3 对于竣工资料及其他须作为历史资料保存的,按国家和公司档案室的有关规定,分别送交有关档案室保存。

4.5.4 对质量保证手册和程序文件,项目解体后若有后续工程,则转入下一项目,否则,交回公司质保部;对于项目其余资料按公司“质量记录程序”文件执行。

4.5.5 项目质量资料管理总负责人为项目总工程师,项目各部门的内部管理资料,由各部门自行管理。

4.6 采购

4.6.1 物资采购

1. 执行公司“采购程序”。

2. 所有采购的材料、半成品、工程设备必须符合规范标准及合同规定的质量要求。

3. 采购计划由项目技术管理部根据进度计划提出,所有材料计划必须经过项目总工程师批准后方能执行。

4. 物资管理部统一管理采购委托、并编制供料计划。

5. 项目经理部物资管理部负责对物资验证和使用过程中物资质量控制进行监督、检查,并做记录。

6. 对分承包方采购物资,必须在物资公司提供的合格分供方处采购。

7. 分承包商的采购文件由其自行编制。

8. 物资采购文件由物资管理部负责管理、存档。

4.6.2 物资分供方评价

1. 委托物资公司供应的物资,分供方评价由物资公司进行,项目经理部参与。

2. 分承包方供应的物资,分供方评价由项目物资管理部和分承包方共同进行,物资管理部审核并登记备案。

3. 在市场上采购的零星C类材料,由物资管理部进行产品质量评定,不进行合格分供方评审。

4.6.3 物资验证

1. 公司物资公司提供的物资,由项目物资管理部根据供料计划进行现场质量验证并记录,项目总工程师负责监控。

2. 项目自行采购的物资进场后由物资管理部根据采购计划进行验证并记录。

3. 分承包方采购的A、B类物资由项目物资管理部及质量总监共同进行验证,C类物资由分承包方验证记录,项目物资部认可备案。

4. 业主选择的物资,由项目经理部物资管理部配合监理进行验证,对质量有争议的物资要做复试检验。

5. 业主指定的分承包方采购的物资验证,由项目物资管理部负责,复试取证需在项目指定的单位进行。

6. 现场验证不合格的物资应设专区堆放,按“不合格品控制程序”的规定处置。业主提供的物资在现场验证和检查中发现的问题,由项目物资管理部报告业主解决。

7. 对于项目采购的物资,业主的验证不能代替项目对采购物资的质量责任,而业主采购的物资,项目的验证不能取代业主对其采购物资的质量责任。

4.6.4 物资标识

1. 项目物资管理部根据场地情况设置标牌、进行物资及状态标识,标识应注明名称、规格、产地、使用部位、检验状态、标识人、标识时间等内容。

2. 不合格物资的标识:项目物资管理部对进入现场的不合格物资单独堆放,并进行标识,标识应醒目且容易识别,标牌上应有“不合格品待处理”字样。其处置程序执行不合格品控制程序。

3. 现场施工和搬运及使用过程应保证标识完好。

4. 对有特殊要求的物资及追溯性要求的物资产品标识,要采取措施加以重点保管。

5. 对业主提供的产品物资设专区堆放，单独标识，并做好保管工作。

4.6.5 物资搬运、保管、贮存

1. 保证搬运质量

2. 物资及半成品的搬运应按合同责任运输管理，由项目物资管理部下达搬运作业指导书，并具体指导执行。对易碎、易碰、易散落及有防震、防压、防爆要求的物资(如防水材料)，在二次场地运输中应提供运输保护，并在作业指导书中明确。

3. 现场二次搬运及半成品就位搬运工作，根据技术方案的规定，由区域责任工程师下达搬运指导书，并指导其进行。

4. 搬运应采取相应措施与适当的保护措施，避免损坏、丢失和保存标识完好，具体内容应列入搬运指导书。

5. 保证贮存质量

6. 现场贮存由项目物资管理部统一管理。

7. 贮存应根据物资保管的技术要求，设立适合的场所和采取相应的防护措施。

8. 现场贮存的物资至少每周检查一次，记录发现的问题并向项目经理提出报告，及时解决。

9. 贮存过程中的物料收发应有记录，保持标识完好，并进行现场验证。

10. 完工后的余料，由物资管理部负责收回处理并记录。

4.7 过程控制

4.7.1 开工前的过程控制

1. 准备工作计划:

项目总工程师负责组织编制施工组织设计，经公司项目管理部审核，公司总工批准后实施。

2. 图纸会审:

接到图纸后，项目工程技术管理部负责组织，在项目总工程师的主持下，召集有关人员对施工图纸进行会审、记录，并就提出的有关问题和业主达成一致。此过程形成两个记录，内部图纸会审记录和图纸会审记录。

3．本工程需项目经理部进行详图设计部分，项目总工程师组织工程技术管理部配合业主及设计单位共同对详图设计进行探讨达成共识，由项目技术管理部设计小组完成设计。

4．编制专项施工方案：

由技术管理部编制各专项技术方案。对于专业分承包方，施工方案由其自行制定，项目主任工程师进行审批执行。

5．施工现场准备工作质量控制，具体工作如下：

(1) 项目经理部负责接收红线范围，以及临水、临电、施工道路、施工障碍等的确定。

(2) 测量分公司负责引进设立半永久性基准桩和水准桩点，经北京市勘测院复验批准，记录并保存。

(3) 根据施工组织设计，对人员、设备、材料、和计量器具等进场的规定进行落实与管理。

4.7.2　施工过程控制

1．编制过程控制计划：

在每一分项工程施工之前根据施工组织设计和专项施工方案编制过程控制计划，具体内容包括：工序执行标准、质量控制重点、执行和检查人员的职责，过程控制计划由项目技术管理部编制，总工程师批准。

2．过程能力评定：

由项目技术管理部、专业工程师共同进行，对施工过程进行评定认可，以确保人员、机具的配置及工艺的可行，由专业责任工程师记录；

3．技术交底：

分三个层次进行。项目工程技术管理部根据各项施工方案向现场施工管理人员、分承包负责人交底；专业工程师向操作班组交底；分承包及班组长向工人交底。交底一律书面进行，被交底人需在交底材料上签字以明确责任。

4．实施首检制：

分项工程施工之前均要确定某一具有代表性的具体部位作为样板控制点,经过“三检”过程和质量员的验证,并经监理公司认可后作为标准指导其他部位的施工。

5. 对于本工程的特殊过程、关键过程,实施重点控制,在过程控制计划中做出明确规定。

6. 特殊过程的操作人员要经培训合格,持证上岗。

7. 机械管理、维修、保养由提供方负责,工程管理部负责监控,并由设备提供方按时提供必要的记录。

4.7.3 过程标识

1. 施工过程的各种标识及记录由责任工程师负责,标识方式为:钢筋、模板工程:挂牌、记录标识;混凝土工程:标签、记录标识;钢筋焊接:记录标识;机电安装:记录标识。

2. 工程技术管理部负责检验、测量和试验设备的检验和试验状态标识。

3. 急需放行的物资和例外放行的过程,要进行连续监控,在随后的检验试验中发现不合格,由原放行的直接管理部门负责实施追回,并按“不合格品控制程序”进行处理。

4. 只有检验人员或其授权人才有权更改表示检验状态的标志,如标记、标牌等,检验和试验状态改变后,应立即进行新的标识。

5. 负责管理标识用具的人员,要妥善保管,需要更换时,应将原印章或标记交回。

4.7.4 防护

1. 施工组织设计中要明确成品保护方案措施。

2. 施工过程中的工序防护,由专业责任工程师组织实施,交工前的成品防护由项目经理部统一组织实施。

3. 对分承包方负责范围的成品防护要列入分承包合同,并严格执行。

4.8 检验和试验

4.8.1 过程检验和试验

1. 过程检验和试验按项目检验计划规定执行。

2. 过程检验和试验的责任人为专业工程师。

3. 施工过程的质量检验,分承包方负责自检、交接检,专业工程师负责分项质量检验评定。

4. 施工过程试验按规范要求取样,由专业工程师委托试验员进行。

5. 检验、试验要经过审查、批准,并作好记录,检验和试验不合格的过程不得放行。

6. 过程检验和试验记录应及时上报监理公司,经批准后方能进行下道工序。

7. 检验和试验记录:所有检验和试验均应有正式记录,经相关负责人签字并注明检验日期,由专职人员整理归档。

4.9 检验、测量和试验设备的控制

4.9.1 检验设备的控制责任人为项目技术管理部。测量设备的控制责任人为测量分公司。项目设试验设备和计量设备的控制责任人,分承包方提供的检测设备需检验合格,经标识后方可使用。

4.9.2 检验、测量和试验设备都要按校准和检定周期进行校准和复检,新投入使用的检验、测量和试验设备,使用前必须校准,以保证精确度,并对所有检测设备进行标识,表明其检验状态,保存检验记录。

4.9.3 当发现检验、测量和试验设备失准时,应立即停止使用并进行追溯检验,直到其检验、试验结果符合标准得以确认为止,并记入有关文件。

4.9.4 未经校准的检验、测量和试验设备不得使用,不合格的检测设备应及时采取措施予以更换。

4.9.5 建立台账:对检验、测量和试验设备的检测及发放要做出管理台账,由专人统一管理。

4.10 不合格品的控制

4.10.1 各类物资、半成品、工程设备、施工过程在使用和施工前均应检查合格标志后记录,防止使用不合格材料、半成品或使不合格过程转入下道工序。

4.10.2　不合格品的评审和处置

1. 一般不合格工序的评审与处置由项目质量员负责;严重不合格由公司项目管理部组织工程、技术、物资部门经理(或者授权人)及项目总工程师进行评审,项目总工程师制定方案,公司总工程师批准后处置,并做记录。

2. 按程序规定评审不合格品,处置通常有如下几种情况:

(1) 返工,以达到规定的施工过程要求。

(2) 经补修或不经补修作为让步接收。

(3) 材料、半成品的降级使用、改作他用或退货。

(4) 报废处理。

3. 返修后按"检验和试验程序"重新进行检验和试验,并记录。

4. 工序检验不合格由专业责任师批准返工,不做记录。

4.11　纠正和预防措施

4.11.1　纠正措施是杜绝不合格品的质量改进措施,项目工程技术协调部根据专业工程师提供的分析资料,有关质量记录和用户意见进行综合分析,制定系统性的纠正措施,报项目总工程师批准执行。

4.11.2　预防措施是经分析潜在的不合格品而编制的控制措施,项目工程技术管理部根据工程,同类工程和本工程资源配置状况,制定分项工程预控措施,经总工程师批准后实施,预控措施在分项工程开工前制定。

4.11.3　纠正和预防措施的实施责任人为专业工程师。

4.11.4　纠正措施的实施情况由工程技术管理部完成记录。

4.11.5　项目体系内外审及自查中发现的不符合项,由项目总工程师制定纠正措施(直接在不符合项整改通知单上填写),不符合项纠正措施的实施由被下整改通知单的部门实施,行政办公室进行监督整改。纠正预防措施涉及更改程序文件的问题需专题报告公司主管部门。

4.11.6 由于执行纠正和预防措施引起有关文件的更改，执行文件和资料控制程序，并予以记录。

4.12 培训

4.12.1 制定培训计划

项目行政办公室根据项目岗位设置情况和生产需要编制项目培训计划，送公司人事部备案，并存档。

4.12.2 培训计划的实施

项目各部门根据本部门的实际情况，负责参与公司和行政办公室组织的岗位培训。组织分承包方进行安全、质量(包括分包质量管理体系的建立)等的培训，并保存培训记录。

4.12.3 培训记录

项目行政办公室建立员工培训台账(包括分包的培训记录)。

4.12.4 培训总结

项目行政部根据全年的培训情况进行总结，编制培训总结并报公司人事部备案。

4.13 服务

4.13.1 协调与监理的工作过程中，在经济度允许的情况下，尽可能地考虑业主方的需要和利益。

4.13.2 与监理协调工作中应采取主动服务，对监理提出的意见、建议和要求应及时根据自身的条件能力尽可能给与满足。

4.13.3 在服务过程中，主动向监理提供必要的信息、服务和建议。

4.13.4 本工程交付后的回访及维修委托公司具体执行。

4.13.5 对回访中提出的质量问题，要做质量记录，制定保修计划，并报业主一份。

4.13.6 报修完毕经业主确认，回执单由业主签字后交公司工程管理部保存归档。

4.13.7 业主有其他服务要求时由公司负责签订合同，对所报项目、负责、质量、时间及费用等做出具体规定并贯彻执行。

4.13.8 竣工后,发给住户一张平面图,包括水、电、暖通等管道布置图,以方便住户查找;另外再提供一张结构平面图,图中表明结构墙与轻质墙的位置,以便装修时用。

4.13.9 为用户提供装修服务,为用户搬家提供搬家公司信息。

4.14 统计技术

4.14.1 为确保混凝土强度,应用标准差统计法对混凝土试块宽强度进行统计分析。

4.14.2 数据来源:混凝土试块28d标养强度报告。

4.14.3 职责

实验室:提供实验报告

技术管理部:统计计算、分析,出统计报告。

附件6

质量检验计划

质量检验计划编制的目的是便于指导施工操作,用于施工过程中每道工序完成后的质量检验,明确质量检验的方法、内容和要求。为保证工程的顺利施工,施工前的预控标准和对分部工程进行有效的控制,结合工程的特点和实际情况,制定此质量检验计划。

一、概述

1. 工程特点

略。

2. 质量检验计划适用范围及依据标准

本计划编制的范围为地下施工阶段,主要依据的标准是(下面部分规范为旧规范,为当时现行规范):

(1) 施工图纸及相关洽商变更

(2)《土方与爆破工程施工及验收规范》(GBJ 201—83)

(3)《地下防水工程施工及验收规范》(GBJ 208—83)

(4)《钢筋混凝土结构施工及验收规范》(GBJ 50204—92)

(5)《钢筋混凝土高层建筑结构设计与施工规范》(JGJ 3—91)

(6)《钢筋焊接验收规范》(JGJ 18—96)

(7) 建筑工程施工及验收规范

(8) 安装工程施工及验收规范

二、质量目标

结构工程“北京市结构长城杯”

分项工程优良率94%以上;

不合格点率控制在6%以内。

三、材料检验程序和方法

1. 对材料质量严格按照公司质量保证程序文件中相关的规定进行,对进场物资材料进行全面的检验和试验,不合格品严格按不合格品的控制程序进行控制。

2. 建立物资验证台账。即定期检查各种材料各种质量证明(借看技术部资料、询问材料人员),与物资部和协调部紧密联系,对进场的物资验证其各种质量证明及复试报告和其实体质量,并认真切实做好台账。

3. 具体检查项目

(1) 水泥

水泥应符合北京市建委《准用证》的规定,并有生产厂家的出厂质量证明书(内容包括:厂别、品种、出厂日期、出厂编号和试验数据)。

有下列情况之一者,必须进行复试,并提供试验报告:

1) 用于承重结构的水泥;

2) 用于使用部位有强度等级要求的水泥;

3) 水泥出厂超过3个月(快硬硅酸盐水泥为1个月);

4) 进口水泥。

5) 水泥复试主要项目:抗折强度、抗压强度、凝结时间、安定性。

(2) 钢筋

1) 钢筋应有出厂质量证明或厂方试验报告,并按有关标准的规定抽取试样作力学性能试验;

2) 下列情况之一者,还必须做化学成分检验:

① 进口钢筋;

② 在加工过程中,发生脆断、焊接性能不良和力学性能显著不正常的;

③ 不同等级的钢筋进行焊接时,应有可焊性检测报告。

④ 施工现场集中加工的钢筋,应有由加工单位出具的出厂证明及钢筋出厂合格证和钢筋试验报告的抄件;

(3) 焊条、焊剂和焊药

焊条、焊剂和焊药有出厂质量证明书,并应符合设计要求。按规定需进行烘焙的还应有烘焙记录。

(4) 砖和砌块

应有出厂证明书。用于承重结构的,应有强度等级的试验报告。

(5) 砂、石

砂、石使用前应按规定取样进行必试项目试验;砂子的试验项目有:颗粒级配、含泥量、泥块含量等;石子的试验项目有:颗粒级配、含泥量、泥块含量,针、片状颗粒含量、压碎指标值等。

(6) 外加剂

应有生产厂家的质量证明书或合格证、技术检测单、产品说明书。内容包括:厂名、品种、包装、质量(重量)、出厂日期、有关性能和使用说明。使用前,应进行性能试验并出具掺量配合比试配单。用于结构工程的外加剂应符合北京市建委《准用证》规定和试验报告(外加剂特性指标);防冻剂还应进行钢筋的锈蚀试验和抗压强度比。

(7) 掺合料

使用粉煤灰、蛭石粉沸石粉等掺合料应有质量证明书和试验报告。

(8) 防水材料

具有北京市建委颁发的《准用证》和材料检验报告、使用说明书，同时应有防伪标志。

1）防水卷材应有出厂质量证明书，内容包括：品种、标号、等各项技术指标，并应有抽样检验报告；必试项目内容为拉伸强度、不透水性、耐热度、断裂延伸率、低温柔性等；

2）防水涂料使用前应提供试验报告（实用于外墙防水涂料）；

3）各种接缝密封、粘结材料，应具有质量证明文件，使用前应按规定抽验复验，具有试验报告。

(9) 预制混凝土构件

应有出厂合格证。外地进京构件应有结构检验报告。

(10) 不合格品台账、见附表6-13物资验证台账、见附表6-14

由于质量保证资料未及时送到现场（或其他原因），而工程管理部急于进入下道施工工序的，填写例外放行申请单（附表6-15）。

四、质量等级标准

根据建筑安装工程质量验评标准和建筑工程施工及验收规范的规定，质量等级检验评定遵循如下规定要求：

1. 单位工程质量等级评定要求：

(1) 所含分部工程的质量应全部合格，其中50%及其以上的分部为优良，建筑工程必须含主体和装饰分部工程。

(2) 质量保证资料应基本齐全。

(3) 观感质量的评定得分率应达到85%及其以上。

2. 分项工程的质量等级规定

所含分项工程的质量全部合格，其中有50%及其以上为优良（建筑设备安装工程中，必须含制定的主要分项工程，如给排水分部的设备安装，电气分部的电压器、配电柜及开关柜的安装、电缆线路等分项、电缆线路等分项、电梯的安全保护装置、试运转分项）。

3. 分项工程的质量等级规定

(1) 保证项目必须符合相应质量检验标准的规定；

(2) 基本项目每项抽检的处(件)应符合相应质量评定标准的合格规定;其中有50%及其以上的处(件)符合优良规定,该项即为优良;优良数应占检验项数50%及其以上。

(3) 允许偏差项目抽检的点数中,由95%及其以上的实测值在相应质量检验评定标准的允许偏差范围内。

4. 质量目标分解

根据本工程实际情况,进行如下质量目标分解,见附表6-1。

质量目标分解 **附表6-1**

序号	分部工程名称	计划目标	所含分项工程名称	计划目标
1	地基与基础工程	优良	土方工程	优良
			模板工程	优良
			钢筋工程	优良
			混凝土工程	优良
			底板、外墙防水工程	优良
			回填土工程	优良

根据以上的质量目标要求,在整个工程的地下结构施工阶段,经理部拟对以下分部分项重点进行预控和检验:

钢筋气压焊焊接;钢筋锚固、搭接长度、钢筋网片的间距、保护层厚度、钢筋的就位;混凝土浇注、振捣、养护;模板的平整度、刚度、拼缝处理及支撑;卷材防水的搭接长度、阴阳角处理;测量放线的准确度及标高控制,回填土的土质情况、含水率、回填厚度及试验取样等。

五、重点分项和重点部位质量检验标准和方法

1. 模板工程(评定表为GBJ—88,建5—2—2)

保证项目必须合格:模板及其支架必须具有足够的强度、刚度和稳定性,其支架的支承部分必须有足够的支承面积。如安装在基土上,对冻胀性土必须有防冻融措施。

检查数量:全数检查。

检查方法:对照模板设计方案,现场观察或尺量。对进场的模

板进行检查验收,对不符合要求的,要及时处理,无法修补的则退回厂家。

(1) 模板工程基本项目必须达到优良标准,优良率不低于80%(内控)。

评定代号:优良√,合格O,不合格×(有数字应记录数字)。

(2) 接缝宽度:不大于1.5mm(墙、柱模与混凝土板接触面做砂浆找平层,但砂浆找平层不得吃进墙、柱的有效截面内,并采取防漏浆措施,如加垫海绵条等)。

检查方法:观察和楔形尺检查。

(3) 接触面清理、隔离措施:模板必须清理干净,接缝严密,满涂隔离剂。

检查方法:观察检查

(4) 模板工程允许偏差项目,实测合格率必须不低于94%(附表6-2)。

模板工程允许偏差 **附表6-2**

序　号	允许偏差项目		允许偏差值(mm)
1	轴线位移		3
2	标高		±3
3	截面尺寸		±1
4	每层垂直度		1
5	相邻两板表面高低差		1
6	表面平整度		2
7	预埋钢板、预埋管、孔中心线位移		3
8	预埋螺栓	中心线位移	2
		外露长度	+10　−0
9	预留洞	中心线位移	10
		截面内部尺寸	+10　−0

检查数量:按有代表性的自然间抽查10%,墙每面为1处,板每间为1处,但均不能小于3处。其中1、6项各检查2点,其他各

项均检查1点。

检查方法:1、3项用尺量检查;2项用水准仪检查;4项用2m托线板检查;5项用直尺和尺量检查;6项用2m靠尺和楔形尺检查;7、8、9项用拉线和尺量检查。

检查基本项目、允许偏差项目测点比上述数量增加一倍。

模板工程必须按下列要求做:整层窗上标高(包括下标高)任意两窗相互高低差不大于5mm,窗侧边上下对齐以首层为基准点(每层如此,用7.5kg大线坠检查);模板应有防漏浆措施;进场大模板平整度不大于1mm;水电留洞模板方案必须经项目总工程师审批,其方案必须满足项目创“结构长城杯”的要求;水电留洞(钢模板)必须放任意两层,洞边(对中心)垂直对齐误差不大于5mm;控制墙模板偏位板上应留洞;顶板模板在板角上留100mm×100mm养护支撑板。阴阳角检测方法:几何法(勾股定理)或阴阳角尺检查。

(5) 注意事项:

1) 柱模板易产生的质量问题:截面尺寸不准、混凝土保护层过大、柱身扭曲。防止办法是支模前按图弹位置线,校正钢筋位置,支模前柱子底部应做小方盘模板,保证底部位置准确,根据柱子截面大小及高度,设计好柱箍尺寸及间距,柱四角做好支撑及拉杆。

2) 梁、板模板易产生的质量问题:梁身不平直、梁底不平、梁侧面鼓出、梁上口尺寸加大、板中部下挠。防止办法是,梁板模板应根据设计及方案决定出纵横龙骨的尺寸及间距,支柱的尺寸及间距。使模板支撑体系有足够强度和刚度,防止浇筑混凝土时模板变形。模板支柱的底部应支在坚实地面上,一般情况下垫通长木方,防止支柱下沉,使梁板下面产生下挠。梁板模板应按设计要求起拱,防止挠度过大。梁模板上口应有锁口杆拉紧,防止上口变形。

3) 墙模板易产生的质量问题。墙身超厚:原因是墙身放线时误差过大,模板就位调整不认真,穿墙螺栓没有全部穿齐、拧紧;墙体上口过大:原因是支模时上口卡具没有按设计要求尺寸卡紧;混凝土墙体表面粘连:由于模板清理不好,涂刷脱模剂不匀,拆模过早所造成;角模与大模板缝隙跑浆:原因是模板拼装时缝隙过大,未采取措施(如粘结海绵条),固定措施不牢靠;门窗洞口变形:主要因为门窗洞口模板的组装与大模板的固定不牢固。

(6) 成品保护:

1) 吊装模板时轻起轻放,防止碰撞,堆放合理,保持板面不变形。

2) 拆模时不得用大锤硬砸或撬棍硬撬,以免损伤混凝土表面和棱角以及防止墙面及门窗洞口等处出现裂纹。

3) 拆下的钢模板,如发现不平时或肋边损伤变形时,应及时修理完好。

4) 大模板吊运就位时要平稳、准确不得碰砸楼板及其他已施工完成的部位,不得兜挂钢筋。用撬棍调整模板时,要注意保护模板下面的砂浆找平层。

5) 模板与墙面粘结时,禁止用塔吊吊拉模板,防止将墙面拉裂。

2. 混凝土分项工程

必须外光内实。混凝土面层不允许出现错台,阴阳角线条清晰、平直;门窗洞口(包括安装各种留洞)位置、标高准确,能够达到直接安装门窗的程度。内、外墙、顶板均达到不抹灰即能刮腻子的程度,即实现清水混凝土墙:实测项目达到高级抹灰标准。

(1) 混凝土保证项目必须合格。

检查数量:全数检查。

1) 混凝土所用的水泥、水、骨料、外加剂等必须符合施工规范和有关标准的规定:水泥外加剂要有“三证”,砂、石有复试报告,资料能证明材料合格;水要采用饮用水。

检查方法:检查出厂合格证或试验记录,水泥外加剂应有准用证。

2) 混凝土的配合比、原材料计量、搅拌、养护和施工缝处理必须符合施工规范的规定:混凝土必须有试配单,计量器具齐全,搅拌时间准确,养护按规定浇水或涂刷养护剂。

检查方法:观察检查和检查施工记录。

3) 评定混凝土强度的试块,必须按《混凝土强度检验评定标准》(GBJ 107—87)的规定取样、制作、养护和试验,其强度必须符合图纸设计要求。

检查方法:检查标准养护龄期28d试块抗压强度的试验报告(含用统计方法或非统计方法评定)。

4) 严禁出现裂缝(严格按施工方案进行施工,并做好浇水养护工作)。

检查方法:观察和用刻度放大镜检查。

(2) 混凝土工程基本项目必须达到优良标准,优良率不低于90%(内控)。

评定代号:优良√,合格O,不合格×(有数字应记录数字)。

检查数量:按有代表性的自然间抽查10%,墙每面为1处,板每间为1处,但均不能小于3处。

1) 蜂窝(混凝土表面无水泥浆,露出石子的深度大于5mm,但小于保护层厚度的缺陷):不允许出现。

检查方法:尺量外露石子面积及深度。

2) 孔洞(深度超过保护层厚度,但不超过截面尺寸1/3的缺陷):不允许出现孔洞;

检查方法:凿去孔洞周围石子,尺量孔洞面积及深度

3) 主筋露筋(主筋没有被混凝土包裹而外露的缺陷,但梁端主筋锚固区内不允许有露筋):无露筋;

检查方法:尺量钢筋外露长度。

4) 缝隙夹渣层(施工缝处有缝隙或夹有杂物):无缝隙夹渣层。

检查方法:凿去夹渣层,尺量缝隙或夹有杂物的长度。

(3) 混凝土工程允许偏差项目,实测合格率不低于94%,见附表6-3。

混凝土工程允许偏差 附表6-3

序号	允许偏差项目		允许偏差值(mm)
1	轴线位移		5
2	标高	层高	±5
		全高	±20
3	截面尺寸		+3,-2
4	柱、墙垂直度	阴阳角	2
		每层	3
		全高	≯20
5	表面平整度		2
6	阴阳角方正		2
7	预埋钢板中心线位置偏移		10
8	预埋管、预留孔、预埋螺栓位置偏移		5
9	电梯井	井筒长、宽对中心线	+25,-0
		井筒全高垂直度	≯30

注:此表内外墙通用,按高级抹灰质量标准要求。

检查数量:按有代表性的自然间抽查10%,墙每面为1处,板每间为1处,但均不能小于3处。其中:柱、墙垂直,电梯井、表面平整度各测2点,其余各项均测1点。

检查方法:1、3、7、8、9项电梯井的井筒长、宽对中心线用尺量检查;2项用水准仪或尺量检查;4项柱、墙垂直度,每层用2m托线板检查;5项用2m靠尺和楔形塞尺检查;9项电梯井井筒全高垂直度,用吊线和尺量检查。

检查基本项目,允许偏差项目测点比上述数量增加一倍。

混凝土工程必须符合下列要求:顶板下皮(顶棚)平整度不大于5mm;阴阳角顺直,清晰,无接缝,无跑浆现象;混凝土板上表面平整度为2mm,搓毛标准:毛面均匀一致,无抹痕;成品顶板混凝土必须做好保护工作,表面不能留有脚印等痕迹;墙体混凝土强度达到4N/mm^2以上时,才能安装楼板;拆模强度必须在1N/mm^2

以上,并严禁模板碰撞墙体,拆除门窗洞口模板时,严禁用大锤敲击门口,防止因施工造成墙体裂缝,拆模后必须对墙体进行 3d 以上的喷水养护或喷混凝土养护剂。影响混凝土观感的因素不允许存在。检查达不到优良的混凝土坚决砸掉重做。

(4) 注意事项:

1) 蜂窝、麻面、孔洞、露筋、夹渣等缺陷:原因是振捣不实、漏振和钢筋位置不准确、缺少保护层垫架措施。因此浇注混凝土前应检查钢筋位置及保护层厚度是否准确,发现问题及时修整。浇筑时要严格分层浇注、分层振捣。振捣时,一定要注意快插慢拔及振捣间距等,不得有漏振现象。

2) 缺楞、掉角:配合比不准,搅拌不均匀或拆模过早,都会致使混凝土棱角损伤。

3) 偏差过大:支模的支撑、卡子、拉杆间距过大或不牢固;混凝土局部浇注过高或振捣时间过长,都会造成混凝土鼓肚、错台等缺陷。

4) 墙体烂根:支模前应在每边模板下口抹 8cm 宽找平层。找平层不得嵌入墙体,保证下口严密或在模板下口加贴海绵条。墙体混凝土浇灌前模板底部均匀浇灌 5cm 砂浆。混凝土坍落度要严格控制,防止混凝土离析。底部振捣应认真操作。

5) 洞口移位变形:模板穿墙螺栓应紧固可靠,改善混凝土浇灌方法,防止混凝土冲击洞口模板,坚持洞口两侧混凝土对称,均匀进行浇注、振捣。

6) 墙面气泡过多:采用高频振捣器,每层均要振捣到气泡排除为止。

7) 混凝土与模板粘接:注意及时清理模板,隔离剂涂刷均匀。

8) 插铁钢筋位移:插铁不牢固,振捣棒或塔吊料斗碰撞钢筋,致使钢筋位移。

(5) 成品保护

1) 安装模板和浇注混凝土时,应注意保护钢筋,不得攀踩钢筋。

2）混凝土浇注振捣及完工时，要保持钢筋的正确位置。

3）应保护好洞口、预埋件及水电管线等。

4）不得拆改模板有关连接插件及螺栓，以保证模板质量。

5）钢筋的混凝土保护层厚度严格按照设计图纸进行。其钢筋垫块不得有遗漏。

6）散落的混凝土要及时进行清理。

3. 卷材防水层分项工程（地下室用GBJ—301—88，建4—3—1）。

检查数量：每100m^{2}抽查1处，但不应少于3处。

（1）卷材（APPⅢ型）防水层保证项目必须合格

1）卷材与胶结材料必须符合设计要求和施工规范规定；

检验方法：观察检查和检查出厂合格证、准用证、防伪标志、试验报告，现场取样试验报告。

2）卷材防水层及其变形缝、预埋管件等细部做法必须符合设计要求和施工规范规定。

检验方法：观察和检查隐蔽工程验收记录。

（2）卷材防水层基本项目必须达到优良标准，即优良率70%（内控）以上。

评定代号：优良√，合格O，不合格×（有数字应记录数字）。

1）基层：基层牢固，表面洁净、平整（2m直尺，楔形尺检查不大于5mm），阴阳角处成圆弧形或钝角，冷底子油涂布均匀无漏涂。

检验方法：观察和检查隐蔽工程验收记录。

2）防水层：铺贴方法和搭接（长边搭接10cm，短边搭接15cm）、收头符合施工规范规定，粘结牢固紧密，接缝封严，无损伤，无空鼓等缺陷。

检验方法：观察和检查隐蔽工程验收记录。

3）保护层：保护层与防水层粘结牢固，结合紧密，厚度均匀一致。

检验方法：观察检查。

检查基本项目,允许偏差项目测点比上述数量增加1倍。

基础外墙防水找平层表面平整度不大于2mm、垂直度不大于3mm。

(3) 注意事项

1) 空鼓:卷材防水层空鼓,发生在找平层与卷材之间,且多在卷材的接缝处,其原因是防水层中存有水分,找平层不干,含水率过大;空气排除不彻底,卷材没有粘贴牢固;或刷胶厚薄不均,厚度不够、压的不实,使卷材起鼓;施工中应控制基层的含水率,并应把好各道工序的操作法。

2) 渗漏:渗漏发生在穿过地面管根、地漏、伸缩缝和卷材搭接处等部位。伸缩缝未断开,产生防水层撕裂;其他部位由于粘接不牢、卷材松动或衬垫材料不严,有空隙等;接槎处漏水原因是甩出的卷材未保护好,或基层清理不干净,卷材搭接长度不够等;施工中应加强检查,严格执行工艺标准和认真操作。

(4) 成品保护

1) 已铺贴好的卷材防水层,应及时采取保护措施,不得损坏,以免造成后果。

2) 防水层施工完成后,应及时做好保护层或砌筑保护墙并在四周进行回填土。

4. 土方分项工程(回填土)《土方爆破施工及验收规范》(GBJ 201—83)

(1) 土方工程质量保证项目必须合格。

1) 填方的基底处理,必须符合设计要求和施工规范的规定。

检查数量:全数检查。

检验方法:观察检查和检查基底处理记录。

2) 基槽回填的土料,必须符合设计要求和施工规范规定。

检查数量:全数检查。

3) 基槽的回填必须按规定分层夯实,取样测定压实后的干土质量密实,其合格率不应小于90%,不合格干土质量密度的最低值与设计值的差不应大于0.08g/cm³,且不应集中。

检查数量:环刀法取样的数量:基槽回填(适用于本项目),严格按照回填取样计划图进行,每层按20~50m取样1组,但不少于1组。

检验方法:野外鉴别或取样试验。

4) 基槽的土质必须符合设计要求。并严禁扰动。

检查数量:全数检查。

检验方法:观察和检查验槽记录。

(2) 土方工程允许偏差项目实测合格率不低于94%(附表6-4)。

土方工程允许偏差项目　　附表6-4

序　号	允许偏差项目	允许偏差值
1	标　高	0~50mm

检查数量:每30~50m^2取1点,但不少于5点。

检验方法:用水准仪检查。

检查基本项目,允许偏差项目测点比上述数量增加1倍。

(3) 注意事项:

1) 未按要求测定干土的重力密度。回填土每层都应测定夯实后的干土重力密度,检验其压实系数和压实范围,符合设计要求后才能铺摊上层土。试验报告要注明土料种类、试验日期、试验结论、试验人员。未达到设计要求部位应有处理方法和交验结果。

2) 回填土下沉:因虚铺超过规定厚度、夯实不够遍数。

3) 管道下部夯填不实:管道下部应按要求填夯回填土,漏夯或不实造成管道下方空虚,易造成管道折断、渗漏。

(4) 成品保护

1) 施工时,应注意保护定位标准桩、轴线桩、标准高程桩,应妥善保护,防止碰撞位移。

2) 夜间施工时,应合理安排施工顺序,有足够的照明设施,防止铺填超厚。

3) 基础或管沟的现浇混凝土应达到一定强度,不致因填土而受损伤,方可回填。

5. 钢筋工程

(1) 钢筋绑扎分项工程

1) 绑扎钢筋保证项目必须合格。

检查数量:全数检查。

① 钢筋的品种和质量必须符合设计要求和规范图集要求:本工程采用 ϕ—I、ϕ—Ⅱ(螺纹)级钢筋,必须具有出厂合格证明,复试合格报告资料。

检验方法:检查出厂证明书和试验报告。

② 钢筋的表面必须清洁。带有颗粒状或片状老锈,经除锈后仍留有麻点的钢筋严禁按原规格使用。

检验方法:观察检查。

③ 焊接制品的机械性能必须符合钢筋焊接及验收的专门规定:气压焊必须做抗拉试验,结果必须合格;电弧焊:焊I级钢筋采用E43焊条;焊Ⅱ级钢筋采用E50焊条,焊缝高度不小于6mm;焊接试件必须合格,焊接长度:单面 $10d$,双面 $5d$(同心)。

检验方法:观察和尺量检查

2) 钢筋绑扎的基本项目必须达到优良标准,优良率不低于80%。评定代号:优良√,合格O,不合格×(有数字应记录数字)。

检查数量:按有代表性的自然间抽查10%,墙每面为1处,板每间为1处,但均不能小于3处。梁、柱等重要制品抽查10%单均不少于3件。

① 钢筋网片、骨架绑扎:所有墙、板、柱、箍筋钢筋交叉处全数绑扎,绑扎丝采用火烧丝;绑扎扣墙板向墙内,底板下铁向上。

检验方法:观察和手扳检查。

② 钢筋弯钩朝向:下铁垂直向上,上铁垂直向下,墙筋接头弯钩水平向墙内,Ⅱ钢筋上铁做90°弯钩,I级钢筋做180°弯钩,平直长度不小于 $10d$;"S"拉钩为180°。梁箍筋垂直向下,柱箍筋水平,所加工钢筋均不得扭曲变形。绑扎接头:每一接头至少绑扎3道绑扣,当两绑扎扣之间间距大于20cm时增加一绑扎扣。钢筋搭接、锚固

长度均不小于规定值:墙水平筋采用搭接,其搭接长度及锚入端墙和暗柱中长度均40d。墙竖向钢筋下端锚入基础底板中40d,上端锚入顶板中40d。墙竖向钢筋可在一个截面搭接。暗柱搭接长度40d,相邻接头间距不能小于500mm洞加强筋锚固40d。

钢筋搭接率:受拉区不大于25%,受压区不大于50%,接头部位,上部钢筋在跨中1/3跨度范围内,下部钢筋在靠支座1/3跨度范围内。

③ 箍筋数量、弯钩角度、平直长度:数量符合设计要求,弯钩角度和平直长度符合施工规范、图纸设计规定。箍筋数量检查:按图纸间距检查,其中第一根箍筋距墙或柱的距离不大于50mm,柱、梁交接处箍筋要照常绑扎。箍筋弯勾角度135°(开口处),平直长度10d;箍筋尺寸以墙、柱、梁截面尺寸减去保护层尺寸计算。

检验方法:观察和尺量检查。

3) 钢筋绑扎实测项目合格率必须达到94%(附表6-5)。

钢筋绑扎允许偏差 附表6-5

序号	允许偏差项目		允许偏差值(mm)
1	网的长度、宽度		±10
2	网眼尺寸		±20
3	骨架的宽度、高度		±5
4	骨架的长度		±10
5	受力钢筋	间距	±10
		排距	±5
6	箍筋、构造筋间距(拉钩等)		±20
7	钢筋弯起点位移		20
8	焊接预埋件	中心线位移	5
		水平标高	+3,-0
9	受力钢筋保护层	基础	±10
		梁柱	±5
		墙板	±3

检查数量:按有代表性的自然间抽查10%,墙每面为1处,板每间为1处,但均不能小于3处。梁、柱等重要制品抽查10%,但均不少于3件。其中各项目每处均检查1点。

检验方法:1、3、4、7、8、9项用尺量检查;2、6项用尺量,连续三挡取其最大值;5项用尺量,量端中间各1点,取其最大值。

检查基本项目,允许偏差项目测点比上述数量增加1倍。

钢筋工程绑扎其他要求:板筋必须按图纸设计间距弹线后方可绑扎;每根墙筋垂直度偏差不大于5mm,水平度误差不大于5mm;墙筋在浇注混凝土前上口应做定位卡,工程管理部应有钢筋防偏位措施后方可浇注混凝土。钢筋重点控制偏位,垫块绑扎牢固。

(2) 钢筋焊接接头分项工程

1) 钢筋焊接接头保证项目必须合格:

检查数量:全数检查。

① 焊条、焊剂的牌号,性能以及接头中使用的钢板和型钢均必须符合设计要求和有关标准的规定;

检查方法:检查出厂质量证明书和试验报告。

② 钢筋焊接接头,焊接制品的机械性能必须符合钢筋焊接及验收的专门规定。

检查方法:检查焊接试件试验报告。

2) 钢筋焊接接头基本项目检查必须达到优良标准。

评定代号:优良√,合格O,不合格×(有数字应记录数字)。对焊接头,接头处弯折不大于4°;钢筋轴线位移不大于$0.1d$,且不大于2mm。无横向裂纹。Ⅰ、Ⅱ级钢筋无明显烧伤,低温对焊时,Ⅱ级钢筋均无烧伤,焊包均匀。

(3) 钢筋气压焊

1) 钢筋须有出厂证明书和钢筋复试证明书,性能指标符合有关规范的规定。

2) 钢筋端头不得形成马蹄形、压偏形、凸凹不平或弯曲。

(4) 注意事项

1）墙、柱钢筋位移：墙、柱主筋插铁与底板上下铁需妥善固定绑扎牢固，确保位置准确，必要时可附加钢筋电焊焊牢。混凝土浇注前应有专人检查修整。

2）露筋：墙、柱钢筋每隔1m左右加上塑料卡。

3）搭接长度不够：绑扎时应按照搭接倍数计算出搭接长度，并对每个接头进行尺量，检查搭接长度是否符合设计和规范规定。

4）钢筋保护层过大：马凳铁或拉钩加工制作一定要符合设计及规范规定。

(5) 成品保护

1）不得踩踏已绑扎好的钢筋。

2）楼板的弯起钢筋、负弯矩钢筋绑扎好后，不准在上面行走，在浇注混凝土前一定保持原有形状，并派钢筋工专门负责修整。

3）安装电线管、暖卫管线或其他设施时，不得任意切断和碰动钢筋。

六、竣工验收

本工程整体最终验收前，为保证各项工作的插入，应提前按附表6-6进行单项验收：

单项验收 附表6-6

序号	分项工程	验收部门
中间验收	地下室	×质量监督站
中间验收	B区、学生宿舍结构验收	×质量监督站
中间验收	A区1～10层	×质量监督站
中间验收	A区11～16层	×质量监督站

在以上验收通过后，着手做好最终“结构长城杯”验收工作。

结构施工阶段钢筋、模板、混凝土、砌筑等分项工程要做标识

(1) 钢筋分项工程标识见附表6-7。

钢筋分项工程标识 **附表6-7**

×建筑公司 ×工程		质量标识	
单位工程名称			
分项工程名称		检 查 人	
钢筋负责人		复 查 人	
质 量 等 级		验收时间	
受力钢筋排距			
网眼尺寸			
箍筋间距			
保 护 层			

注：尺寸为30cm(高)×40cm(宽)。

(2) 模板标识见附表6-8。

模 板 标 识 **附表6-8**

××建筑公司 ××工程		质量标识	
单位工程名称			
分项工程名称		检 查 人	
模板负责人		复 查 人	
质量等级		验收时间	
轴线位移			
截面尺寸			
垂直度			
表面平整度			

注：尺寸为30cm(高)×40cm(宽)。

(3) 混凝土标识见附表6-9。

混凝土标识 **附表 6-9**

<table>
<tr><td colspan="4">××建筑公司
××工程　　质量标识</td></tr>
<tr><td>单位工程名称</td><td colspan="3"></td></tr>
<tr><td>分项工程名称</td><td></td><td>检查人</td><td></td></tr>
<tr><td>混凝土负责人</td><td></td><td>复查人</td><td></td></tr>
<tr><td>质量等级</td><td></td><td>验收时间</td><td></td></tr>
<tr><td colspan="2">截面尺寸</td><td colspan="2"></td></tr>
<tr><td colspan="2">垂直度</td><td colspan="2"></td></tr>
<tr><td colspan="2">表面平整度</td><td colspan="2"></td></tr>
</table>

注:图章尺寸 10cm(高)×8cm(宽)

(4) 标识数量:钢筋、模板、混凝土全部双面挂标识,每 $20m^2$ 标记1处,混凝土标识用印章印在墙面上,钢筋、模板标识采用木板挂放。

(5) 标识数据真实可靠,数量满足要求。

(6) 质量人员复查标识时发现2点与实际不符时即可要求工程部重新标识。

(7) 分项工程各类统计表见附表 6-10～附表 6-15。

分项工程验收情况统计表 **附表 6-10**

<table>
<tr><td rowspan="3">序号</td><td rowspan="3">分项工程名称部位</td><td rowspan="3">报验责任师</td><td rowspan="3">质量监控部验收等级</td><td rowspan="3">验收人</td><td colspan="9">验收情况</td></tr>
<tr><td colspan="3">优良</td><td colspan="3">合格</td><td colspan="3">不合格</td></tr>
<tr><td>1次</td><td>2次</td><td>3次</td><td>1次</td><td>2次</td><td>3次</td><td>1次</td><td>2次</td><td>3次</td></tr>
<tr><td>1</td><td></td><td></td><td></td><td></td><td></td><td></td><td></td><td></td><td></td><td></td><td></td><td></td><td></td></tr>
<tr><td>2</td><td></td><td></td><td></td><td></td><td></td><td></td><td></td><td></td><td></td><td></td><td></td><td></td><td></td></tr>
<tr><td>3</td><td></td><td></td><td></td><td></td><td></td><td></td><td></td><td></td><td></td><td></td><td></td><td></td><td></td></tr>
<tr><td>4</td><td></td><td></td><td></td><td></td><td></td><td></td><td></td><td></td><td></td><td></td><td></td><td></td><td></td></tr>
<tr><td colspan="14">总结日期:×年×月×日～×年×月×日</td></tr>
</table>

分项工程验收计划表 **附表 6-11**

要求验收日　期	验收部位	负责人	验收人	分包单位	历次验收情况	验收次序	验收情况记录
×年×月×日(星期×)							
×年×月×日(星期×)							
×年×月×日(星期×)							

说明:本表内容提前 24h(比要求验收时间)报到质量监控部,否则不予验收。

(月 日～ 月 日)分项工程质量整改及时率统计表

单位工程名称：　　　　　　　　　　　　统计时间：

附表 6-12

序号	分项工程名称部位	下发整改时间	下发整改份数	下发整改条数	整改条数	未整改条数	未及时整改项跟踪情况	整改及时率

不合格品记录表

附表 6-13

材料名称（或成品）	供货单位（施工部位）	单据号	检验日期	不合格数量	不合格品去向	检验人	记录人

物资验证台账 **附表 6-14**

进场物资名称	使用部位	材质证明情况	材质编号（三证一标）	物资进场时间	进场物资质量情况（不合格说明）	不合格处理情况	物资负责人	责任师	质量总监

例外放行申请单 **附表 6-15**

部位	例外放行原因说明	其他工序情况（本部位）	申请人	申请人意　见	质量部意见	主管领导意见	申请日期	放行日期

附件 7

工程质量有关报表

分项工程质量评定超差点统计表　　　　附表 7-1

序号	分项工程名称	实测项目	允许偏差(mm)	累计超差点数(个)

月份分项工程质量验评信息表　　　　附表 7-2

<table>
<tr><td colspan="2" rowspan="2">项　目</td><td colspan="3">分项工程优良率</td><td colspan="3">质量保证项目</td><td colspan="3">质量检验项目</td><td colspan="3">质量实测项目</td></tr>
<tr><td>评定项数</td><td>优良项数</td><td>优良率%</td><td>合计</td><td>合格</td><td>合格率%</td><td>合计</td><td>优良</td><td>优良率%</td><td>实测点</td><td>合格点</td><td>合格率</td></tr>
<tr><td rowspan="3">合计</td><td>上月</td><td></td><td></td><td></td><td></td><td></td><td></td><td></td><td></td><td></td><td></td><td></td><td></td></tr>
<tr><td>本月</td><td></td><td></td><td></td><td></td><td></td><td></td><td></td><td></td><td></td><td></td><td></td><td></td></tr>
<tr><td>自年初累计</td><td></td><td></td><td></td><td></td><td></td><td></td><td></td><td></td><td></td><td></td><td></td><td></td></tr>
</table>

续表

项目		分项工程优良率			质量保证项目			质量检验项目			质量实测项目		
		评定项数	优良项数	优良率%	合计	合格	合格率%	合计	优良	优良率%	实测点	合格点	合格率
基础	土方、质土、砂石												
	桩基、沉井												
	砌筑												
	模板												
	钢筋												
	混凝土												
	防水层												
主体	砌筑												
	模板												
	钢筋												
	混凝土												
	混凝土吊装												
	钢结构												
楼地面	基层												
	正体												
	铺贴												
	木制板												
门窗	木门窗												
	钢门窗												
	旅合金门窗												
装饰	一般抹灰												
	装饰抹灰												
	饰面板(砖)裱糊												
	喷砂、喷涂												
	清水墙勾缝												
	油漆												

续表

项目		分项工程优良率			质量保证项目			质量检验项目			质量实测项目		
		评定项数	优良项数	优良率%	合计	合格	合格率%	合计	优良	优良率%	实测点	合格点	合格率
装饰	喷浆												
	玻璃												
	罩面板、骨架、细木												
层面	找平层												
	隔热层												
	防水层												
	落水管												
采暖、卫生、煤气													
电气													
通风与空调													
电梯													

填报单位：　　　　制表：　　　　年　月　日

月份工程(产品)质量情况报表　　　　**附表7-3**

填报单位：　　　　工程名称：

经检查评定分项工程质量情况					
	合计	其中：			
		优良		合格	
	(个)	(个)	(%)	(个)	(%)
自年初累计					
其中本月份					

续表

	序号	分项工程名称	验评数量(个)		
			优良	合格	不合格
附件	1	土方分项			
	2	基础垫层			
	3	灰土、砂石、砂和三合土地基分项			
	4	模板分项			
	5	钢筋			
	6	混凝土			
	7	卷材防水层分项			
	8	石材饰面板			
	9	铝合金龙骨			
	10	砌筑			
	11	屋面找平层分项			
	12	屋面保温(隔热)层分项			
	13	卷材防水屋面分项			
	14	一般抹灰分项			
	15	设备基础			

填报日期：　　年　月　日

附件 8

中华人民共和国国家标准　　GB/T 19001—2000

Idt ISO 9001:2000

代替 GB/T 19001—94

质量管理体系——要求

Quality management systems—Requirements

1 范围

1.1 总则

本标准为有下列需求的组织规定了质量管理体系要求：

(1) 证实其有能力稳定地提供满足顾客和适用的法规要求的产品;

(2) 通过体系的有效应用,包括体系持续改进的过程以及保证符合顾客与适用的法规要求,而达到顾客满意。

注:在本标准中术语“产品”仅适用于提供的预期产品,不适用于非预期的副产品。

1.2　应用

本标准规定的所有要求是通用的,意图适用于各种类型、不同规模和提供不同产品的组织。

当本标准的任何要求由于组织及其产品的特点不适用时,可以对此要求进行剪裁。

剪裁限于第7章中那些不影响组织提供满足顾客和适用法规要求的产品的能力或责任的要求,否则不能声称符合本标准。

2　引用标准

通过在本标准中的引用,下列标准包含了构成本标准规定的内容。对版本明确的引用标准,该标准的增补或修订不适用。但是,鼓励使用本标准的各方探讨使用下列标准最新版本的可能性。

ISO 9000:2000　质量管理体系——基本原理和术语。

3　术语和定义

本标准采用 ISO 9000:2000 及以下给出的术语和定义。

注1:本版标准描述供应链使用的术语如下所示:

供方——组织——顾客

本标准所使用的术语“组织”取代以前使用的术语“供方”,现在使用的“供方”取代以前使用的术语“分承包方”,这种变化反映了组织实际使用的术语。

注2:在 ISO 9001 标准中所出现的“产品”同时包括了“服务”的含义。

4　质量管理体系

4.1　总要求

组织应按本标准的要求建立质量管理体系,形成文件,加以实施和保持,并予以持续改进。

组织应:

(1) 识别质量管理体系所需要的过程;

(2) 确定这些过程的顺序和相互作用;

(3) 确定为确保这些过程有效运作和控制所需要的准则和方法;

(4) 确保可以获得必要的信息和资源,支持这些过程的有效运作和对这些过程的监控;

(5) 测量、监控和分析这些过程;

(6) 实施必要的措施,以实现这些过程所策划的结果和持续改进。

组织应按本标准的要求管理这些过程。

注:上述质量管理体系所需的过程包括管理、资源、产品实现和测量。

针对组织所外包的任何影响到产品符合性的过程,组织应确保对其实施控制。对此类外包过程的控制应在质量管理体系中加以明确。

4.2 文件要求

4.2.1 总则

质量管理体系文件应包括:

(1) 形成文件的质量方针和质量目标声明;

(2) 质量手册;

(3) 本标准所要求的形成文件的程序;

(4) 组织为确保其过程有效策划、运行和控制所要求的文件;

(5) 本标准要求的质量记录。

注:

1. 本标准出现"形成文件的程序"之处,即要求建立该程序,形成文件,并加以实施和保持。

2. 质量管理体系文件的详略程度应取决于:

(1) 组织的规模和活动的类型;

(2) 过程的复杂程度和相互作用;

(3) 员工的能力。

3. 形成文件的程序和其他文件可采用任何的媒体形式或类型。

4.2.2 质量手册

组织应编制和保持质量手册,包括:

(1) 质量管理体系的范围,包括任何剪裁的细节与合理性(见1.2);

(2) 为质量管理体系而建立的形成文件的程序或对其引用;

(3) 对质量管理体系所包括的过程顺序扭相互作用的表述。

质量手册应予以控制 (见5.5.6)。

注:质量手册可以是组织全部文件的一部分。

4.2.3　文件控制

质量管理体系所要求的文件应予以控制。质量记录是一种特殊的文件,应依据条款4.2.4的要求进行控制。

应编制形成文件的程序,以便:

(1) 文件发布前得到批准,以确保文件是适宜的;

(2) 文件得到评审,必要时进行修改并再次得到批准;

(3) 确保对文件的更改和现行修订状态进行标识;

(4) 确保在使用处可获得有关版本的适用文件;

(5) 确保文件保持清晰、易于识别和检索;

(6) 确保外来文件得到识别,并控制其分发;

(7) 防止作废文件的非预期使用,若因任何原因而保留作废文件时,对这些文件加以适当的标识。

4.2.4　质量记录的控制

质量管理体系所要求的记录应予以控制。这些记录应予以保持,以提供符合要求和质量管理体系有效运行的证据。应制定形成文件的程序,以控制质量记录的标识、贮存、检索、保护、保存期限和处置。

5　管理职责

5.1　管理承诺

最高管理者应通过以下活动对其建立、实施和改进质量管理体系的承诺提供证据:

(1) 向组织传达满足顾客和法律和法规要求的重要性;

(2) 制定质量方针;

(3) 确保质量目标的制定；

(4) 进行管理评审；

(5) 确保可获得必要的资源。

5.2 以顾客为中心

最高管理者应以实现顾客满意为目标，确保顾客的要求得到确定、转化为要求并予以满足。

注：在确定顾客的需求和期望时，考虑与产品有关的义务是重要的，包括法律和法规的要求（见7.2.1和8.2.1）。

5.3 质量方针

最高管理者应确保质量方针：

(1) 与组织的宗旨相适应；

(2) 包括对满足要求和持续改进质量管理体系有效性的承诺；

(3) 提供制定和评审质量目标的框架；

(4) 在组织的各适当层次上达到沟通和理解；

(5) 在持续适宜性方面得到评审。

5.4 策划

5.4.1 质量目标

最高管理者应确保在组织的相关职能和各层次上建立质量目标。质量目标应是可测量的，并与质量方针（包括对持续改进的承诺）保持一致。质量目标应包括满足产品要求所需的内容（见7.1）。

5.4.2 质量管理体系策划

最高管理者应确保：

(1) 对质量管理体系进行策划，以满足质量目标以及条款4.1中的要求。

(2) 在对质量管理体系的更改进行策划和实施时，保持质量管理体系的完整性。

5.5 职责、权限和沟通

5.5.1 职责和权限

最高管理者应确保职责、权限及其相互关系予以规定和沟通。

5.5.2　管理者代表

最高管理者应指定一名管理人员，无论该成员在其他方面的职责如何，应具有以下方面的职责和权限：

(1) 确保质量管理体系的过程得到建立、实施和保持；

(2) 向最高管理者报告质量管理体系的业绩，包括改进的需求；

(3) 在整个组织内促进顾客要求意识的形成。

注：管理者代表的职责可包括与质量管理体系有关事宜的外部联络。

5.5.3　内部沟通

最高管理者应确保在不同的层次和职能之间建立适宜的沟通过程，以就质量管理体系过程的有效性进行沟通。

5.6　管理评审

5.6.1　总则

最高管理者应按计划的时间间隔评审质量管理体系，以确保其持续的适宜性、充分性和有效性。评审应评价组织的质量管理体系改进的机会和变更的需要，包括质量方针和质量目标。

应保持管理评审的记录（见4.2.4）。

5.6.2　评审输入

管理评审的输入应包括以下有关信息：

(1) 审核结果；

(2) 顾客反馈；

(3) 过程的绩效和产品的符合性；

(4) 预防和纠正措施的状况；

(5) 以往管理评审的跟踪措施；

(6) 可能影响质量管理体系的已策划的变化；

(7) 对改进的建议。

5.6.3　评审输出

管理评审的输出应包括与以下方面有关的决定和措施：

(1) 质量管理体系及其过程有效性的改进；

(2) 与顾客要求有关的产品的改进;

(3) 资源需求。

6 资源管理

6.1 资源的提供

组织应及时确定并提供所需的资源,以便:

(1) 实施、保持质量管理体系并持续改进其有效性;

(2) 达到顾客满意。

6.2 人力资源

6.2.1 人员安排

承担质量管理体系规定职责的人员应是有能力的。对能力的判断应从教育、培训、技能和经历方面考虑。

6.2.2 培训、意识和能力

组织应:

(1) 识别从事影响质量的活动的人员的能力需求;

(2) 提供培训或采取其他措施以满足这些需求;

(3) 评价所采取措施的有效性;

(4) 确保员工意识到所从事活动的相关性和重要性,以及如何为实现质量目标作出贡献;

(5) 保持教育、经历、培训和资格的适当记录(见4.2.4)。

6.3 设施

组织应识别、提供并维护为实现产品的符合性所需要的设施,设施应包括:

(1) 工作场所和相应的设施;

(2) 过程设备,硬件和软件;

(3) 支持性服务(如运输、通讯)。

6.4 工作环境

组织应识别和管理为实现产品的符合性所需的工作环境的因素。

7 产品实现

7.1 实现过程的策划

组织应策划并建立产品实现所必须的过程。产品实现过程的策划应与组织的质量管理体系的其他要求相一致。

在策划产品实现的过程中,组织应确定以下方面的适用内容:

(1) 质量目标和产品要求;

(2) 针对相应产品所需建立的过程和文件,以及所需提供的资源和设施;

(3) 验证、确认、监控,检验和试验活动,以及产品验收准则;

(4) 对过程及其产品的符合性提供信任所必要的记录。

策划的输出方式应适用于组织的运作方式。

注:1. 将质量管理体系的过程(包括产品实现过程)和资源应用于具体的产品、项目或合同的文件可称之为质量计划。

2. 条款7.3的要求可适用于对产品实现过程的开发。

3. 在某些情况中,如网上销售,对每一个订单进行正式的评审可能是不实际的。而实际的评审对象可以是有关的产品信息,如产品目录、产品广告内容等。

7.2　与顾客有关的过程

7.2.1　与产品有关的要求的确定

组织应确定:

(1) 顾客规定的产品要求,包括对产品交付及交付后活动的要求;

(2) 顾客虽然没有规定,但规定或已知的预期使用所必须的要求;

(3) 与产品有关的义务,包括法律和法规要求;

(4) 组织确定的任何附加要求。

7.2.2　与产品有关的要求的评审

组织应对已识别的顾客要求连同组织确定的附加要求实施评审。评审应在向顾客做出提供产品的承诺之前进行(如在投标、接受合同或订单之前),并应确保:

(1) 产品要求得到规定;

(2) 与以前表述不一致的合同或订单要求已予以解决;

(3) 组织有能力满足规定的要求。

评审的结果及后续措施应予以记录（见4.2.4,4.2.2)。

当顾客没有提供书面的要求,组织在接收顾客要求前应对顾客要求进行确认。

产品要求发生变更时,组织应确保相关文件得到修改。组织应确保相关人员知道已变更的要求。

注：在某些情况中,如网上销售,对每一个订单进行正式的评审可能是不实际的。而实际的评审对象可以是有关的产品信息,如产品目录、产品广告内容等。

7.2.3 顾客沟通

组织应针对以下方面确定并实施与顾客的有效沟通：

(1) 产品信息；

(2) 问询、合同或订单的处理,包括对其的修改；

(3) 顾客反馈,包括顾客投诉。

7.3 设计和开发

7.3.1 设计和开发策划

组织应对产品的设计和开发进行策划和控制。

在进行设计和开发策划时,组织应确定；

(1) 设计和开发过程的阶段；

(2) 适合每个设计和开发阶段的评审、验证和确认活动；

(3) 设计和开发活动的职责和权限。

组织应对参与设计和开发的不同组别之间的接口加以管理,以确保有效的沟通,并明确职责。

策划的输出应随设计和开发的进展,在适当时予以更新。

7.3.2 设计和开发输入

产品要求有关的输入应予以规定,并予以记录(见4.2.4),包括：

(1) 功能和性能要求；

(2) 适用的法律和法规要求；

(3) 以前类似设计提供的适用信息；

(4) 设计和开发所必需的其他要求。

对这些输入的适宜性应进行评审。要求应完整、清楚,并且不能与其他要求相矛盾。

7.3.3　设计和开发输出

设计和开发过程的输出应以能够针对设计和开发的输入进行验证的方式形成文件,设计和开发的输出在放行前应得到审批

设计和开发输出应:

(1) 满足设计和开发输入的要求;

(2) 为采购、生产和服务的运作提供适当的信息;

(3) 包含或引用产品验收准则;

(4) 规定对安全和正常使用至关重要的产品特性。

7.3.4　设计和开发评审

在适当的阶段,对设计和开发应进行系统的评审,以便:

(1) 评价满足要求的能力;

(2) 识别任何需要采取措施的问题建议。

评审的参加者应包括与所评审的设计和开发阶段有关职能的代表。评审的结果及评审后的措施应予以记录 (见4.2.4)。

7.3.5　设计和开发验证

设计和开发的验证应予以实施,以确保输出满足设计和(或)开发输入的要求。验证的结果及必要的措施应予以记录 (见4.2.4)。

7.3.6　设计和 (或)开发确认

设计和(或)开发的确认应按所策划的安排予以实施,以确保产品能够满足规定的或已知预期使用或应用的要求。只要适用,确认应在产品交付或实施之前完成。确认的结果及必要的措施应予以记录 (见4.2.4)。

7.3.7　设计和开发更改的控制

设计和开发的更改应予以识别并予以记录。设计和开发的更改应得到适当的评审、验证和确认,并在实施前应得到批准。对设计和开发更改的评审应包括评价更改对交付产品及其组成部分的

影响。

更改评审的结果及必要的措施应予以记录(见4.2.4)。

7.4 采购

7.4.1 采购控制

组织应确保采购产品符合规定要求。对供方及其提供的产品控制的方式和程度应取决于对随后的产品实现过程或最终产品的影响。

组织应根据供方按组织的要求提供产品的能力评价和选择供方。选择、评价和重新评价的准则应予以规定。评价的结果和评价后的措施应予以记录(见4.2.4)。

7.4.2 采购信息

采购文件应包括表述拟采购产品的信息,适当时包括:

(1) 产品、程序、过程、设施和设备的批准要求;

(2) 对人员资格的要求;

(3) 质量管理体系要求。

在采购文件发放给供方前,组织应确保其规定要求是适宜的。

7.4.3 采购产品的验证

组织应建立并实施检验或其他对所采购产品的验证所必要的活动。

当组织或其顾客提出在供方的现场实施验证时,组织应在采购信息中对要开展验证的安排和产品放行的方法作出规定。

7.5 生产和服务的运作(provision)

7.5.1 生产和服务的运作控制

组织应通过以下方面控制生产和服务的运作:

(1) 获得规定产品特性的信息;

(2) 必要时,获得作业指导书;

(3) 使用适当的生产与服务运作的设备;

(4) 获得和使用测量与监控装置;

(5) 实施监控和测量活动;

(6) 放行、交付和交付后活动的实施。

7.5.2 产品和服务运作过程的确认

当生产和服务过程的输出不能由后续的测量或监控加以验证时,组织应对任何这样的过程实施确认。这包括仅在产品使用或服务已交付之后缺陷才可能变得明显的过程。

确认应证实过程实现所策划的结果的能力。

组织应规定确认的安排,适用时,这些安排应包括:

(1) 确定的评审和过程批准的准则;

(2) 设备能力和人员资格的鉴定;

(3) 使用规定的方法和程序;

(4) 对质量记录的要求 (见4.2.4);

(5) 再确认。

7.5.3 标识和可追溯性

适当时,组织应在生产实现的全过程中使用适宜的方法标识产品。

组织应针对测量和监控要求,对产品的状态进行标识。

在有可追溯性要求时,组织应控制并记录产品的惟一性标识(见4.2.4)。

注:在某些行业,可以采用技术状态管理的方法实现产品的标识和可追溯性。

7.5.4 顾客财产

组织应妥善保管在组织控制下或组织使用的顾客财产。组织应对供其使用或纳入产品的顾客财产进行标识、验证、保护和维护。当顾客财产发生丢失、损坏或发现不适用的情况时,应予以记录,并向顾客报告。

注:顾客财产可包括知识产权(如保密信息)。

7.5.5 产品防护

在内部处理和交付到预定的地点期间,组织应根据顾客要求针对产品的符合性提供防护,包括标识、搬运、包装、贮存和保护。

这也应适用于产品的组成部分。

7.6 监控和测量装置的控制

组织应识别需实施的监控和测量以及为确保产品符合规定要求所必需的测量和监控装置。

组织应确保测量和监控活动的实施能够满足监控和测量要求。

当要求保持有效结果时,测量设备应:

(1) 对照能溯源到国际或国家基准的测量装置,定期或在使用前进行校准和调整。当不存在上述基准时,应记录校准或验证的依据;

(2) 进行必要的调整;

(3) 进行标识,以确保其校准状态得到确定;

(4) 防止发生可能使测量结果失效的调整;

(5) 在搬运、维护和贮存期间防止损坏或失效;

(6) 对校准结果予以记录 (见 4.2.4)。

当发现装置偏离校准状态时,组织应对其以往监控和测量结果的有效性进行评价并予以记录。组织应对这些装置和任何影响到的产品采取适当的措施。

用于测量和监控规定要求的软件,在使用前应对其是否满足预期的使用要求的能力予以确认和必要的重新确认。

注:参见 ISO 10012。

8　测量、分析和改进

8.1　策划

组织应策划并实施为实现以下目的所需进行的监控、测量、分析和持续改进过程:

(1) 证实产品符合要求;

(2) 保证质量管理体系的符合性;

(3) 实现质量管理体系有效性的改进。

8.2　监控和测量

8.2.1　顾客满意

组织应监控与顾客对组织是否满足其要求的意见有关的信息,作为管理体系业绩的一种测量。获取和利用这种信息的方法应予以确定。

8.2.2　内部审核

组织应定期进行内部审核,以确定质量管理体系是否:

(1) 符合组织所确定的计划安排和质量管理体系的要求以及本标准要求;

(2) 得到有效地实施和保持。

基于拟审核的活动和区域的状况和重要程度以及以往审核的结果,组织应对审核方案进行策划。应规定审核的范围、频次和方法。审核员的选择和审核的实施应确保审核过程的客观性和公正性。审核员不得审核自己工作。

形成文件的程序应规定审核的策划和审核的实施、审核结果的记录和报告的职责和要求。

受审核区域的管理职责应确保及时采取措施,以纠正已发现的不合格和防止再发生。跟踪措施应包括对所采取的验证和验证结果的报告。

注:参见 ISO 10011。

8.2.3　过程的监控和测量

组织应采用适当的方法对质量管理体系过程进行监控和可行的测量。这些方法应对过程实现其预期目的的能力进行确认。当发现过程不合格时,应采取必要的纠正和纠正措施,以确保产品的符合性。

8.2.4　产品的监控和测量

组织应对产品的特性进行测量和监控,以验证产品要求得到满足。这种测量和监控应依据计划安排 (见 7.1),在产品实现过程的适当阶段予以实施。

符合验收准则的证据应形成文件。记录应表明经授权负责产品放行的责任者 (见 4.2.4)。

除非得到有关授权人员的批准,适用时得到顾客的批准,否则在所有的规定活动均已圆满完成之前,不得放行产品和交付服务。

8.3　不合格品的控制

组织应确保不符合要求的产品得到识别和控制,以防止非预期的使用或交付。这些要求的活动,包括对不合格品进行评审和解决的职责和权限应在形成文件的程序中作出规定。

组织应针对不合格品采取以下一项或几项措施:

(1) 采取措施,消除发现的不合格;

(2) 对不合格品提出让步处理进行授权,包括让步条件下的使用、放行或接收。适用时,可由顾客进行授权;

(3) 采取措施,防止其用于非预期的用途或应用。

不合格的性质和随后采取的措施,包括批准的让步处理应予以记录(4.2.4)。

应对纠正后的产品再次进行验证以证实其符合性。

当在交付或开始使用后发现产品不合格时,组织应针对不合格所造成的后果采取适当的措施。

8.4 数据分析

组织应收集和分析适当的数据,以确定质量管理体系的适宜性和有效性并识别可以实施的持续改进。这包括来自测量和监控活动以及其他有关来源的数据。

数据分析应提供有关以下方面的信息:

(1) 顾客满意 (见 8.2.1);

(2) 与产品要求的符合性 (见 7.2.1);

(3) 过程和产品的特性及其趋势,包括采取预防措施的机会;

(4) 供方。

8.5 改进

8.5.1 持续改进

组织应通过使用质量方针、质量目标、审核结果、数据分析、纠正和预防措施以及管理评审,促进质量管理体系有效性的持续改进。

8.5.2 纠正措施

组织应采取纠正措施、以消除不合格的原因,防止不合格的再发生。纠正措施应与所遇到问题的影响程度相适应。

纠正措施的形成文件的程序应确定/建立以下方面的要求：

(1) 对不合格(包括顾客投诉)进行评审；

(2) 确定不合格的原因；

(3) 评价确保不合格不再发生的措施的需求；

(4) 确定和实施所需的纠正措施；

(5) 记录所采取措施的结果(见 4.2.4)；

(6) 评审所采取的纠正措施。

8.5.3　预防措施

组织应确定预防措施,以消除潜在不合格的原因,防止不合格发生。所采取的预防措施应与潜在问题的影响程度相适应。

预防措施的形成文件的程序应规定以下方面的要求：

(1) 识别潜在不合格及其原因；

(2) 评价防止不合格发生的措施的需求；

(3) 确定并确保实施所需的预防措施；

(4) 记录所采取措施的结果(见 4.2.4)；

(5) 评审所采取的预防措施。

参 考 文 献

1 全国建筑业企业项目经理培训教材编写委员会．施工项目质量与安全管理．修订版．北京:中国建筑工业出版社,2002

2 田振郁主编．工程项目管理实用手册．第二版．北京:中国建筑工业出版社,1997

3 张玉平,顾勇新主编．建筑精品工程策划与实施．北京:中国建筑工业出版社,2000

4 顾勇新,王有为主编．建筑精品工程实施指南．北京:中国建筑工业出版社,2002

5 吴松勤主编．建筑工程施工质量验收规范．北京:中国建筑工业出版社,2002

6 中华人民共和国建设部主编．建筑工程施工质量验收统一标准．北京:中国建筑工业出版社,2001

7 中华人民共和国建设部主编．建筑工程项目管理规范．北京:中国建筑工业出版社,2002